DESTRUIÇÃO EM MASSA

GEOPOLÍTICA DA FOME

Dados Internacionais de Catalogação na Publicação (CIP)
(Câmara Brasileira do Livro, SP, Brasil)

Ziegler, Jean
Destruição em massa geopolítica da fome / Jean Ziegler ; tradução de José Paulo Netto. — 1. ed. — São Paulo : Cortez, 2013.

Título original: Destruction massive : géopolitique de la faim.
ISBN 978-85-249-2028-8

1. Assistência alimentar - Aspectos políticos 2. Fome : Aspectos políticos 3. Organização das Nações Unidas para a Alimentação e a Agricultura I. Título.

13-03911 CDD-363.8

Índices para catálogo sistemático:

1. Geopolítica da fome : Problemas sociais 363.8

JEAN ZIEGLER

DESTRUIÇÃO EM MASSA

GEOPOLÍTICA DA FOME

TRADUÇÃO E PREFÁCIO DE JOSÉ PAULO NETTO

1ª edição
1ª reimpressão

Título original da obra: *Destruction massive: géopolitique de la faim*
Jean Ziegler

Capa: Ricardo Cesar de Andrade (de Sign Arte Visual) sobre tela de Portinari
Criança Morta
Número de tombamento no Projeto Portinari: FCO-2735
Número de Catalogação: CR-2057
Data: 1944
Painel a óleo / tela
180 X 190 cm (I)
Pintada em Petrópolis, Rio de Janeiro, Brasil
Assinatura: Assinada e datada no canto inferior direito "PORTINARI 944"
Coleção: Museu de Arte de São Paulo Assis Chateaubriand

Preparação de originais: Tiago José Risi Leme
Revisão: Marcia Nunes
Composição: Linea Editora Ltda.
Assessoria editorial: Elisabete Borgianni
Editora-assistente: Priscila F. Augusto
Coordenação editorial: Danilo A. Q. Morales

CORTEZ EDITORA
Rua Monte Alegre, 1074 – Perdizes
05014-001 – São Paulo – SP
Tel.: (55 11) 3864-0111 Fax: (55 11) 3864-4290
Site: www.cortezeditora.com.br
e-mail: cortez@cortezeditora.com.br

Impresso no Brasil – outubro de 2013

"L'homme qui veut demeurer fidèle à la justice doit se faire incessamment infidèle aux injustices toujours inépuisablement triomphantes."*

Charles Péguy

* "O homem que quer manter-se fiel à justiça deve tornar-se incessantemente infiel às injustiças sempre inesgotavelmente triunfantes."

Este livro é dedicado à memória de:

Facundo Cabral, assassinado na Cidade da Guatemala
Michel Riquet, S.J.
Didar Fawzy Rossano
Sebastião Hoyos
Isabelle Vichniac
Chico Mendes, assassinado em Xapuri, Brasil
Edmond Kayser
Resfel Pino Alvarez

Sumário

Nota à edição brasileira

Jean Ziegler, humanista contemporâneo

Jean Ziegler tornou-se, nas últimas quatro décadas, o pensador suíço contemporâneo mais conhecido mundialmente.

Pouco antes de chegar aos 80 anos (que completará em 19 de abril de 2014), Ziegler — figura serena e amável, que percorre as metrópoles dos países capitalistas centrais com o mesmo desembaraço e a mesma curiosidade científica (e crítica) com que viaja pelos inóspitos confins do outrora chamado Terceiro Mundo — é querido por todos os que estão convencidos de que *um outro mundo é possível*, e lutam para construí-lo, e odiado por todos os que sustentam, panglossianamente ou não, que *o mundo que aí está* é o único que nos é dado viver, e lutam para conservá-lo. A trajetória de Jean Ziegler explica[1], sem dúvida, o seu prestígio internacional, o respeito que têm por ele os que combatem por uma sociedade diferente, pela democracia substantiva e pela paz justa e, igualmente, a feroz hostilidade que provoca nos representantes políticos e empresariais do *status quo* e nos seus ideólogos[2].

---

1. Uma equilibrada aproximação à biografia de Ziegler é a oferecida por Jürg Wegelin, *Jean Ziegler: la vie* d´*un rebelle*. Lausanne: Favre, 2012.

2. Em conferência — proferida no ultraconservador *Rockford Institut* (Illinois, e publicada em 2000 pela revista *Chronicles of Culture*, da mesma instituição, com o título "Uma crítica cristã da política externa dos Estados Unidos") —, o teólogo Jean-Marc Berthoud qualificou-o como "um incorrigível esquerdista suíço". Outro antagonista, Félix Auer, rotulando-o

O reconhecimento mundial de Ziegler — expresso inclusive através de vários títulos de doutor *honoris causa* conferidos por universidades de excelência, inúmeras condecorações de diversos Estados nacionais e significativas premiações literárias — não resulta de episódios pontuais e/ou de eventos espetaculares.

Tal reconhecimento assenta, em primeiro lugar, na sua larga produção intelectual, materializada numa bibliografia que, de 1964 a 2011, compreende mais de 20 livros (incluídos uns poucos de ficção), traduzidos em muitos idiomas.[3] Produção intelectual que, sublinhe-se, conjuga reflexão teórica, pesquisa e crítica sociais — tudo isso mobi-

---

um "pretenso Zola suíço", cometeu contra ele uma diatribe intitulada *Jean Zigler ou l´histoire falsifié* (Lausanne: L´Age de l´Homme, 1998). Mas o melhor indicador do ódio que Ziegler provoca nos ideólogos reacionários é um pequeno e recente artigo (publicado em 14/02/2012) do economista dominicano Fabio Rafael Fiallo — "Jean Ziegler, l´ami des crapules tiers--mondistes" —, disponível em <www.contrepoints.org>.

3. Estes são os principais livros de Ziegler: *Sociologie de la nouvelle Afrique*. Paris: Gallimard, 1964; *Sociologie et contestation, essai sur la société mythique*. Paris: Gallimard, 1969; *Le pouvoir africain*. Paris: Seuil, 1971; *Les vivants et la mort. Essai de sociologie*. Paris: Seuil, 1973; *Une Suisse au-dessus de tout soupçon* (em coautoria). Paris: Seuil, 1976; *Main basse sur l'Afrique. La recolonisation*. Paris: Seuil, 1978; *Retournez les fusils! Manuel de sociologie d'opposition*. Paris: Seuil, 1980; *Contre l'ordre du monde, les rebelles*. Paris: Seuil, 1983; *Vive le pouvoir! ou Les délices de la raison d'état*. Paris: Seuil, 1985; *Baudelaire, biographie* (em coautoria). Paris: Julliard, 1987; *La victoire des vaincus, oppression et résistance culturelle*. Paris: Seuil, 1988; *La Suisse lave plus blanc*. Paris: Seuil, 1990; *Le bonheur d'être suisse*. Paris: Seuil, 1994; *L'Or du Maniéma*. Paris: Seuil, 1996; *La Suisse, l'or et les morts*. Paris: Seuil, 1997; *Les rebelles. Contre l'ordre du monde*. Paris: Seuil, 1997; *Les seigneurs du crime: les nouvelles mafias contre la démocratie*. Paris: Seuil, 1998; *La faim dans le monde expliquée à mon fils*. Paris: Seuil, 1999; *Les nouveaux maîtres du monde et ceux qui leur résistent*. Paris: Fayard, 2002; *Le droit à l'alimentation*. Paris: Fayard, 2003; *L'empire de la honte*. Paris: Fayard, 2005; *La haine de l'Occident*. Paris: Albin Michel, 2008; *Destruction massive. Géopolitique de la faim*. Paris: Seuil, 2011.

Estão vertidas ao português, entre outras, as obras seguintes: *O poder africano*. São Paulo: Difel, 1972; *Sociologia e contestação*. Rio de Janeiro: Civilização Brasileira, 1972; *Os vivos e a morte*. Rio de Janeiro: Zahar, 1977; *A Suíça acima de qualquer suspeita*. Rio de Janeiro: Paz e Terra, 1977; *Manual de sociologia da oposição*. Rio de Janeiro: Zahar, 1982; *A Suíça lava mais branco*. Lisboa: Inquérito, 1990; *A vitória dos vencidos*. Rio de Janeiro: Forense, 1996; A Suíça, o ouro e os mortos. Rio de Janeiro: Record, 1999; *Ouro do Maniéma*. Rio de Janeiro: Record, 2000; *A fome no mundo explicada ao meu filho*. Petrópolis: Vozes, 2002; *Os senhores do crime*. Rio de Janeiro: Record, 2003; *Os novos senhores do mundo e os seus opositores*. Lisboa: Terramar, 2003; *O império da vergonha*. Lisboa: ASA, 2007; Ódio ao ocidente. São Paulo: Cortez, 2011. Também estão traduzidos o ensaio (em coautoria) *Até amanhã, Marx! Para sair do fim das ideologias*. Lisboa: Puma, 1992, e as "conversas radiofônicas" entre R. Debray e J. Ziegler, *Trata-se de não entregar os pontos*. Rio de Janeiro: Paz e Terra, 1995.

lizado por uma inteligência inquieta, ágil e criativa, vocacionada para o debate e a polêmica, valendo-se de uma textualidade estilisticamente cuidada e límpida.

A qualificação de Ziegler no domínio da teoria social é indiscutível. Fruto da sua formação básica em universidades suíças (Berna e Genebra), pelas quais se doutorou em Sociologia e Direito, desenvolveu-se numa contínua interlocução com os clássicos — e os contemporâneos mais expressivos — das ciências sociais e se enriqueceu ao longo de sua carreira como docente universitário (Genebra, Grenoble, Paris).

Porém, como toda qualificação teórico-social fecunda, a de Ziegler alimentou-se de uma intervenção social que desbordou largamente os muros da academia — Ziegler jamais exercitou o academicismo. Aqui reside, em segundo lugar, a sua credibilização mundial: desde os anos 1960 vinculado às fileiras da social-democracia, participou ativamente da vida política suíça, elegendo-se inicialmente (1967) ao legislativo cantonal e depois (1981-1999) à Assembleia Federal. Herdeiro de algumas das tradições da social-democracia clássica, seu protagonismo político-social nunca se restringiu às dimensões nacionais: conectou-se à dinâmica europeia e, sobretudo, à emersão planetária das lutas anticolonialistas e de libertação nacional que revolveram as periferias infernais do centro capitalista — às lutas dos povos oprimidos da África, da Ásia e da América Latina. E fê-lo mediante uma conexão real, efetiva: seus estudos de âmbito nacional (acerca da sua Suíça natal) articularam-se às suas pesquisas sobre a problemática do então chamado Terceiro Mundo — não por azar, a sua denúncia (que lhe custou incontáveis processos judiciais) do papel deletério do sistema bancário-financeiro suíço na evasão e no ocultamento de divisas ligou-se à sua análise da ação predatória de grupos capitalistas (nativos ou não) nas periferias dessangradas do planeta.

Sendo um exemplar cidadão suíço, Ziegler tornou-se um exemplar cidadão do mundo. Mais: encarnou um tipo de intelectual que, após a morte de Sartre, torna-se cada vez menos encontrável nas sociedades contemporâneas — o grande *intelectual público internacional*, de que outros raros exemplos são o norte-americano Noam Chomsky e o egípcio Samir Amin.

Coroou esta cidadania planetária o desempenho de Ziegler como servidor da Organização das Nações Unidas: no exercício de suas funções como Relator Especial sobre o Direito à Alimentação (2000-2008) e como membro do Comitê Consultivo do Conselho de Direitos Humanos (2008-2012) da instituição, Ziegler deu as mais altas provas práticas dos seus compromissos societários, batendo-se corajosamente contra todos os que promovem, em razão da lógica capitalista do lucro, a continuidade e o agravamento da fome no espaço mundial.

O livro que o leitor tem em mãos agora, embasado diretamente na experiência dessa década de ação combativa, é o fruto mais recente da inesgotável capacidade de trabalho e de luta de Ziegler. Resgatando — e sobretudo reivindicando — a herança do inesquecível mestre (outro grande intelectual público internacional) que foi Josué de Castro, Ziegler opera uma rigorosa desmistificação das várias formulações ideológicas contemporâneas (neomalthusianas ou não) que naturalizam o fenômeno da fome, situa-o como o ominoso e criminoso escândalo do tempo presente, aponta os seus verdadeiros responsáveis e desmascara os seus falsos e mentirosos argumentos. Ao mesmo tempo, não se limita à denúncia necessária, mas sugere as vias de solução, indicando os sujeitos sociais que podem implementá-la.

Este livro entrelaça a seriedade do sociólogo, a rigorosidade do pesquisador, a paixão do ativista social e o amor — a palavra, tão desgastada, é mesmo esta — pela humanidade, deslumbrado amor pela genericidade humana. Amor que necessariamente implica o ódio — não pessoal ou singular, mas *político-social* — a tudo e a todos que impedem o livre e pleno desenvolvimento humano dos *condenados da Terra*.

Ninguém sairá da leitura deste livro como o abriu: estas páginas exsudam uma extraordinária *generosidade*, tão magnífica (veja-se, como sua expressão paradigmática, a abordagem da infância vitimada pela noma) quanto a que encontramos no mais nobre humanismo que tomou corpo na cultura ocidental com o Renascimento. E, como a de todo alto humanismo, esta generosidade tem traços ingênuos (veja-se, como exemplo, o potencial que Ziegler localiza nos instrumentos da democracia política). Contudo, quem encontrar algo de ilusório nessa ingenuidade haverá de conceder que se trata de *ilusões heroicas*, próprias àquele *princípio da esperança* teorizado por Bloch (não por acaso, aliás, retomado por Ziegler).

Este livro nos dá o retrato, por inteiro, de Jean Ziegler: o retrato de um humanista contemporâneo.

Recreio dos Bandeirantes, novembro de 2012.

José Paulo Netto

Prólogo

Recordo-me de uma manhã clara, durante a estação seca, na pequena aldeia de Saga, a uns cem quilômetros ao sul de Niamey, no Níger. A miséria impera em toda a região. Para tanto, muitos fatores se conjugam: um calor jamais sentido, segundo a memória dos anciãos, com picos de 47,5 graus à sombra, uma seca de dois anos, uma má colheita de milho na invernagem precedente, o esgotamento das forragens, uma entressafra[1] de mais de quatro meses e até um ataque de gafanhotos. As paredes das casas de *banco*,[2] o teto de palha e a terra ardendo de calor. O paludismo e as febres castigam as crianças. Os homens e os animais sofrem com sede e fome.

Espero diante do dispensário das irmãs de Madre Teresa.[3] O encontro foi marcado pelo representante do Programa Alimentar Mundial (PAM) em Niamey.

Três barracões brancos, cobertos com chapas metálicas. Um pátio com um enorme baobá ao centro. Uma capela, depósitos e, rodeando tudo, um muro de cimento com um portão de ferro.

---

1. Chama-se *soudure* o período que separa o esgotamento da colheita precedente da nova colheita, durante o qual os camponeses devem comprar o alimento. [Traduzimos *période de soldure* por *entressafra*. (N.T.)]

2. Tijolos fabricados com uma mistura de terra argilosa, laterito arenoso, palha picada e excrementos de vaca. (N.T.)

3. Madre Teresa de Calcutá (Agnes Gonxha Bojaxhiu, 1910-1997), missionária católica nascida na Macedônia e naturalizada indiana (1948). Fundou a congregação das Missionárias da Caridade, reconhecida pela Santa Sé em 1965. Prêmio Nobel da Paz de 1979, foi beatificada em 2003. (N.T.)

Espero diante do portão, no meio da multidão, cercado de mulheres.

O céu está vermelho. O grande disco purpúreo do sol levanta-se lentamente no horizonte.

Diante do portão de metal cinzento, as mulheres se amontoam, os rostos marcados pela angústia. Algumas se agitam nervosamente, enquanto outras, com um olhar perdido, demonstram uma infinita lassitude. Todas trazem em seus braços uma criança, às vezes duas, coberta de farrapos. Estes trapos se levantam docemente ao ritmo das respirações. Muitas dessas mulheres caminharam por toda a noite, algumas até por vários dias. Vêm de aldeias atacadas por gafanhotos, distantes de 30 a 50 quilômetros. Estão visivelmente exaustas. Diante do portão que não se abre, mal se mantêm de pé. Os pequenos seres esqueléticos que têm nos braços parecem pesar-lhes demasiadamente. As moscas volteiam sobre os farrapos. Malgrado a hora matinal, o calor é sufocante. Um cão passa e levanta uma nuvem de poeira. Um cheiro de suor flutua no ar.

Dezenas dessas mulheres estiveram uma ou mais noites abrigadas em covas que cavaram apenas com as mãos no solo duro da savana. Desatendidas na véspera ou na antevéspera, voltam agora, com uma infinita paciência, para tentar a sorte.

Enfim, ouço passos no interior do pátio. Uma chave gira na fechadura.

Uma irmã de origem europeia, com belos olhos graves, aparece e entreabre — algumas dezenas de centímetros — o portão. A massa humana se agita, move-se de um lado a outro, empurra, se aperta contra o portão. A irmã levanta um trapo, depois outro e mais outro. Com um rápido golpe de vista, tenta identificar as crianças que ainda têm alguma chance de viver.

Ela fala docemente, num hauçá[4] perfeito, às mães angustiadas. Finalmente, quinze crianças e suas mães são admitidas. A religiosa

4. Língua canito-semítica do grupo tchadiano falada em grande parte do Sudão, Nigéria e Níger. Fonte: *Dicionário eletrônico Houaiss da língua portuguesa.* (N.R.)

alemã tem lágrimas nos olhos. Uma centena de mães, desatendidas neste dia, permanecem silenciosas, dignas, totalmente desesperadas.

Uma fila se forma sob o silêncio. Estas mães abandonam o combate. Elas partirão pela savana. Retornarão à sua aldeia, ainda que lá faltem alimentos.

Um pequeno grupo decide ficar em Saga, em recantos protegidos do sol por ramagens ou um pedaço de plástico. A manhã voltará. E elas voltarão amanhã. O portão novamente se entreabrirá por alguns instantes. E elas tentarão a sorte de novo.

Com as irmãs de Madre Teresa, em Saga, uma criança que sofre de desnutrição aguda e severa se restabelece, no máximo, em doze dias. Deitada sobre uma esteira, recebe a intervalos regulares um líquido nutritivo por via intravenosa. Com uma infinita ternura, sua mãe, sentada a seu lado com as pernas cruzadas, espanta incansavelmente as grandes moscas brilhantes que zumbem no interior da edificação.

As irmãs são risonhas, doces, discretas. Vestem o sári e a mantilha branca com as três faixas azuis — traje tornado célebre pela congregação das Missionárias da Caridade, fundada por Madre Teresa de Calcutá.

A idade das crianças varia de seis meses a dez anos. A maioria delas está esquelética. Percebem-se os ossos sob a pele, algumas têm o cabelo vermelho e o ventre inchado pelo *kwashiorkor*,[5] uma das piores doenças — ao lado da noma — causadas pela subalimentação. Algumas encontram forças para sorrir; outras, recurvadas sobre si mesmas, apenas murmuram sons pouco audíveis. Sobre cada uma delas balouça uma ampola, que contém o líquido terapêutico que, gota a gota, desce pelo tubo fino até a agulha cravada no pequeno braço.

---

5. Sobre esta enfermidade, endêmica na África e que atinge especialmente as crianças na primeira infância, sabe-se que seus sintomas principais são a perda de peso e de massa muscular, edemas, atraso no crescimento e alterações psicomotoras; ela se deve especialmente à baixa relação proteína/caloria na dieta. Quanto à noma, mencionada a seguir, sobre ela o autor deter-se-á mais adiante. (N.T.)

Cerca de sessenta crianças estão permanentemente em tratamento nas esteiras das três edificações. "Quase todas se restabelecem", diz-me, orgulhosa, uma jovem irmã do Sri Lanka, responsável pela balança suspensa no meio do barracão central, onde as crianças "hospitalizadas" são pesadas diariamente.

Ela percebe a incredulidade do meu olhar. Lá fora, no pátio, ao lado da pequena capela branca, os túmulos são numerosos.

No entanto, ela insiste: "Neste mês, só perdemos doze e, no mês passado, oito".

Passando depois mais ao sul — em Maradi, onde os Médicos sem Fronteiras[6] lutam contra o flagelo da subalimentação e da desnutrição infantis agudas —, fui informado de que as perdas das irmãs de Saga são de fato muito baixas em comparação com a média nacional.

As irmãs trabalham dia e noite. Algumas estão mesmo no limite extremo da exaustão. Entre elas, não há hierarquia alguma; cada uma se ocupa da sua tarefa e nenhuma desfruta de poder de mando — aqui, não há abadessa nem priora.

No barracão, o calor é sufocante. O sistema eletrógeno e os poucos ventiladores que ele alimentava estão em pane.

Saio ao pátio. O ar vibra de calor.

Da cozinha a céu aberto evola o cheiro do creme de milho que uma jovem irmã prepara para o almoço. As mães das crianças e as irmãs comerão juntas, sentadas sobre as esteiras do barracão central.

A luz branca do meio-dia saheliano[7] me cega.

---

6. Fundada por jovens médicos franceses em 1971, Médicos Sem Fronteiras é uma organização sem fins lucrativos que se propõe realizar a ajuda humanitária no campo da saúde — domínio no qual é a mais importante ONG de âmbito internacional. Entre 1979 e 1980, discussões no seu interior levaram a uma fratura, da qual surgiu — com objetivos similares — outra ONG, Médicos do Mundo, que será referida adiante por Ziegler. (N.T.)

7. Relativo a Sahel, palavra que designa uma longa faixa de terra que vai do Atlântico ao mar Vermelho (com uma largura entre quinhentos e setecentos quilômetros), situada entre o deserto do Saara e as férteis terras mais ao sul. (N.T.)

Há um banco sob o baobá. A religiosa alemã que vi pela manhã está, cansadíssima, sentada nele. Ela conversa comigo em sua língua — não quer que as outras irmãs a compreendam: teme desencorajá-las.

"O senhor viu?" — pergunta-me ela, com voz lassa.

Respondo que sim. Ela permanece em silêncio, os braços envolvendo os joelhos.

Indago: "Nos barracões, observei muitas esteiras vazias... Por que, pela manhã, você não deixou entrar mais mães e crianças?".

"As ampolas terapêuticas custam caro. Até porque estamos longe de Niamey. As estradas são ruins, os caminhoneiros cobram fretes exorbitantes... Nossos recursos são mínimos."

A destruição anual de dezenas de milhões de homens, mulheres e crianças pela fome constitui o escândalo do nosso século.

A cada cinco segundos, morre uma criança de menos de dez anos. Em um planeta que, no entanto, transborda de riquezas...

No seu estado atual, a agricultura mundial poderia alimentar sem problemas 12 bilhões de seres humanos — vale dizer, quase duas vezes a população atual.

Quanto a isto, pois, não existe nenhuma fatalidade.

Uma criança que morre de fome é uma criança assassinada.

Diante desta destruição em massa, a opinião pública responde com uma indiferença glacial. No máximo, concede uma breve atenção quando ocorrem catástrofes particularmente "visíveis", como aquela que, desde o verão de 2011, ameaça aniquilar a cifra exorbitante de 12 milhões de seres humanos nos cinco países do Corno da África.[8]

---

8. O Corno (ou Chifre) da África — ou, ainda, a península somali — é a região do Nordeste africano que inclui a Somália, a Etiópia, a Eritreia, o Djibuti e parte do Quênia. (N.T.)

* * *

Apoiando-me na massa de estatísticas, gráficos, relatórios, resoluções e outros estudos aprofundados procedentes das Nações Unidas, mas também de organizações não governamentais (ONGs), procurei, na primeira parte deste livro, descrever a extensão do desastre. Trata-se de considerar a escala dessa destruição em massa.

Cerca de um terço dos 56 milhões de mortos civis e militares, no curso da Segunda Guerra Mundial, foram o resultado da fome e das suas consequências imediatas.

Metade da população bielo-russa morreu de fome durante os anos de 1942 e 1943.[9] A subalimentação, a turberculose e a anemia mataram milhões de crianças, homens e mulheres em toda a Europa. Nas igrejas de Amsterdã, Roterdã e Haya, os caixões dos mortos pela fome se amontoaram durante o inverno de 1944-1945.[10] Na Polônia e na Noruega, as famílias tentaram sobreviver comendo ratos e cascas de troncos de árvores.[11] Muitos morreram.

Como os gafanhotos do flagelo bíblico, os saqueadores nazistas se lançaram sobre os países ocupados, requisitando as reservas de alimentos, as colheitas e o gado.

Para os detidos nos campos de concentração, Adolf Hitler concebera, já antes da implementação do plano de extermínio de judeus e de ciganos, um *Hungerplan* (Plano Fome), cujo objetivo era liquidar o maior número possível de detentos através da privação deliberada e prolongada de alimentos.

Mas a experiência coletiva do sofrimento causado pela fome entre os povos europeus teve, no imediato pós-guerra, consequências

---

9. Timothy Snyder, *Bloodland* (Nova York: Basic Books, 2010). [Edição em português: *Terras de sangue*, Rio de Janeiro, Record, 2012.]

10. Max Nord, *Amsterdam timjens den Hongerwinter* (Amsterdã, 1947).

11. Else Margrete Roed, "The food situation in Norway", *in Journal of American Dietetic Association* (Nova York, dezembro de 1943).

positivas. Grandes pesquisadores e profetas pacientes, a quem antes ninguém prestava atenção, viram repentinamente como seus livros vendiam-se às centenas de milhares de exemplares e se traduziam a um grande número de idiomas.

A figura universalmente conhecida desse movimento é um médico mestiço, natural do miserável Nordeste brasileiro, Josué Apolônio de Castro[12] — seu livro *Geopolítica da fome*, publicado em 1951, deu a volta ao mundo. Também outros, de nacionalidades e gerações diferentes, exerceram uma influência profunda sobre a consciência coletiva ocidental — dentre eles, Tibor Mende, René Dumont e o padre Pierre.[13]

Fundada em junho de 1945, a Organização das Nações Unidas (ONU) criou em seguida a Food and Agricultural Organization [Organização para a Alimentação e a Agricultura] (FAO) e, um pouco mais tarde, o Programa Alimentar Mundial (PAM). Em 1946, a ONU lançou sua primeira campanha mundial de luta contra a fome. Enfim, em 10 de dezembro de 1948, a Assembleia Geral da ONU, reunida no palácio Chaillot, em Paris, adotou a Declaração Universal dos Direitos do Homem, cujo artigo 25º define o direito à alimentação.

A segunda parte deste livro resume esse formidável momento do despertar da consciência ocidental.

Mas esse foi, lamentavelmente, um momento de curta duração. No interior do sistema das Nações Unidas — e também no interior

---

12. Adiante, Ziegler fornecerá indicações biográficas de Josué de Castro. (N.T.)

13. Tibor Mende (1915-1984), francês nascido na Hungria, foi um publicista voltado para as causas do Terceiro Mundo; da sua larga produção, está vertido ao português *Ajuda ou recolonização* (Lisboa: D. Quixote, 1974). René Dumont (1904-2001), engenheiro agrônomo francês com experiências no Oriente, foi acadêmico e homem de ação política; é considerado o fundador da agro-ecologia na França; há obras suas vertidas ao português: *Utopia ou morte* (Lisboa: Sá da Costa, 1975); *O crescimento da fome* (Lisboa: Vega, 1977); *Em defesa da África, eu acuso* (Lisboa: Europa-América, 1989); em coautoria de Charlotte Paquet, *Miséria e desemprego. Liberalismo ou democracia* (Lisboa: Instituto Piaget, 1999). O padre Pierre, conhecido como abbé Pierre (Henri Antoine Groués, 1912-2007), foi uma das mais populares e polêmicas personalidades francesas: participou da resistência à ocupação nazista, fez política institucional (1946-1951) e depois dedicou-se inteiramente ao Movimento Emaús, de que foi um dos fundadores e a figura mais conhecida. (N.T.)

de muitos Estados-membros —, os inimigos do direito à alimentação eram (e continuam sendo, na atualidade) muito poderosos.

A terceira parte do livro os desmascara.

Privados dos meios adequados à luta contra a fome, a FAO e o PAM sobrevivem hoje em condições difíceis. E se o PAM, bem ou mal, consegue assumir uma parte da ajuda alimentar de urgência às populações que dela necessitam, em função da miséria, a FAO se encontra arruinada. A quarta parte do livro expõe as razões dessa decadência.

Desde então, novos flagelos se abateram sobre os povos esfaimados do hemisfério sul: os roubos de terras pelos trustes[14] dos biocombustíveis e a especulação bursátil sobre os alimentos básicos.

O poderio planetário das sociedades transcontinentais da agroindústria e dos *hedge funds*[15] — que especulam com os preços dos alimentos — é superior ao dos Estados nacionais e de todas as organizações interestatais. Seus gestores, com suas ações, comprometem a vida e a morte dos habitantes do planeta.

A quinta e a sexta partes deste livro explicam por que e como, hoje, a obsessão pelo lucro, o afã do ganho, a cupidez ilimitada das oligarquias predadoras do capital financeiro globalizado prevalecem — na opinião pública e nos governos — sobre todas as outras considerações, obstaculizando a mobilização mundial.

Fui o primeiro relator especial das Nações Unidas sobre o direito à alimentação. Com meus colaboradores e colaboradoras, ho-

---

14. Estrutura empresarial em que várias empresas, que já detêm a maior parte de um mercado, se ajustam ou se fundem para assegurar o controle, estabelecendo preços altos para obter maior margem de lucro. Fonte: *Dicionário eletrônico Houaiss da língua portuguesa*. (N.R.)

15. Trata-se de instrumento financeiro que opera especulativamente (donde o seu alto risco) para "proteger" — oferecendo superganhos — vultosos investimentos (donde o seu acesso somente para grandes capitalistas rentistas) em títulos da mais variada espécie. Mecanismo típico da financeirização do capitalismo contemporâneo, que se desenvolveu especialmente após os anos 1980 (embora tenha precedentes no imediato segundo pós-guerra), os *hedge funds* se beneficiaram largamente da "desregulamentação" neoliberal que tem permitido a mais ampla mobilidade ao grande capital. (N.T.)

mens e mulheres de uma competência e um engajamento excepcionais, exerci esse mandato durante oito anos.[16] Sem esses jovens universitários, nada teria sido possível.[17]

Faço referência, frequentemente, às missões que empreendemos em países castigados pela fome — Índia, Níger, Bangladesh, Mongólia, Guatemala etc. Nossos relatórios de então revelam, de forma esclarecedora, a devastação das populações mais afligidas pela fome. Revelam também os responsáveis por esta destruição em massa.

Mas nem sempre tivemos uma vida fácil.

Mary Robinson é ex-presidente da República da Irlanda e ex-alta comissária das Nações Unidas para os Direitos Humanos. Na ONU, poucos burocratas perdoam a essa mulher — de belos olhos verdes, extrema elegância e inteligência aguda — o seu humor feroz.

9.923 conferências internacionais, reuniões de especialistas e sessões interestatais de negociações multilaterais se realizaram em 2009 no palácio das Nações, o quartel-general europeu da ONU, em Genebra.[18] O número foi maior em 2010. Várias dessas reuniões trataram dos direitos humanos e, notadamente, do direito à alimentação.

Durante o seu mandato, Mary Robinson demonstrou pouca consideração pela maioria dessas reuniões. De acordo com ela, pareciam-se muito ao *choral singing*. A expressão é quase intraduzível — refere-se ao costume ancestral irlandês dos coros de aldeia que, no dia de Natal, vão de casa em casa cantando, monocordicamente, os mesmos refrãos ingênuos. É que existem centenas de normas de direito internacional, de instituições interestatais, de organismos não governamentais, cuja razão de ser é combater a fome e a desnutrição.

---

16. Entre 2000 e 2008. (N.T.)

17. Quero citar aqui os nomes de Sally-Anne Way, Claire Mahon, Ioanna Cismas e Christophe Golay. Nossa página na Internet: <www.rightfood.org>. Cf. também Jean Ziegler, Christophe Golay, Claire Mahon, Sally-Anne Way, *The Fight for the Right to Food. Lessons Learned* (Londres: Polgrave-Mac Millan, 2011).

18. Blaise Lempen, *Genève. Laboratoire du XXe siècle* (Genebra: Éditions Georg, 2010).

E, de fato, de um continente a outro, milhares de diplomatas, ao longo do ano, se entregam a um *choral singing* com os direitos humanos, sem que jamais algo mude na vida das vítimas. É necessário compreender as razões disso.

Quando dos debates que se sucediam após as minhas conferências na França, na Alemanha, na Itália, na Espanha, ouvi incontáveis vezes objeções do seguinte tipo: "Senhor, se os africanos não fizessem filhos a torto e a direito, não teriam tanta fome."

É que as ideias de Thomas Malthus têm vida longa.[19]

E o que dizer dos senhores dos trustes agroalimentares, dos ilustres dirigentes da Organização Mundial do Comércio (OMC), do Fundo Monetário Internacional (FMI), dos diplomatas ocidentais, dos "tubarões-tigre" da especulação e dos abutres do "ouro verde" que pretendem que a fome, que consideram um fenômeno natural, só pode ser derrotada pela natureza mesma — um mercado mundial de algum modo autorregulado? Este criaria, como que por necessidade, riquezas de que se beneficiariam muito naturalmente as centenas de milhões de famélicos...

O rei Lear sustenta uma visão pessimista do mundo. Dirigindo-se ao conde de Gloucester, cego, o personagem de Shakespeare descreve um mundo "miserável" (*wrechet world*), tão evidentemente miserável que "até um cego poderia ver o rumo da sua marcha" (*a man may see how this world goes without eyes*).[20] O rei Lear está enganado. Toda consciência é mediatizada. O mundo não é "*self-evident*", não se dá a ver imediatamente tal qual é mesmo a quem desfruta de uma boa visão.

As ideologias obscurecem a realidade. E o crime, por seu turno, avança encapuçado.

---

19. Adiante, Ziegler tratará deste pensador e suas ideias. (N.T.)

20. O diálogo referido por Ziegler encontra-se na cena VI do ato IV de *O rei Lear*. Na versão traduzida e anotada por Álvaro Cunhal (Lisboa: Caminho, 2002), não se localizam literalmente essas expressões, mas apenas o seu sentido (cf. esp. p. 163ss.). (N.T.)

Os velhos marxistas alemães da Escola de Frankfurt — Max Horkheimer, Ernst Bloch, Theodor Adorno, Herbert Marcuse, Walter Benjamin — refletiram muito sobre a percepção mediatizada da realidade pelo indivíduo, sobre os processos em virtude dos quais a consciência subjetiva está alienada pela doxa de um capitalismo cada vez mais agressivo e autoritário. Procuraram analisar os efeitos da ideologia capitalista dominante, o modo como ela forma o homem, desde a sua infância, para aceitar a submissão da sua vida a fins que lhe são alheios, privando-o das possibilidades da autonomia pessoal pela qual se afirma a liberdade.

Alguns desses filósofos falam de uma "dupla história": de um lado, uma história dos acontecimentos,[21] visível, cotidiana; de outro, a história invisível, a da consciência. Eles assinalam que a consciência é modelada pela esperança na História, pelo espírito da Utopia, pela fé ativa na liberdade. Tal esperança possui uma dimensão escatológica laica. Ela alimenta uma história subterrânea que opõe à justiça real uma justiça exigível.

"Não foi somente a violência imediata que permitiu à ordem manter-se, mas o fato de que os próprios homens aprenderam a aprová-la", escreveu Horkheimer.[22] Para transformar a realidade, liberar a liberdade no homem, é preciso retomar esta consciência antecipadora (*vorgelagertes Bewusstsein*),[23] esta força histórica que tem por nome Utopia, revolução.

Ora, de fato, a consciência escatológica progride. No interior das sociedades dominantes do Ocidente, notadamente, mais e mais mulheres e homens se mobilizam, lutam — enfrentam a doxa neoliberal da fatalidade das hecatombes. Mais e mais se vai impondo

---

21. No original, "histoire événementielle". (N.T.)

22. Max Horkheimer, prefácio à reedição de *Théorie traditionnelle et théorie critique* (Paris: Gallimard, 1971, p. 10-11). [Em português: *Teoria crítica e teoria tradicional, in* W. Benjamin, M. Horkheimer, Theodor W. Adorno e Jürgen Habermas, *Textos escolhidos*. São Paulo: Abril Cultural, col. "Os pensadores", vol. XLVIII, 1975.]

23. Ernst Bloch, *Das Prinzip Hoffnung* (Frankfurt am Main: Suhrkamp, 1953). [Em português: *O princípio esperança*. Rio de Janeiro: Contraponto/EdUerj, 2005-2006, 3 v.]

uma evidência: a fome é produto dos homens e pode ser vencida pelos homens.

Mas permanece a questão: como vencer o monstro?

Deliberadamente ignorado pelas opiniões públicas ocidentais, produz-se sob os nossos olhos um formidável despertar das forças revolucionárias camponesas nas zonas rurais do hemisfério sul. Sindicatos camponeses transnacionais, associações de lavradores e criadores[24] lutam contra os abutres do "ouro verde" e contra os especuladores que tentam roubar suas terras. Essa é a força principal do combate contra a fome.

No epílogo, retorno sobre esse combate e a esperança que ele alimenta. E sobre a necessidade que temos de apoiá-lo.

---

24. No original, "éleveurs" — traduzimos sempre assim para denotar criadores de vários tipos de gado. (N.T.)

PRIMEIRA PARTE

O MASSACRE

1

Geografia da fome

O direito humano à alimentação, tal como se apresenta no artigo 11º do *Pacto Internacional sobre os Direitos Econômicos, Sociais e Culturais,*[1] assim se define:

> O direito à alimentação é o direito a ter acesso regular, permanente e livre, diretamente ou por meio de compras monetárias, a um alimento qualitativo e quantitativamente adequado e suficiente, que corresponda às tradições culturais do povo de que é originário o consumidor e que lhe assegure uma vida psíquica e física, individual e coletiva, livre de angústia, satisfatória e digna.

Dentre todos os direitos humanos, o direito à alimentação é, seguramente, o mais constante e mais maciçamente violado em nosso planeta.

A fome assemelha-se ao crime organizado.

Lê-se no *Eclesiástico*: "Escasso alimento é o sustento do pobre, quem dele o priva é homem sanguinário. Mata o próximo o que lhe tira o sustento, derrama sangue o que priva do salário o jornaleiro".[2]

Pois bem: segundo as estimativas da Organização das Nações Unidas para a Alimentação e a Agricultura, a FAO, o número de

---

1. Adotado pela Assembleia Geral das Nações Unidas em 16 de dezembro de 1966.

2. *Eclesiástico* 34,25-27, in *Bíblia de Jerusalém* (São Paulo: Paulus, 2012).

pessoas grave e permanentemente subalimentadas no planeta chegava, em 2010, a 925 milhões, frente aos 1.023 milhões em 2009. Assim, quase um bilhão de seres humanos, dentre os 6,7 bilhões que vivem no planeta, padecem de fome permanentemente.

O fenômeno da fome pode ser abordado de maneira simples.

A comida (ou o alimento), seja de origem vegetal ou animal (às vezes, mineral), é consumida pelos seres vivos com fins energéticos e nutricionais. Os elementos líquidos (como a água, de origem mineral) — ou, dito de outra forma, as bebidas (consideradas alimento quando são sopas, caldos etc.) — são ingeridos com a mesma finalidade. Todos esses elementos, em conjunto, compõem o que se designa como alimentação.

Essa alimentação constitui a energia vital do homem. A unidade energética chamada reconstitutiva é a quilocaloria. Ela permite avaliar a quantidade de energia necessária ao corpo para se reconstituir. Uma quilocaloria contém mil calorias. Aportes energéticos insuficientes, uma carência de quilocaloria, provocam a fome e, depois, a morte.

As necessidades calóricas variam em função da idade: 700 calorias diárias para um lactente, mil para um bebê entre um e dois anos, 1.600 para uma criança de cinco anos. Quanto ao adulto, suas necessidades variam entre 2.000 e 2.700 calorias por dia, conforme o clima sob o qual vive e a natureza do trabalho que realiza.

A Organização Mundial da Saúde (OMS) fixa em 2.200 calorias diárias o mínimo vital para um adulto. Abaixo desse mínimo, o adulto não consegue reproduzir satisfatoriamente a sua própria força vital.

Dolorosa é a morte pela fome. A agonia é longa e provoca sofrimentos insuportáveis. Ela destrói lentamente o corpo, mas também o psiquismo. A angústia, o desespero e um sentimento de solidão e de abandono acompanham a decadência física.

A subalimentação severa e permanente provoca um sofrimento agudo e lancinante do corpo. Produz letargia e debilita gradualmente as capacidades mentais e motoras. Implica marginalização social, perda de autonomia econômica e, evidentemente, desemprego crônico pela incapacidade de executar um trabalho regular. Conduz inevitavelmente à morte.

A agonia provocada pela fome passa por cinco estágios.

Salvo raras exceções, um homem pode viver normalmente três minutos sem respirar, três dias sem beber e três semanas sem comer. Não mais. Então começa a agonia.

Entre as crianças subalimentadas, a agonia se anuncia muito mais rapidamente. O corpo esgota primeiro as suas reservas de açúcar e depois as de gordura. As crianças entram num estado de letargia. Depressa perdem peso. Seu sistema imunitário colapsa. As diarreias aceleram a agonia. Parasitas bucais e infecções das vias respiratórias causam sofrimentos espantosos. Começa então a destruição da massa muscular. As crianças já não conseguem manter-se de pé. Como alguns pequenos animais, encolhem-se sobre si mesmas no chão. Seus braços pendem sem vida. Seus rostos se assemelham àqueles dos idosos. Finalmente, sobrevém a morte.

No ser humano, os neurônios do cérebro formam-se entre zero e cinco anos. Se, nesse lapso, a criança não receber uma alimentação adequada, suficiente e regular, ficará lesionada por toda a vida.

Em contrapartida, um adulto que, atravessando o Saara, tenha sofrido uma pane em seu carro e, por isso, foi privado de alimentação por algum tempo, antes de ser salvo *in extremis*, poderá recuperar sem problema sua vida normal: uma "renutrição" administrada sob controle médico lhe permitirá restabelecer a totalidade de suas forças físicas e mentais.

Vê-se, pois, que não é esse o caso de uma criança de menos de cinco anos privada de alimento adequado e suficiente. Mesmo se, ulteriormente, ela desfrutar de condições milagrosamente favoráveis — que seu pai encontre trabalho, que seja adotada por uma família com recursos etc. —, seu destino estará selado. Será uma crucificada de nascimento, uma lesionada cerebral por toda a vida. Nenhuma alimentação terapêutica poderá assegurar-lhe uma vida normal, satisfatória e digna.

Num grande número de casos, a subalimentação provoca as chamadas doenças da fome: a noma, o *kwashiorkor* etc. Ademais, ela debilita perigosamente as defesas imunitárias das suas vítimas.

Peter Piot, em sua grande pesquisa sobre a Aids, demonstra que milhões de vítimas que morrem aidéticas poderiam ser salvas — ou, ao menos, adquirir uma resistência mais eficaz contra o flagelo — se tivessem acesso a alimentos de forma regular e suficiente. Segundo suas palavras, "uma alimentação regular e adequada constitui a primeira linha de defesa contra a Aids".[3]

Na Suíça, a esperança de vida de um recém-nascido é um pouco superior a 83 anos, sem distinção entre homens e mulheres; na França, igualmente, é de 82 anos. Mas é de 32 anos na Suazilândia, pequeno reino da África Austral devastado pela Aids e pela fome.[4]

A maldição da fome se prolonga biologicamente. A cada ano, milhões de mulheres subalimentadas dão à luz crianças condenadas desde o nascimento. Estas já são vítimas de carências antes mesmo de seu primeiro dia sobre a terra. Durante a gravidez, a mãe subalimentada transmite essa maldição à sua criança. A subalimentação fetal provoca invalidez definitiva, danos cerebrais e deficiências motoras.

Uma mãe esfaimada não pode aleitar seu bebê, nem dispõe dos recursos necessários para comprar um sucedâneo lácteo.

Nos países do Sul,[5] 500.000 mulheres morrem anualmente no parto, a maioria por falta prolongada de alimento durante a gravidez.

A fome é, pois, e de longe, a principal causa de morte e desamparo em nosso planeta.

Como a FAO procede para coletar dados sobre a fome?

Os analistas, estatísticos e matemáticos da organização são reconhecidos mundialmente por sua competência. O modelo matemático que construíram em 1971 e vêm afinando ano a ano é de extrema complexidade.[6]

---

3. Peter Piot, *The First Line of Defense. Why Food and Nutrition Matter in the Fight Against HIV/Aids* (Rome: PAM, 2004).

4. Institut National de Démographie (Paris, 2009).

5. Sempre que o original referir-se, com "sul", ao hemisfério sul, grafaremos com a inicial maiúscula — e o mesmo com "norte". (N.T.)

6. Nesta matéria, vali-me da preciosa assessoria de Pierre Pauli, especialista do Departamento de Estatística de Genebra.

Em um planeta no qual vivem 6,7 bilhões de seres humanos, distribuídos por 194 Estados, está fora de cogitação realizar levantamentos individuais. Os estatísticos optam, portanto, por um método indireto, que aqui simplificarei deliberadamente.

Primeiro passo: para cada país, eles recenseiam a produção de bens alimentares, a importação e a exportação de alimentos, especificando em cada caso seu conteúdo calórico. Verifica-se, por exemplo, que a Índia, embora abrigue quase a metade de todas as pessoas grave e permanentemente subalimentadas do mundo, exporta, alguns anos, centenas de milhares de toneladas de trigo — entre junho de 2002 e novembro de 2003, foram 17 milhões de toneladas.

A FAO obtém, desse modo, a quantidade de calorias disponível em cada país.

Segundo passo: os estatísticos estabelecem, para cada país, a estrutura demográfica e sociológica da população. As necessidades calóricas, como vimos, variam segundo as faixas etárias. O sexo constitui outra variável: por toda uma série de razões sociológicas, as mulheres queimam menos calorias que os homens. Também o trabalho executado por uma pessoa e sua situação socioprofissional constituem outra variável: um operário siderúrgico que opera junto a um alto-forno necessita de mais calorias que um aposentado que passa os dias sentado num banco.

Mesmo esses dados variam conforme a região e a zona climática consideradas. A temperatura do ar e as condições meteorológicas geralmente influem necessidades calóricas.

Ao fim desse segundo passo, os estatísticos podem correlacionar os dois agregados de indicadores. Conhecem assim os déficits calóricos globais de cada país e podem, consequentemente, fixar a quantidade teórica de pessoas permanente e gravemente subalimentadas.

Mas esses resultados nada dizem da distribuição das calorias no interior de uma população determinada. Os estatísticos, então, afinam o modelo mediante pesquisas dirigidas, à base da amostragem. O objetivo é identificar os grupos particularmente vulneráveis.

Bernard Maire e Francis Delpeuch criticam esse modelo de cálculo.[7] Questionam, em primeiro lugar, os parâmetros. Argumentam que os estatísticos de Roma determinam os déficits em termos de calorias, isto é, de macronutrientes (proteínas, glucídios e lipídios) que fornecem calorias e, portanto, energia. Mas não consideram as deficiências das populações em termos de micronutrientes — a carência de vitaminas, minerais e oligoelementos. Ora, a ausência, na alimentação, de iodo, ferro, vitaminas A e C, entre outros elementos indispensáveis à saúde, causa a cada ano cegueira, mutilações e morte de milhões de pessoas.

Vale dizer: a FAO, com essa metodologia, conseguiria recensear o número de vítimas da subalimentação, mas não as vítimas da má alimentação.

Os dois pesquisadores questionam também a confiabilidade desse método, que se baseia inteiramente na qualidade das estatísticas fornecidas pelos Estados. Ora, numerosos Estados do hemisfério sul, por exemplo, não dispõem de nenhum aparato estatístico, mesmo que precário. E é justamente nos países do Sul que as vítimas da fome mais rapidamente enchem as valas comuns da morte.

Apesar de todas as críticas ao modelo matemático dos estatísticos da FAO — cuja pertinência reconheço —, considero, por minha parte, que ele permite dar conta, a longo prazo, das variações do número dos subalimentados e dos mortos pela fome no planeta.

De qualquer forma, mesmo com cifras que subestimam o fenômeno, o método atende à exigência de Jean-Paul Sartre: "Conhecer o inimigo, combater o inimigo".

O objetivo atual da ONU é reduzir à metade, até 2015, o número de pessoas castigadas pela fome. Tomando solenemente essa decisão em 2000 — trata-se do primeiro dos oito Objetivos de De-

---

7. Francis Delpeuch e Bernard Maire, *in* Alain Bué e Françoise Plet (orgs.), *Alimentation, environnement et santé* (Paris: Éditions Ellipses, 2010).

senvolvimento do Milênio (ODM)[8] —, a Assembleia Geral da ONU, em Nova Iorque, teve como referência o ano de 1990. Portanto, é o número de famélicos de 1990 que deve ser reduzido à metade.

Esse objetivo, evidentemente, não será alcançado. Porque a pirâmide dos mártires, longe de diminuir, tem crescido. A própria FAO o admite:

> Segundo as últimas estatísticas disponíveis, alguns progressos se verificaram na realização dos ODM — as vítimas da fome passaram de 20% de pessoas subalimentadas em 1990-1992 a 16% em 2010. Entretanto, com a continuidade do crescimento demográfico (ainda que mais lento que nos últimos decênios), uma redução do percentual dos esfaimados pode ocultar um aumento do seu número. De fato, os países em desenvolvimento em seu conjunto viram aumentar a quantidade de esfaimados (de 827 milhões, em 1990-1992, a 906 milhões, em 2010).[9]

Para melhor circunscrever a geografia da fome, a distribuição dessa destruição em massa sobre o planeta, é preciso de início recorrer a uma primeira distinção, à qual se referem a ONU e suas agências especializadas: a "fome estrutural", de um lado, e, de outro, a "fome conjuntural".

A fome estrutural é própria das estruturas de produção insuficientemente desenvolvidas dos países do Sul. Ela é permanente, pouco espetacular e se reproduz biologicamente: a cada ano, milhões de mães subalimentadas dão à luz milhões de crianças deficientes. A fome estrutural significa destruição psíquica e física, aniquilação da dignidade, sofrimento sem fim.

A fome conjuntural, em troca, é altamente visível. Irrompe periodicamente nas telas da televisão. Ela se produz quando, repentinamente, uma catástrofe natural — gafanhotos, seca ou inundações assolam uma região — ou uma guerra destrói o tecido social, arruína a

8. Millenium Development Goals — MDG.

9. FAO, "Report on Food insecurity in the world" (Roma, 2011).

economia, empurra centenas de milhares de vítimas aos acampamentos de pessoas deslocadas no interior do país ou de refugiados para além-fronteiras. Nessas circunstâncias, não se pode semear nem colher. São destruídos os mercados, as estradas são bloqueadas e as pontes bombardeadas. As instituições estatais deixam de funcionar. Para os milhões de vítimas amontoadas nos acampamentos, a última salvação está no Programa Alimentar Mundial (PAM).

Nyala, no Darfur, é o maior dos dezessete campos de deslocados das três províncias do Sudão Ocidental devastadas pela guerra e pela fome. Guardados pelos capacetes azuis[10] africanos, especialmente ruandeses e nigerianos, cerca de 100.000 homens, mulheres e crianças subalimentados se comprimem num imenso acampamento de lona e plástico. Uma mulher que se aventure por quinhentos metros fora do campo — para buscar lenha ou água em poços — corre o risco de ser capturada pelas *janjawid*, as milícias equestres árabes a serviço da ditadura islâmica de Cartum. Ela será certamente violada, talvez assassinada.

Se os caminhões Toyota brancos do PAM, com a bandeira azul da ONU, não chegassem a cada três dias, com suas cargas piramidais de sacos de arroz e farinha, contêineres de água e caixas de medicamentos, os *zaghawa, massalit* e *four*,[11] protegidos pelos capacetes azuis atrás das cercas de arame farpado, morreriam em pouco tempo.

Outro exemplo de fome conjuntural: em 2011, mais de 450.000 mulheres, homens e crianças gravemente subalimentados, procedentes sobretudo do Sul da Somália, se apertavam no campo de Dadaab, estabelecido pela ONU em território queniano. Habitualmente, os funcionários do PAM negam a outras famílias esfaimadas o acesso ao campo, dada a falta de recursos suficientes para socorrê-las.[12]

---

10. Capacetes azuis: designação por que são conhecidas as tropas de paz multinacionais da ONU que atuam em áreas de conflitos bélicos. (N.T.)

11. Grupos étnicos da região conflagrada. (N.T.)

12. Sobre o colapso do orçamento do PAM, cf., infra, p. [217 no original].

* * *

Quem são os mais expostos à fome?

Os três grandes grupos de pessoas mais vulneráveis são, na terminologia da FAO, os pobres rurais (*rural poors*), os pobres urbanos (*urban poors*) e as vítimas das catástrofes já mencionadas. Detenhamo-nos sobre as duas primeiras categorias.

Os pobres rurais. A maioria dos seres humanos que não têm o suficiente para comer pertence às comunidades rurais pobres dos países do Sul. Muitos não dispõem de água potável, nem eletricidade. Nessas regiões, serviços de saúde pública, de educação e higiene são — em geral — inexistentes.

Dos 6,7 bilhões de seres humanos que habitam o planeta, pouco menos da metade vive em zonas rurais.

Desde a noite dos tempos, as populações camponesas — agricultores e criadores (como também pescadores) — estão na primeira fila das vítimas da miséria e da fome: atualmente, dos 1,2 bilhão de seres humanos que, segundo os critérios do Banco Mundial, vivem na "extrema pobreza" (ou seja, com uma renda diária inferior a 1,25 dólar), 75% vivem nos campos.

Inúmeros camponeses vivem na miséria por uma ou outra das três razões seguintes. Uns são trabalhadores migrantes sem terra ou arrendatários superexplorados pelos proprietários. Assim, no Norte de Bangladesh, os arrendatários muçulmanos devem entregar a seus *land lords* [senhores da terra] indianos, que vivem em Calcutá, quatro quintos da sua colheita. Outros, se têm a terra, não possuem títulos de propriedade suficientemente sólidos. É o caso dos posseiros do Brasil, que ocupam pequenas superfícies de terras improdutivas ou vagas, fazendo uso delas sem possuir documentos que provem que elas lhes pertencem. Outros, ainda, se possuem terra própria, a dimensão e a qualidade desta são insuficientes para que possam alimentar decentemente a sua família.

O International Fund for Agricultural Development [Fundo Internacional para o Desenvolvimento Agrícola] (IFAD) estima o número de trabalhadores rurais sem terra em torno de 500 milhões de pessoas — ou seja, cem milhões de famílias. Estes são os mais pobres entre os pobres da Terra.[13]

Para os pequenos camponeses, os arrendatários superexplorados e os trabalhadores rurais (migrantes ou não), o Banco Mundial recomenda doravante a *Mark-Assisted Land Reform* [*Reforma Agrária Assistida*], preconizada por ele, pela primeira vez, em 1997, para as Filipinas. O latifundiário seria levado a se desvencilhar de uma parte das suas terras, mas o trabalhador rural deveria comprar a sua parcela com a eventual ajuda de créditos do Banco Mundial.

Dada a completa indigência das famílias "sem terra", a reforma agrária promovida em todo o mundo pelo Banco Mundial cheira à hipocrisia mais evidente, raiando a indecência pura e simples.[14]

A libertação dos camponeses só pode ser obra dos próprios camponeses. Quem conheceu um assentamento ou um acampamento do Movimento dos Trabalhadores Rurais Sem Terra (MST) do Brasil experimentou emoção e admiração. O MST tornou-se o movimento social brasileiro mais importante, defendendo a reforma agrária, a soberania alimentar, a impugnação do livre-comércio e do modelo de produção e consumo agroindustriais dominante, a promoção da agricultura de víveres, a solidariedade e o internacionalismo.

O movimento internacional camponês Via Campesina reúne, em todo o mundo, 200 milhões de meeiros, pequenos camponeses (1 hectare ou menos), trabalhadores rurais sazonais, criadores migrantes ou sedentários e pescadores artesanais. Seu secretariado central sedia-se em Jacarta (Indonésia). A Via Campesina é hoje um dos movimentos revolucionários mais impressionantes do Terceiro Mundo. Voltaremos a ela.

Poucos homens e mulheres na Terra trabalham tanto, em circunstâncias climáticas tão adversas e por um ganho mínimo, como os camponeses do hemisfério sul. Raros, entre eles, são os que podem poupar algo para precaver-se contra as sempre ameaçadoras catás-

---

13. IFAD, "Rural Poverty Report 2009" (Nova York: Oxford University Press, 2010).
14. Cf. Jean Feyder, *Mordshunger. Wer profitiert vom Elend der armen Länder?* (Westend, 2010).

trofes naturais e as perturbações sociais. Mesmo quando, durante alguns meses, há alimentação abundante, ressoam tambores em festa, celebram-se matrimônios em grandes cerimônias caracterizadas pela partilha, mesmo assim a ameaça continua onipresente.

Noventa por cento dos camponeses do Sul só têm, como instrumentos de trabalho, a enxada, a foice e o machete.

Mais de um milhão deles não têm animais de tração nem tratores. Se se duplica a força de tração, duplica-se também a superfície cultivada. Sem tração, os agricultores do Sul permanecerão confinados na sua miséria.

No Sahel, um hectare semeado de cereais produz de seiscentos a setecentos quilos. Na Bretanha, em Beauce, em Baden-Wurtemberg, na Lombardia, um hectare de trigo produz dez toneladas (10.000 quilos). Essa diferença de produtividade não se explica, evidentemente, por disparidades de competência. Os agricultores bambara, wolof, mossi ou toucouleurs[15] trabalham com a mesma energia e a mesma inteligência que seus colegas europeus. A diferença se deve às condições de que dispõem. No Benim, em Burkina Faso, no Níger ou no Mali, a maioria dos agricultores não pode valer-se de nenhum sistema de irrigação, nem de insumos minerais, nem de sementes selecionadas, nem de defensivos contra predadores. Como há três mil anos, eles praticam a "agricultura da chuva".

Somente 3,8% das terras da África Subsaariana são irrigadas.[16] A FAO estima em 500 milhões os agricultores do Sul que não têm acesso a sementes selecionadas e a insumos minerais — nem mesmo a esterco (ou outros insumos naturais), uma vez que não possuem animais.

A FAO avalia que, anualmente, 25% das colheitas mundiais são destruídas pelas intempéries ou pelos roedores.

Os silos são raros na África Negra, no Sul da Ásia e nos altiplanos andinos. Por isso, as famílias camponesas do Sul são as que padecem primeiro e mais duramente os efeitos da destruição das colheitas.

---

15. Grupos étnicos africanos. (N.T.)

16. Contra 37% na Ásia.

Outro grande problema é o escoamento das colheitas para os mercados. Vivi na Etiópia, em 2003, a seguinte situação absurda: em Makele, no Tigray, nos planaltos castigados pelos ventos, onde a terra poeirenta fica rachada, a fome devastava sete milhões de pessoas — mas a seiscentos quilômetros a oeste, em Gondar, dezenas de milhares de toneladas de *teff*[17] apodreciam em depósitos, pela falta de estradas e veículos para transportar o alimento salvador...

Na África Negra, na Índia, nas comunidades aimará e otavalo[18] do altiplano peruano, boliviano e equatoriano, não existem bancos de crédito agrícola. Em consequência, o camponês não tem escolha: na maioria dos casos, tem que vender a sua produção no pior momento, isto é, quando acaba de colhê-la e os preços são mais baixos.

Uma vez engolfado pela espiral do superendividamento — endividando-se para poder pagar os juros de dívidas anteriores —, tem de vender sua colheita futura para poder comprar, ao preço fixado pelos senhores do comércio agroalimentar, o alimento necessário à sua família durante a entressafra.

Nos campos, especialmente nas Américas Central e do Sul, na Índia, no Paquistão, em Bangladesh, a violência é endêmica.

Entre 26 de janeiro e 5 de fevereiro de 2005, juntamente com meus colaboradores, realizei uma missão na Guatemala.[19] Durante nossa estada, o comissário dos direitos humanos do governo guatemalteco, Frank La Rue, ele mesmo um antigo resistente contra a ditadura do general Rios Montt,[20] informou-me dos crimes que cotidianamente se cometem em seu país contra os camponeses.

---

17. Espécie de cereal rico em carboidratos e minerais, cultivado especialmente na Etiópia e na Eritreia. (N.T.)

18. Grupo indígena nativo da província de Imbabura, na Região Norte do Equador. (N.T.)

19. Relatório "Droit à l'alimentation. Mission au Guatemala", E/CN 4/2006/44. Add. 1.

20. Frank La Rue, posteriormente (2008), assumiu a função de relator especial da ONU sobre a promoção e a proteção do direito à liberdade de opinião e de expressão. J. Efraín Rios Montt (nascido em 1926), com apoio norte-americano, chefiou um golpe de Estado em março de 1982 e ficou no poder até meados de 1983; sua condução da luta contra a guerrilha guatemalteca — à base da tortura e do massacre de populações, especialmente camponesas, larga-

Em 23 de janeiro, na fazenda Alabama Grande, um trabalhador agrícola furtou umas frutas. Três guardas da segurança da fazenda o descobriram e o mataram. Na mesma noite, a família, vendo que o pai não regressava a seu casebre — que, como o de todos os peões, situava-se nos confins do latifúndio —, começou a se preocupar. Acompanhado por alguns vizinhos, o filho mais velho dirigiu-se à casa dos senhores. Os guardas os interceptaram; houve uma discussão; os ânimos se exaltaram. Os guardas mataram o rapaz e quatro dos seus acompanhantes.

Noutra fazenda, guardas capturaram um jovem com os bolsos cheios de *cozales*, uma fruta da região. Acusando-o de havê-los furtado nas terras do senhor, levaram-no à presença deste, que matou o jovem com um tiro de pistola.

Diz-me Frank La Rue:

> Ontem, no palácio Presidencial, o vice-presidente da República, Eduardo Stein Barillas, já lhe explicou: 49% das crianças com menos de dez anos são subalimentadas... Delas, no ano passado, 92.000 morreram de fome ou de doenças resultantes da fome... Como você pode compreender, pais e irmãos, às vezes, durante a noite, vão ao pomar da fazenda e furtam frutas, legumes...

Em 2005, 4.793 assassinatos foram cometidos na Guatemala, 387 durante nossa estada. Entre as vítimas figuravam quatro jovens sindicalistas rurais — três homens e uma mulher — que voltavam de um estágio de formação em Friburgo, na Suíça. Os assassinos metralharam o carro em que viajavam, na serra de Chuacas, numa estrada entre San Cristóbal Verapaz e Salama.

Eu soube do fato num jantar na embaixada da Suíça. O embaixador, um homem decidido, que amava a Guatemala e a conhecia bem, prometeu-me que no dia seguinte apresentaria um enérgico protesto junto ao Ministério do Exterior.

---

mente documentados por organizações internacionais — justifica sua caracterização como um dos mais brutais ditadores da América Central. (N.T.)

Também participou do jantar Rigoberta Menchú, Prêmio Nobel da Paz, uma extraordinária mulher maia que perdeu, durante a ditadura do general Lucas García,[21] o pai e um irmão — queimados vivos. À saída, na porta, Rigoberta sussurou-me: "Observei o embaixador. Estava pálido... suas mãos tremiam. Irritou-se muito. É um homem de bem. Apresentará o protesto. Mas será em vão".

Junto da fazenda Las Delicias, um latifúndio de produção de café situado no município de El Tumbador, faço perguntas a peões em greve e suas mulheres. Há seis meses o patrão não paga os salários, pretextando a queda do preço do café no mercado mundial.[22] Uma manifestação organizada pelos grevistas foi violentamente reprimida pela polícia e pelos guardas patronais.

O presidente da Pastoral Interdiocesana da Terra (PIT), Dom Ramazzini, bispo de San Marco,[23] já me advertira: "Frequentemente, depois de uma manifestação, a polícia, à noite, retorna ao local e prende ao acaso alguns jovens... Muitos deles desaparecem".

Estamos sentados em um banco de madeira, diante de um casebre. Os grevistas e suas mulheres, de pé, formam um semicírculo. No calor úmido da noite, crianças de olhar grave nos observam. As mulheres e as jovens vestem roupas de cores vivas. Um cão ladra ao longe. O firmamento está bordado de estrelas. O cheiro do cafezal se mistura com o perfume dos gerânios vermelhos que crescem atrás do casebre.

---

21. Rigoberta Menchú (nascida em 1959) recebeu o Nobel em 1992, em reconhecimento de sua luta em defesa dos direitos humanos e dos povos indígenas; em 1991, participou da elaboração da Declaração dos Direitos dos Povos Indígenas, adotada pela ONU. Lucas García (1924-2006) presidiu a Guatemala entre 1978 e 1982, num período em que a luta contra a guerrilha assumiu características brutalíssimas; faleceu exilado na Venezuela, que, apesar das acusações de genocídio que pesavam contra ele, não permitiu sua extradição. (N.T.)

22. Em 2005, o salário mínimo legal era de 38 quetzais por semana (1 dólar = 7,5 quetzais). [Quetzal, ave nativa do México e da América Central, era um símbolo sagrado de maias e astecas e dá nome à moeda da Guatemala. (N.T.)]

23. D. Álvaro Ramazzini (nascido em 1947) é um dos mais combativos prelados centro-americanos, internacionalmente reconhecido por entidades de defesa dos direitos humanos. Ordenado em 1971, é doutor em Direito Canônico e esteve à frente da diocese de San Marco entre 1989 e 2012, quando assumiu a de Huehuetenango. Presidiu a Conferência Episcopal da Guatemala. É odiado pelos latifundiários, que várias vezes o ameaçaram de morte. (N.T.)

Percebe-se claramente que estas pessoas estão amedrontadas. Em seus belos rostos morenos de índios maias transparece a angústia... Certamente alimentada pelas prisões noturnas e pelos desaparecimentos organizados pela polícia, de que me falou Dom Ramazzini.

Muito desajeitadamente, distribuo meus cartões de visita da ONU. As mulheres os apertam junto ao peito, como um talismã.

No momento mesmo em que lhes falo dos direitos humanos e da eventual proteção da ONU, sinto que já os estou traindo. A ONU, evidentemente, nada fará. Instalados nas suas casas na Cidade da Guatemala, os funcionários da ONU contentam-se em administrar os caríssimos programas ditos de desenvolvimento — que, é claro, favorecem os latifundiários. Mas é provável que Eduardo Stein Barillas,[24] um antigo jesuíta próximo a Frank La Rue, faça uma advertência ao chefe da polícia de El Tumbador contra eventuais "desaparecimentos" de jovens grevistas...

Porém, a maior violência cometida contra os camponeses é, evidentemente, a desigual distribuição da terra. Na Guatemala, em 2011, 1,86% da população possuía 57% das terras agricultáveis. Nesse país, 47 grandes propriedades detêm, cada uma delas, 3.700 hectares ou mais, enquanto 90% dos produtores sobrevivem em áreas de um hectare ou menos.

No que toca à violência contra os sindicatos camponeses e os manifestantes grevistas, a situação não melhorou — ao contrário: os "desaparecimentos" e os assassinatos aumentaram.[25]

Os pobres urbanos. Nas *callampas* de Lima, nos *slums* de Karachi, nas *smoke mountains* de Manila ou nas favelas de São Paulo, as mães de família, para comprar alimentos, têm de se limitar a um orçamen-

---

24. Eduardo Stein Barillas (nascido em 1945), político e diplomata de carreira, foi vice-presidente da Guatemala entre 2004 e 2008. (N.T.)

25. Food Information and Action Network (FIAN), *The Human Right to Food in Guatemala* (Heidelberg, 2010).

to familiar muito restrito. O Banco Mundial estima em 1,2 bilhão as pessoas "extremamente pobres" que vivem com menos de 1,25 dólar por dia.

Em Paris, Genebra ou Frankfurt, uma dona de casa gasta, em média, de 10 a 15% do orçamento familiar na compra de alimentos. No orçamento familiar da dona de casa de Manila, a parte destinada à alimentação varia de 80 a 85% dos seus gastos totais.

Na América Latina, de acordo com o Banco Mundial, 41% da população continental vive em "bairros informais". O menor aumento de preços no mercado provoca, nas favelas, a angústia, a fome, a desintegração familiar, a catástrofe.

O corte entre os pobres urbanos e os pobres rurais não é, evidentemente, tão radical quanto parece à primeira vista porque, na realidade, também 43% dos 2,7 bilhões de trabalhadores sazonais, pequenos proprietários e rendeiros que constituem a imensa maioria dos miseráveis que vivem nos campos devem, em determinados momentos do ano, comprar alimentos no mercado da cidade ou da aldeia vizinhas — já que a colheita anterior não foi suficiente para sustentar a família até a próxima. O trabalhador rural sofre, pois, com os preços elevados do alimento de que tem a mais absoluta necessidade para sobreviver.

Yolanda Areas Blas, delegada vivaz e simpática da Via Campesina da Nicarágua, dá o seguinte exemplo: o governo da Nicarágua, anualmente, define a *cesta básica*, conjunto de víveres para a família. Ela contém os 24 alimentos essenciais mensalmente necessários para a sobrevivência de uma família de seis pessoas. Em março de 2011, a cesta básica custava, na Nicarágua, 6.250 córdobas — ou seja, 500 dólares. Entretanto, o salário mínimo legal do trabalhador agrícola (na realidade, poucas vezes pago pelos empregadores), no mesmo ano, era de 1.800 córdobas — vale dizer, 144 dólares...[26]

---

26. Yolanda Areas Blas, intervenção no colóquio "The Need to Increase the Protection of the Right of the Peasants" (Genebra, 8 mar. 2011).

* * *

A distribuição geográfica da fome no mundo é extremamente desigual.[27] Em 2010, ela se apresentava assim:

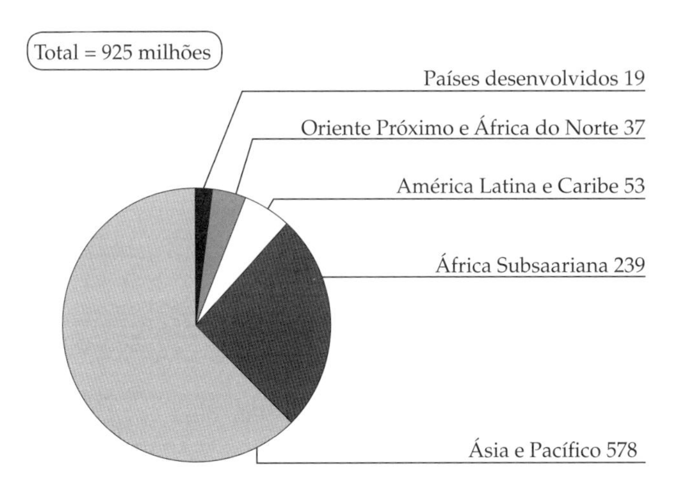

O quadro abaixo permite fazer-se uma ideia das variações no tempo do número total de vítimas no curso dos últimos decênios:

Evolução do número (milhões) e do percentual de pessoas subalimentadas entre 1969 e 2007

2005-2007	848	milhões (13%)
2000-2002	833	milhões (14%)
1995-1997	788	milhões (14%)
1990-1992	843	milhões (16%)
1979-1981	853	milhões (21%)
1969-1971	878	milhões (26%)

27. Todos os gráficos e quadros seguintes foram extraídos do *Rapport sur l'insécurité alimentaire dans le monde* (Roma: FAO, 2010).

O quadro seguinte mostra a evolução do desastre nas diferentes regiões do mundo entre 1990 e 2007 — isto é, na duração aproximada de uma geração:

Evolução do número (milhões) de pessoas subalimentadas por regiões do mundo entre 1990 e 2007

Grupos de países	*1990-1992*	*1995-1997*	*2000-2002*	*2005-2007*
MUNDO	843,4	787,5	833,0	847,5
Países desenvolvidos	16,7	19,4	17,0	12,3
Mundo em desenvolvimento	826,6	768,1	816,0	835,2
Ásia e Pacífico*	587,9	498,1	531,8	554,5
Ásia Oriental	215,6	149,8	142,2	139,5
Ásia Sul-Oriental	105,4	85,7	88,9	76,1
Ásia do Sul	255,4	252,8	287,5	331,1
Ásia Central	4,2	4,9	10,1	6,0
Ásia Ocidental	6,7	4,3	2,3	1,1
América Latina e Caribe	54,3	53,3	50,7	47,1
América do Norte e Central	9,4	10,4	9,5	9,7
Caribe	7,6	8,8	7,3	8,1
América do Sul	37,3	34,1	33,8	29,2
Oriente Próximo e África do Norte	19,6	29,5	31,8	32,4
Oriente Próximo	14,6	24,1	26,2	26,3
África do Norte	5,0	5,4	5,6	6,1
África Subsaariana	164,9	187,2	201,7	201,2
África Central	20,4	37,2	47,0	51,8
África Oriental	72,6	84,7	85,6	86,9
África Austral	30,6	33,3	35,3	33,9
África Ocidental	37,6	32,0	33,7	28,5

* Aí incluída a Oceania.

Esses dados, que chegam até 2007, devem ser correlacionados à evolução demográfica no mundo, cujas cifras são, para o mesmo ano, por continente, as seguintes: Ásia, 4,03 bilhões (ou seja, 60,5% da população mundial); África, 965 milhões (14%); Europa, 731 milhões (11,3%); América Latina e Caribe, 572 milhões (8,6%); América do Norte, 339 milhões (5,1%), e Oceania, 34 milhões (0,5%).

Eis a evolução do desastre global numa duração mais longa, entre 1969 e 2010,[28] isto é, no curso de duas gerações:

Número de pessoas subalimentadas no mundo entre 1969-1971 e 2010

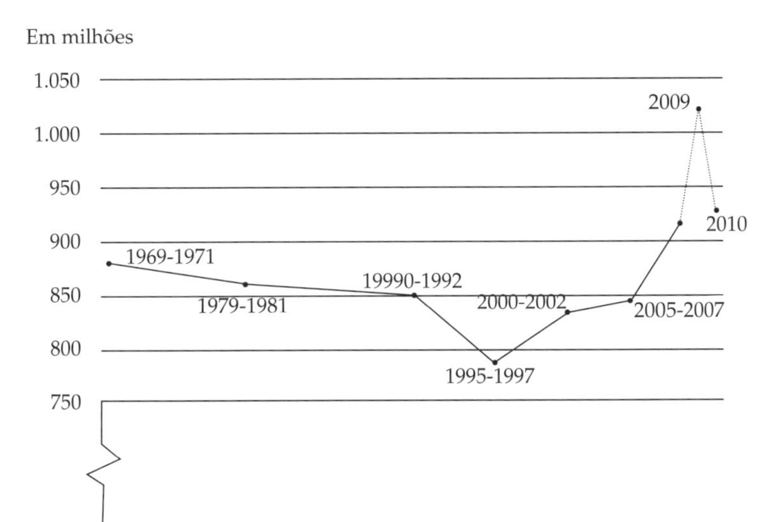

Esse gráfico requer vários comentários.

Evidentemente, é preciso confrontar estes números com a evolução demográfica global nos mesmos decênios: em 1970, havia

28. Os dados para 2009 e 2010 são estimativas da FAO, com a contribuição da Divisão de Pesquisa Econômica do Departamento de Agricultura dos Estados Unidos.

sobre o planeta 3,696 bilhões de homens; em 1980, 4,442 bilhões; em 1990, 5,279 bilhões; em 2000, 6,085 bilhões e, em 2010, 6,7 bilhões.

Depois de 2005, a curva global das vítimas da fome cresceu de forma catastrófica, enquanto o crescimento demográfico, em torno de 400 milhões de seres a cada cinco anos, permaneceu estável.

O incremento maior do número de vítimas da fome registrou-se entre 2006 e 2009, mesmo quando, segundo os dados da FAO, durante esses anos, registraram-se e armazenaram-se boas colheitas de cereais em todo o mundo. O número de subalimentados cresceu violentamente em razão da explosão dos preços dos alimentos e da crise analisada na sexta parte deste livro.

O gráfico que se segue oferece uma imagem mais afinada das variações nos países em vias de desenvolvimento entre 1990 e 2010:

Número de pessoas subalimentadas (em milhões) entre 1990-1992 e 2010: tendências regionais

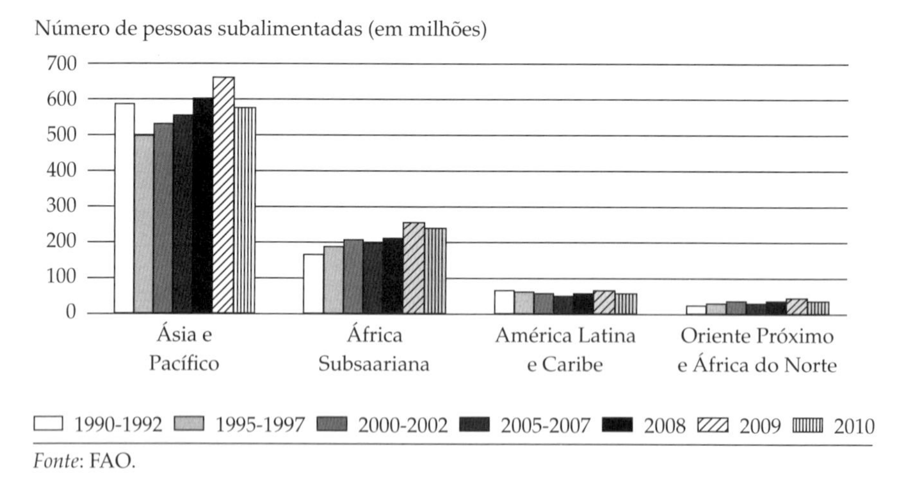

Fonte: FAO.

Os países em desenvolvimento, nestes últimos anos, abrigaram entre 98 e 99% dos subalimentados do planeta.

* * *

Em cifras absolutas, a região que contabiliza a maior quantidade de esfaimados é a Ásia e o Pacífico, mas, com uma baixa de 12% (de 658 milhões em 2009 para 578 milhões em 2010), ela registrou a melhoria mais significativa em 2010. É na África Subsaariana que o percentual de pessoas subalimentadas, nessa data, permaneceu a mais alta — 30% em 2010, isto é, quase uma pessoa em cada três.

Se a maioria das vítimas da fome vive nos países em vias de desenvolvimento, o mundo industrializado ocidental, porém, não escapa do espectro da fome. Nove milhões de pessoas grave e permanentemente subalimentadas vivem nos países industrializados — e outras 25 milhões nos países ditos em transição (a Europa de Leste e a antiga União Soviética).[29]

Denominam-se alimentos de base o arroz, o trigo e o milho, que atendem, em conjunto, a cerca de 75% do consumo mundial de cereais (apenas o arroz representa 50% desse volume). Nos primeiros meses de 2011, uma vez mais, e como em 2008, os preços dos alimentos de base explodiram no mercado mundial. Em fevereiro de 2011, a FAO acendeu a luz vermelha: oitenta países se encontravam então no umbral da insegurança alimentar.

Em 17 de dezembro de 2010, o povo tunisino rebelou-se contra os predadores no poder em Cartago.[30] Zine el-Abidine Ben Ali, que, com sua família ampliada e seus cúmplices, aterrorizou e saqueou a Tunísia por vinte e três anos, fugiu para a Arábia Saudita em 14 de

---

29. Aí, a situação é particularmente grave em numerosos orfanatos, nos quais — segundo algumas ONGs norte-americanas —, os empregados deixam as crianças morrer de fome. Um exemplo: no orfanato de Torez, na Ucrânia, doze crianças em cada cem (especialmente crianças deficientes) morrem a cada ano. Cf. "Ukrainian orphanages are starving disable children", *in The Sunday Times* (Londres).

30. Cartago, colônia fenícia que na Antiguidade disputou com Roma o controle do Mediterrâneo, constitui hoje um bairro de Túnis e é, desde 1979, considerada pela UNESCO patrimônio da humanidade. (N.T.)

janeiro de 2011. O efeito da rebelião tunisina sobre os países vizinhos não tardou a se fazer sentir.

No Egito, a revolução começou em 25 de janeiro, com a concentração de quase 1 milhão de pessoas no centro do Cairo, na praça Tahrir. Desde outubro de 1981, o brigadeiro do ar Hosni Moubarak reinara — com a tortura, o terror policial e a corrupção — no protetorado israelo-americano do Egito. Durante as três semanas que precederam a sua queda, atiradores de elite da sua polícia secreta, postados nos prédios situados em torno da praça Tahrir, assassinaram mais de oitocentos jovens — homens e mulheres — e fizeram "desaparecer" centenas de outros nas suas câmaras de tortura. O povo sublevado derrocou Moubarak em 12 de fevereiro.

O descontentamento estendeu-se a todo o mundo árabe, ao Magreb e ao Machrek:[31] à Líbia, ao Iêmen, à Síria, ao Bahrein etc.

As revoluções do Egito e da Tunísia têm causas complexas, pois raízes profundas sustentam a extraordinária coragem dos insurretos. Mas a fome, a subalimentação, a angústia diante dos preços vertiginosamente crescentes do pão cotidiano constituíram um forte motivo de revolta. Desde a época do protetorado francês, a *baguette* de pão é o alimento de base dos tunisianos, assim como a *aïche* o é dos egípcios. Em janeiro de 2011, repentinamente, o preço da tonelada de farinha de trigo dobrou no mercado mundial, atingindo 270 euros.

A enorme faixa que se estende da costa atlântica do Marrocos aos emirados do golfo árabe-persa constitui a principal região importadora de cereais do mundo. Quer se trate de cereais, açúcar, carne bovina, aves ou óleos comestíveis — todos os países do Magreb e do golfo importam alimentos maciçamente.

Para alimentar seus 84 milhões de habitantes, o Egito importa anualmente mais de dez milhões de toneladas de trigo; a Argélia

---

31. Denomina-se Magreb (em árabe, poente) o Noroeste da África, envolvendo a Tunísia, a Argélia, o Marrocos, a Mauritânia e o território do Saara Ocidental; o Machrek (em árabe, levante) compreende a parte oriental do mundo árabe: o Egito, a Jordânia, o Líbano, a Síria e os territórios palestinos. A Líbia é considerada ora um território de transição, ora parte do Magreb. (N.T.)

importa cinco milhões e o Irã, seis milhões. Também anualmente, o Marrocos e o Iraque importam, cada um, entre três e quatro milhões de toneladas. A Arábia Saudita compra, a cada ano, no mercado mundial, cerca de sete milhões de toneladas de cevada.

No Egito e na Tunísia, a ameaça da fome teve uma consequência formidável: o espectro da fome mobilizou forças desconhecidas, as que contribuíram para a emergência da "primavera árabe". Mas, na maioria dos outros países ameaçados pela insegurança alimentar iminente, o sofrimento e a angústia continuam sendo suportados em silêncio.

É preciso acrescentar que, nas regiões rurais da Ásia e da África, as mulheres sofrem uma discriminação permanente, vinculada à subalimentação. É assim que, nalgumas sociedades sudaneso-sahelianas ou somalis, as mulheres e as crianças do sexo feminino só comem os restos da comida dos homens e das crianças do sexo masculino. As crianças de pouca idade padecem a mesma discriminação. As viúvas e as segundas e terceiras esposas suportam um tratamento discriminatório ainda mais evidente.

Nos campos de refugiados somalis em território queniano, os delegados do Alto Comissariado da ONU para os Refugiados lutam cotidianamente contra este costume detestável: entre os criadores somalis, as mulheres e as meninas não tocam nas vasilhas de painço ou nos restos do cordeiro assado antes de os homens comerem[32] — os homens se servem, depois os filhos do sexo masculino; só quando eles se retiram da habitação, as mulheres e as meninas se aproximam da esteira sobre a qual estão as vasilhas com os restos do arroz, do bolo de trigo ou da carne deixados pelos homens. Se as vasilhas estão vazias, as mulheres e as meninas ficarão sem comer.

Uma palavra a mais sobre as vítimas: esta geografia e estas estatísticas da fome designam como tais pelo menos um ser humano entre cada sete sobre a face da Terra.

---

32. "Affamati, ma a casa loro [Esfaimados, mas na sua própria casa]", *in Negrizia* (Verona, julho-agosto de 2009).

Porém, quando se adota um outro ponto de vista, quando não se considera a criança que morre como uma simples unidade estatística, mas como o desaparecimento de um ser singular, insubstituível, vindo ao mundo para viver uma vida única e irrepetível, então a perpetuação da fome aniquiladora num mundo transbordante de riquezas e capaz de "assaltar a lua" aparece como ainda mais inaceitável. Destruição em massa dos mais pobres.

2

A fome invisível

Ao lado dos seres destruídos pela subalimentação, vítimas da fome e contabilizados nesta geografia terrificante, estão os seres devastados pela má nutrição. A FAO não os ignora, mas os recenseia à parte.

A subalimentação provém da falta de calorias e a má nutrição, da carência em matéria de micronutrientes — vitaminas e sais minerais. Vários milhões de crianças de menos de dez anos morrem anualmente de má nutrição aguda e severa.[1]

Ao longo de meu mandato de relator especial das Nações Unidas sobre o direito à alimentação, por oito anos, percorri os territórios da fome. Nas áridas e geladas terras altas da serra de Jocotán, na Guatemala, nos planaltos desolados da Mongólia, no coração das densas florestas do estado de Orisha, na Índia, nas aldeias castigadas pela fome endêmica da Etiópia e do Níger, vi mulheres desdentadas de pele acinzentada que, com trinta anos, pareciam ter oitenta; vi meninos e meninas de grandes olhos negros, atônitos e risonhos, mas cujos braços e pernas eram tão frágeis como palitos de fósforo; vi homens de corpo descarnado, humilhados e de gestos lentos. Sua

1. Hans Konrad Biesalski, "Micronutriments, wound healing and prevention of pressure ulcers", *in Nutrition*, setembro de 2010.

destruição era imediatamente perceptível — todos são vítimas da falta de calorias.

A devastação provocada pela má nutrição, em troca, não é imediatamente visível. Um homem, uma mulher, uma criança podem ter um peso normal e, no entanto, estar mal nutridos, ou seja, padecer da carência permanente e grave de vitaminas e sais minerais indispensáveis à assimilação de macronutrientes. Vitaminas e sais minerais são designados como "micronutrientes" porque apenas em ínfima quantidade são necessários para que o corpo cresça, se desenvolva e se mantenha com boa saúde. Mas eles não são produzidos pelo organismo e devem, imperativamente, ser aportados por uma alimentação variada, equilibrada e de qualidade.

Carências de vitaminas e minerais podem, de fato, provocar graves problemas de saúde: grande vulnerabilidade a doenças infecciosas, cegueira, anemia, letargia, redução das capacidades de aprendizado, retardo mental, deformações congênitas, morte. As carências mais frequentes são três: de vitamina A, de ferro e de iodo.

Para designar a má nutrição, as Nações Unidas utilizam habitualmente a expressão *"silent hunger"* — "fome silenciosa". No entanto, as vítimas clamam. De minha parte, prefiro falar em "fome invisível", imperceptível ao olhar, às vezes também ao olhar do médico. Uma criança pode apresentar um corpo aparentemente bem alimentado, com peso correspondente ao das crianças de sua idade e, apesar disso, estar corroída pela má nutrição — estado perigoso que, como a falta de calorias, pode levar à agonia e à morte. Mas essas mortes consecutivas não se contabilizam, como dissemos, nas estatísticas da fome da FAO, que só consideram as quilocalorias disponíveis.

No que toca às crianças de menos de quinze anos, o Fundo das Nações Unidas para a Infância (Unicef) e a Iniciativa Micronutrientes, uma organização sem fins lucrativos especializada nas carências, levam a cabo periodicamente, desde 2004, pesquisas cujos resultados são publicados nos relatórios intitulados "Carências de vitaminas e de minerais. Avaliação global".[2] Nelas se verifica que um terço da população mundial não pode desenvolver seu potencial físico e intelectual como consequência das carências de vitaminas e minerais.

A má nutrição devasta particularmente a faixa etária entre zero e quinze anos.

A anemia é uma das consequências mais comuns da má nutrição. Ela resulta da carência de ferro e se caracteriza especialmente por uma insuficiência de hemoglobina. É mortal, sobretudo entre crianças e mulheres em idade de procriar. Para os lactentes, o ferro é essencial: a maioria dos neurônios do cérebro se forma durante os dois primeiros anos de vida. Ademais, a anemia desorganiza o sistema imunitário.

Cerca de 30% dos bebês nascem nos cinquenta países mais pobres do mundo — os "países menos desenvolvidos" (PMD), segundo a terminologia da ONU. A falta de ferro provoca neles danos irreparáveis. Muitas das vítimas serão, por toda a vida, deficientes mentais.[3]

No mundo, a cada quatro minutos, um ser humano perde a visão, torna-se cego, na maioria dos casos por deficiência alimentar.

A carência de vitamina A provoca cegueira. Quarenta milhões de crianças sofrem da falta de vitamina A. Delas, treze milhões se tornam a cada ano, por essa razão, cegas.

O beribéri — enfermidade que destrói o sistema nervoso — deve-se à falta prolongada de vitamina B.

A ausência da vitamina C na alimentação provoca o escorbuto e, para as crianças de pouca idade, o raquitismo.

O ácido fólico é indispensável para as mulheres grávidas. A Organização Mundial da Saúde (OMS) estima em 200.000 por ano os recém-nascidos mutilados pela ausência desse micronutriente.

---

2. "Vitamine and Mineral Deficiency. A Global Assessment".

3. Hartwig de Haen, "Das Menschenrecht auf Nahrung", conferência, Einbeck-Northheim, 26 de janeiro de 2011.

O iodo é imprescindível à saúde. Quase um bilhão de seres humanos — sobretudo homens, mulheres e crianças que vivem nos campos do hemisfério sul, principalmente nas regiões montanhosas e nos vales inundáveis, onde os solos lavados e as águas apresentam um teor muito reduzido de iodo — sofre de uma carência natural de iodo. Quando esta não é compensada, sobrevêm o bócio, graves transtornos de crescimento e desordens mentais (cretinismo). Para as mulheres grávidas (e, pois, para os fetos), a falta de iodo é fatal.

A carência de zinco afeta as faculdades motoras e cerebrais: conforme um estudo do semanário *The Economist*, causa cerca de 400.000 óbitos por ano.[4] A carência de zinco provoca também diarreias — frequentemente mortais — nas crianças de pouca idade.[5]

Cabe observar que mais da metade das pessoas que padecem de carências micronutricionais apresentam carências cumulativas. Vale dizer: sofrem, simultaneamente, com a falta de várias vitaminas e vários minerais.

Metade dos óbitos de crianças de menos de cinco anos no mundo tem por causa direta ou indireta a má nutrição. A grande maioria delas vive na Ásia do Sul e na África Subsaariana, o que significa que um percentual muito pequeno de crianças mal nutridas têm acesso a tratamentos: as políticas nacionais de saúde, em numerosos Estados do Sul, só excepcionalmente levam em conta a má nutrição aguda e severa — quando esta poderia ser tratada com baixo investimento e sem colocar problemas terapêuticos específicos.

Centros especializados de realimentação escasseiam cruelmente. Em um documento de 2008, a Ação contra a Fome lamenta-se com razão: "Acabar com a má nutrição infantil seria fácil. Basta converter esta luta em prioridade. Mas falta a numerosos Estados essa

---

4. "Hidden hunger", in *The Economist*, 26 mar. 2011.

5. Investigação de Nicholas D. Kristof, *The New York Times*, 24 nov. 2010.

vontade."[6] Muito provavelmente, essa situação vem se agravando desde 2008. Na África Subsaariana, por exemplo, os serviços primários de saúde não pararam de se degradar. Em Bangladesh, onde o número de crianças menores de dez anos mal nutridas ultrapassa 400.000, só existem dois hospitais capazes de oferecer os cuidados que permitem devolver à vida um menino ou uma menina consumidos pela falta de vitaminas e/ou de sais minerais.

E não nos esqueçamos de que a má nutrição, como a subalimentação, opera também a destruição psicológica. A falta de macro e de micronutrientes, com seu cortejo de doenças, produz, de fato, angústia, humilhação permanente, depressão e desespero em face do dia de amanhã.

Como uma mãe cujos filhos choram à noite de fome e que consegue milagrosamente um pouco de leite emprestado por uma vizinha poderá alimentá-los no dia seguinte? Como não se tornar louca? Qual pai incapaz de alimentar seus filhos não perde, a seus próprios olhos, toda dignidade?

Uma família excluída do acesso regular à alimentação suficiente e adequada é uma família destruída. As dezenas de milhares de camponeses que se suicidaram, na Índia, nos últimos anos, são a trágica encarnação dessa realidade.

---

6. Action contre la Faim, "En finir avec la malnutrition, une question de priorité" (Paris, 2008). [A ACF é uma ONG criada em 1979 e que atua internacionalmente em sistema de rede. (N.T.)]

3

As crises prolongadas

No centro das análises da FAO se encontra o conceito de *protracted crisis*, uma expressão cuja tradução é problemática. Os serviços da ONU traduzem-na por *crise prolongada*, expressão banal que não dá conta dos dramas, contradições, tensões e fracassos implicados no conceito inglês. Porém, à falta de uma expressão melhor, nós a utilizaremos aqui.

Durante uma "crise prolongada", a fome estrutural e a fome conjuntural conjugam seus efeitos. Uma catástrofe natural, uma guerra, um ataque de gafanhotos destroem a economia, desintegram a sociedade, fragilizam as instituições. O país não consegue recuperar-se. Não consegue retomar um mínimo de equilíbrio. O estado de urgência converte-se em normalidade na vida dos habitantes.[1] Dezenas, até mesmo centenas, de milhões de seres humanos lançados nesse estado procuram inutilmente reconstruir sua sociedade destruída pela fome. Pois bem: a insegurança alimentar é a manifestação exterior mais evidente dessas crises prolongadas. Tais crises nunca são idênticas, mas sempre apresentam algumas características comuns:

---

1. Paul Collier, *The Bottom Billion. Why the Poorest Countries Are Failing and What Can Be Done about it* (Londres: Oxford University Press, 2008).

- *A longa duração*. O Afeganistão, a Somália e o Sudão, por exemplo, vivem em situação de crise desde os anos 1980 — vale dizer: há três décadas;
- *Os conflitos armados*. A guerra pode afetar uma região relativamente isolada do país (como em Uganda, no Níger, no Sri Lanka, durante os anos 2000-2009) ou, diferentemente, pode engolfar todo o país (caso recente da Libéria e de Serra Leoa);
- *A fragilização das instituições*. As instituições públicas e a administração ficam extremamente debilitadas, seja por causa da corrupção de dirigentes e quadros técnicos, seja como consequência da desintegração do tecido social provocada pela guerra.

Todos os países em crise prolongada figuram na lista dos países ditos "os menos desenvolvidos". A lista é anualmente estabelecida pelo Programa das Nações Unidas para o Desenvolvimento (PNUD), segundo critérios que incluem o acesso à alimentação, aos serviços primários de saúde e à educação. Outros parâmetros são os graus de liberdade de que desfrutam os habitantes e de sua participação nos processos decisórios, o seu nível de renda etc.

Atualmente, 21 países respondem aos critérios da crise prolongada. Todos eles experimentaram uma situação de urgência provocada pelo homem — conflito militar ou crise política. E dezoito dentre eles enfrentaram também, num momento ou noutro, uma catástrofe natural, isolada ou combinada com uma situação de urgência provocada pelo homem.

O Níger é um magnífico país do Sahel, com mais de um milhão de quilômetros quadrados, que abriga algumas das mais esplêndidas culturas da humanidade — a dos *djermas*,[2] dos hauçás, dos tuaregues e dos fulas. E é também um típico exemplo de país em crise prolongada.

---

2. Grupo étnico que habita a parte ocidental do Níger e também se encontra na Nigéria, Burkina Faso, Benim e Gana. (N.T.)

A terra arável é ali escassa: apenas 4% do território nacional são inteiramente adequados à agricultura. À parte os *djermas* e segmentos dos hauçás, as populações vinculam-se sobretudo ao pastoreio nômade ou seminômade.

O Níger possui vinte milhões de cabeças de gado, camelos brancos, zebus com chifres em forma de lira, cabras (em especial, a bela cabra vermelha de Maradi), carneiros e asnos. No centro do país, os solos apresentam alto grau de salinidade mineral, o que proporciona ao gado que se alimenta ali uma carne extremamente saborosa e firme.

Os nigerinos, porém, estão esmagados por sua dívida externa. A lei de ferro do Fundo Monetário Internacional (FMI), pois, asfixia-os. Ao longo dos dez últimos anos, o organismo arrasou o país com vários e sucessivos programas de ajuste estrutural.

Em especial, o FMI determinou a liquidação do Departamento Nacional de Veterinária, abrindo o mercado da farmacopeia animal às sociedades privadas multinacionais. Assim, o Estado não exerce mais nenhum controle efetivo sobre as datas de validade das vacinas e dos medicamentos. (Niamey se encontra a mil quilômetros da costa atlântica. Muitos produtos da farmacopeia animal já chegam vencidos ao mercado da capital. Os comerciantes locais se limitam a modificar manualmente, nas etiquetas, as datas-limite para o consumo.)

Atualmente, os criadores nigerinos devem comprar no mercado livre de Niamey as antiparasitoses, vacinas e vitaminas para o seu gado a altos preços impostos pelas sociedades multinacionais do Ocidente.

No Níger, as condições climáticas são adversas. Manter saudável um rebanho de centenas ou milhares de cabeças de gado custa muito caro. A maioria dos criadores é totalmente incapaz de pagar os novos preços — consequentemente, os animais adoecem e morrem. Na melhor das hipóteses, são vendidos a baixo preço antes de morrer. A saúde humana, diretamente ligada à saúde animal, também se deteriora. Os orgulhosos proprietários mergulham no desespero e na degradação social. Com as suas famílias, migram para as favelas de Niamey, Kano ou das grandes cidades litorâneas, Cotonou, Abidjan ou Lomé.

A este país de fomes recorrentes, onde a seca expõe periodicamente homens e animais à subalimentação e à má nutrição, o FMI impôs a liquidação dos estoques de reservas controlados pelo Estado — que se elevavam a 40.000 toneladas de cereais. O Estado conservava em seus depósitos montanhas de sacos de milho, cevada e trigo precisamente para socorrer, nas situações de emergência (secas, inundações ou ataques de gafanhotos), as populações mais vulneráveis. Mas o departamento africano do FMI, sediado em Washington, considera que tais reservas distorcem o livre funcionamento do mercado. Em resumo: que o comércio de cereais não pode ser objeto de intervenção estatal, uma vez que esta viola o sacrossanto dogma do livre-comércio.

Desde a grande seca de meados dos anos 1980, o ritmo das catástrofes se acelerou. A fome assola o Níger normalmente a cada dois anos.

O Níger é uma neocolônia francesa. O país é o segundo mais pobre do planeta, conforme o Indicador do Desenvolvimento Humano do PNUD. Imensas riquezas estão adormecidas em seu subsolo. Depois do Canadá, o Níger é o maior produtor de urânio do mundo. Mas, atenção: a Areva, sociedade controlada pelo Estado francês, exerce o monopólio da exploração das minas de Arlit. Os tributos pagos pela Areva ao governo de Niamey são ridiculamente baixos.[3]

Mas eis que, em 2007, o presidente em exercício, Mamadou Tanja, decidiu abrir uma concessão para a exploração de urânio à sociedade Somina, para a exploração das minas de Azelik — o Estado nigerino participaria do capital da sociedade com 33% das ações, enquanto o restante do capital (67%) seria da sociedade chinesa Sino-Uranium. A decisão foi levada à prática.

Operando no Níger há mais de quarenta anos, a Areva se dispôs então a explorar as minas de Imourarene, ao sul de Arlit.

---

3. Greenpace Suisse, conferência de imprensa, Genebra, 6 de maio de 2010. Dossiê Areva/Niger.

Nos começos de 2010, Tanja recebeu no palácio presidencial uma delegação do ministério chinês de Minas. Rumores tomaram conta de Niamey: também os chineses pareciam interessar-se pelas minas de Imourarene...

A resposta foi imediata. Na manhã de 18 de fevereiro, um golpe de Estado militar levou ao poder um obscuro coronel chamado Salou Djibo. Este rompeu toda negociação com os chineses e proclamou "a gratidão e a lealdade" do Níger à Areva.[4]

O Banco Mundial realizou, há cinco anos, um estudo de viabilidade para a implantação de um sistema de irrigação no Níger. Demonstrou-se que bombas instaladas sobre lençóis freáticos e um sistema capilarizado de canais propiciariam, sem dificuldades técnicas maiores, irrigar 440.000 hectares de terras. Implementado, esse projeto permitiria garantir a autossuficiência alimentar do país. Ou seja: proteger definitivamente da fome dez milhões de nigerinos.

Mas, infelizmente, o segundo produtor mundial de urânio não tem um centavo para financiar esse projeto.

A miséria dos povos que vivem no Norte do Níger, especialmente das populações instaladas ao pé dos contrafortes do Tibesti, está na base da revolta tuaregue, que se tornou endêmica nos últimos dez anos. Grupos terroristas de origem argelina, reunidos na rede da chamada Al-Qaeda, do Magreb islâmico, infestam a região. Sua atividade preferida: o rapto de europeus. Eles os sequestram até mesmo em seu restaurante, Le Toulousain, no centro de Niamey, ou no coração dos bairros de habitação branca do imenso campo de Arlit. Os assassinos da Al-Qaeda recrutam sem dificuldade seus soldados entre os jovens tuaregues reduzidos pela política da Areva a uma vida de desemprego permanente, desespero e miséria.

Vivi, no Sul do Níger, no território hauçá, ao lado de Maradi, no antigo sultanato de Zinder, a chegada de um enxame devastador de gafanhotos.

---

4. No início de 2011, eleições livres levaram ao poder Mahamadou Issoufou, um engenheiro brilhante e quadro técnico da Areva.

Ao longe, um ruído estranho saturava o ar, semelhante ao de uma esquadrilha de jatos cortando o espaço aéreo. O ruído se aproxima. Repentinamente, o céu se cobre de sombra. Milhões de gafanhotos — negros, roxos — agitam furiosamente as asas. Uma espécie de crepúsculo turba a visão. Os insetos formam uma massa compacta no momento em que se dispõem a descer à terra.

A descida se realiza em três fases. Primeiro, por alguns minutos, permanecem — massa agitada, ruidosa, ameaçadora — sobre as aldeias, campos ou depósitos de cereais que se preparam para atacar. Em seguida, zunindo estrondosamente, a massa desce a uma altura próxima do chão. Em número incalculável, pousam sobre árvores, arbustos, milharais, tetos das choças — devorando tudo o que suas ávidas mandíbulas podem abocanhar. Em pouquíssimo tempo, o exército voraz chega ao solo. Árvores, arbustos, milharais e plantas alimentícias estão agora desnudos, reduzidos ao estado de esqueletos — o invasor devorou até a menor folha, o menor fruto, o grão mais minúsculo. O oceano movediço de gafanhotos cobre agora o chão, envolvendo vários quilômetros quadrados. Na superfície do solo, devoram até a última substância útil, revolvendo a terra em até um centímetro de profundidade.

Já saciada, a horda parte como chegou: repentinamente, com um ruído surdo, escurecendo o céu. Os camponeses, suas mulheres, suas crianças saem prudentemente de seus casebres e só podem constatar o desastre.

O tamanho das fêmeas varia entre sete e nove centímetros, o dos machos entre seis e 7,5 centímetros. Pesam entre dois a três gramas. Cada gafanhoto devora numa jornada um volume de alimento equivalente a três vezes o seu peso.

Os gafanhotos assolam o Sahel, o Oriente Médio, o Magreb, o Paquistão e a Índia. Seus enxames devastadores atravessam oceanos e continentes. Alguns — diz-se — reúnem vários milhões de insetos. Um neurotransmissor específico, a serotonina, desencadeia seu instinto gregário e conduz à formação do enxame.

Teoricamente, a luta contra o predador não é difícil: basta o concurso de veículos *off road* aspergindo inseticidas potentes, com aviões cortando os enxames e vazando doses químicas letais. Assim, durante o ataque de 2004, a Argélia empregou contra os gafanhotos 48 veículos que aspergiram 80.000 litros de pesticidas; o Marrocos, seis veículos com 50.000 litros, e a Líbia, seis jipes Toyota com 110.000 litros. Mas é preciso assinalar que esses pesticidas extremamente tóxicos podem também destruir os solos e torná-los impróprios à agricultura por vários anos.

Na Bíblia, o livro do Êxodo contém o seguinte relato.

Escravizado o povo hebreu, o faraó do Egito se negava a libertá-lo. Para castigá-lo, Jeová enviou dez pragas sucessivas ao Egito: as águas do Nilo foram convertidas em sangue, houve uma invasão de rãs, depois de moscas e mais a de moscardos, os rebanhos foram dizimados, choveu granizo, os gafanhotos devastaram o país, as trevas o cobriram em pleno dia e todos os primogênitos morreram.

> E subiram os gafanhotos por toda a terra do Egito. Pousaram sobre todo o seu território, e eram muito numerosos; antes destes nunca houve tais gafanhotos, nem depois deles virão outros assim. Cobriram toda a superfície da terra, e a terra ficou devastada. Devoraram toda a erva da terra e todo o fruto das árvores que a chuva de pedras deixara. E não ficou nada de verde nas árvores, nem na erva do campo, em toda a terra do Egito (Êxodo 10,14-15).[5]

Enfim, o faraó cedeu — deixou os hebreus partirem. E Iahweh pôs fim aos flagelos que devastavam o Egito.

Na África, todavia, os gafanhotos continuam destruindo as plantações e as colheitas. Periodicamente, eles anunciam a fome e a morte.

É assim em todos os países em situação de crise prolongada ameaçados por esse flagelo. Como consequência, as taxas de subalimentação permanente e grave são neles extremamente elevadas, como mostra este instrutivo quadro da FAO:

---

5. *Bíblia de Jerusalém* (São Paulo: Paulus, 2002).

País	População total	Número de pessoas subalimentadas	Proporção de pessoas subalimentadas	Insuficiência de peso em relação à idade de crianças de menos de 5 anos	Taxa de mortalidade de crianças de menos de 5 anos	Atraso no crescimento*
	2005-2007	*2005-2007*	*2005-2007*	*2002-2007*	*2007*	*2000-2007*
	(em milhões)			(em percentual)		
Afeganistão	s.d.**	s.d.	s.d.	32,8	25,7	59,3
Angola	17,1	7,1	41	14,2	15,8	50,8
Burundi	7,6	4,7	62	35,0	18,0	63,1
Congo	3,5	0,5	15	11,8	12,5	31,2
Costa do Marfim	19,7	2,8	14	16,7	12,7	40,1
Eritreia	4,6	3,0	64	34,5	7,0	43,7
Etiópia	76,6	31,6	41	34,6	11,9	50,7
Guiné	9,4	1,6	17	22,5	15,0	39,3
Haiti	9,6	5,5	57	18,9	7,6	29,7
Iraque	s.d.	s.d.	s.d.	7,1	4,4	27,5

Quênia	36,8	11,2	31	16,5	12,1	35,8
Libéria	3,5	1,2	33	20,4	13,3	39,4
Uganda	29,7	6,1	21	16,4	13,0	38,7
República Centro-Africana	4,2	1,7	40	24,0	17,2	44,6
República Democrática do Congo	60,8	41,9	69	25,1	16,1	45,8
República Popular Democrática da Coreia	23,6	7,8	33	17,8	5,5	44,7
Serra Leoa	5,3	1,8	35	28,3	26,2	46,9
Somália	s.d.	s.d.	s.d.	32,8	14,2	42,1
Sudão	39,6	8,8	22	27,0	10,9	37,9
Tadjiquistão	6,6	2,0	30	14,9	6,7	33,1
Chade	10,3	3,8	37	33,9	20,9	44,8
Zimbabwe	12,5	3,7	30	14,0	9,0	35,8

Fontes: FAO, IFPRI e OMS.
* Percentual de peso por idade.
** Dados não disponíveis.

Pós-escrito 1: O gueto de Gaza

Uma das atuais "crises prolongadas" mais dolorosas não figura no quadro da FAO. É a consequência direta do bloqueio de Gaza.

O território de Gaza constitui uma faixa de terra de 41 quilômetros de comprimento por seis a doze de largura, sobre a costa oriental do Mediterrâneo, limítrofe ao Egito. É povoada há mais de três mil e quinhentos anos e deu origem à cidade de Gaza, porto e mercado para as trocas entre o Egito e a Síria, a península arábica e o Mediterrâneo.

Mais de 1,5 milhão de palestinos se comprimem atualmente nos 365 quilômetros quadrados da faixa de Gaza, na grande maioria refugiados ou descendentes de refugiados das guerras israeolo-árabes de 1947, 1967 e 1973.

Em fevereiro de 2005, o governo Sharon determinou a evacuação do território de Gaza. No interior do território, a Autoridade Palestina assumiria, a partir de então, todas as responsabilidades administrativas. Mas, conforme o direito internacional, Israel continuaria como a potência ocupante: o espaço aéreo, as águas territoriais e as fronteiras terrestres permaneceriam sob seu controle.[6]

Israel construiu assim, em seu flanco, ao redor de todo o território de Gaza, uma barreira eletrificada, protegida dos dois lados por uma zona minada. E Gaza se converteu na maior prisão a céu aberto do mundo.

---

6. "United Nations fact finding mission on the Gaza conflict", ONU (Nova York, 2009). Mandatada pelo Conselho de Direitos Humanos, a comissão de investigação foi presidida pelo juiz sul-africano Richard Goldstone. Para designar esse documento de 826 páginas, utilizarei a seguir a expressão "Relatório Goldstone". O relatório foi publicado numa edição comercial pelas Éditions Melzer (Neu-Isenburg, 2010), com prefácio de Stéphane Hessel e introdução de Ilan Pappe.

Em 2011, Richard Goldstone — sofrendo fortes pressões de sua comunidade religiosa de origem — tentou modificar algumas das conclusões do relatório. A maior parte dos integrantes da comissão abortou essa tentativa.

Na condição de potência ocupante, Israel deveria respeitar o direito internacional humanitário e renunciar especialmente ao uso da arma da fome contra a população civil.[7] Vejamos o que se passa.

Encontrava-me uma tarde em Gaza, no escritório inundado de sol da comissária geral da United Nations Relief and Works Agency in the Near East [Agência das Nações Unidas no Oriente Próximo de Socorro e Apoio aos Refugiados da Palestina] (UNRWA), Karen Abou Zaïd, uma bela mulher loura, de origem dinamarquesa, casada com um palestino. Nessa tarde, elegantemente, trajava um longo vestido palestino bordado em vermelho e negro. Pouco a pouco, dia a dia, desde que, em 2005, substituíra seu compatriota Peter Hansen, declarado *persona non grata* pelo ocupante israelense, ela lutava contra os generais de Israel para manter em condições de funcionamento os centros de nutrição, os hospitais e as 221 escolas da UNRWA.

A comissária geral estava preocupada: "A anemia provocada pela má nutrição... muitas crianças estão doentes. Tivemos que fechar mais de trinte das nossas escolas... Inúmeras crianças sequer podem se manter em pé. A anemia as liquida. Elas não conseguem se concentrar...".

Em voz baixa, prosseguia: "*Its hard to concentrate when the only thing you can think of is food* (É difícil concentrar-se quando a única coisa em que se pode pensar é a comida)".[8]

Depois de 2006, na faixa de Gaza, como consequência do bloqueio israelo-egípcio, a situação alimentar deteriorou-se ainda mais.

Em 2010, o desemprego afetava 81% da população ativa. A perda de emprego, de receita, de negócios e de renda hipotecou fortemente o acesso da população aos alimentos. A renda *per capita* caiu à metade desde 2006. Em 2010, oito pessoas entre dez tinham uma renda inferior à linha da extrema pobreza (menos de 1,25 dólares diários); 34% dos habitantes estavam gravemente subalimentados.

---

7. Cf. Richard Falk, relator especial da ONU sobre os territórios palestinos ocupados, principalmente os relatórios de junho e agosto de 2010 e janeiro de 2011, ref. A/HR HRC/13/53, A/HRC 565/331 e A/HRC 16/72.

8. Karen Abou Zaïd ocupou o cargo de comissária geral da UNRWA até o final de 2009.

A situação é particularmente trágica para os grupos mais vulneráveis, como, por exemplo, as 22.000 mulheres grávidas, cuja subalimentação certamente provocará mutilações cerebrais nos bebês que vão nascer.

Em 2010, quatro entre cinco famílias faziam apenas uma refeição por dia. Para sobreviver, 80% dos habitantes dependiam da ajuda alimentar internacional.

Toda a população de Gaza é punida por atos sobre os quais não tem nenhuma responsabilidade.[9]

Em 27 de dezembro de 2008, as forças aéreas, terrestres e navais de Israel desencadearam um assalto generalizado contra as infraestruturas e os habitantes do gueto de Gaza. 1.444 palestinos, entre os quais 348 crianças, foram mortos, muitos com a utilização de armas que Israel experimentava pela primeira vez. Uma das principais armas "testadas" contra as mulheres, crianças e homens de Gaza foi a Dense Inert Metal Explosive (DIME), transportada por um *drone*;[10] essa bomba, composta por esferas de tungstênio que explodem no interior do corpo, literalmente dilacera a vítima.[11]

Os habitantes do gueto encontraram-se impossibilitados de fugir: do lado de Israel, há a cerca eletrificada; do lado do Egito, por conta do fechamento automático da fronteira em Rafah. Mais de 6.000 homens, mulheres e crianças palestinos foram também feridos, mutilados e queimados.[12]

Os agressores destruíram, sistematicamente, as infraestruturas civis, especialmente agrícolas. O maior moinho de trigo de Gaza

---

9. Comité International de la Croix-Rouge — CICR, "Gaza closure" (Genebra, 14 jun. 2010). Ver também Christophe Oberlin, *Chroniques de Gaza* (Paris: Éditions Demi-Lune, 2011) e Amnesty International, *The Gaza strip under Israël blockade* (Londres, 2010).

10. Avião não tripulado. (N.T.)

11. Ver o relato dos médicos noruegueses Mats Gilbert e Erik Fosse, *Eyes in Gaza* (Londres: Quartet Books, 2010).

12. Relatório Goldstone, cap. 6, "Les morts et les blessés". Entre os soldados israelenses, dez foram mortos, vários dos quais pelo "fogo amigo", na sequência de erros do próprio exército de Israel.

— um dos três únicos ainda em funcionamento —, o moinho Al-Badr, em Sudnyiyah, a oeste de Jablyah, foi bombardeado e totalmente arrasado pelos F-16 israelenses.[13] O pão, no entanto, é o alimento básico em Gaza.

Dois ataques sucessivos, em 3 e 10 de janeiro de 2009, levados a cabo por aviões equipados com mísseis ar-terra, destruíram a usina de tratamento de água de Gaza, situada na rua Al-Sheikh Ejin, e os diques de contenção das águas servidas. Assim, a cidade viu-se privada de água potável.

O presidente da comissão de investigação do Conselho dos Direitos Humanos da ONU, Richard Goldstone, assinala que nem o moinho Al-Badr nem a usina de tratamento de água, como também a fazenda de Al-Samouni (onde houve 23 mortos), abrigavam — nem tinham abrigado em nenhum momento — combatentes palestinos. Não podiam, portanto, constituir alvos militares legítimos.[14]

Em 2011, o bloqueio de Gaza se manteve.[15] O governo de Tel-Aviv permite a entrada no gueto somente do alimento necessário para evitar uma fome generalizada, que seria muito visível no plano internacional. Ele organiza a subalimentação e a má nutrição.

Stéphane Hessel e Michel Warschawski consideram que essa estratégia tem por objetivo intencional fazer os habitantes do gueto sofrerem para que se sublevem contra o poder do Hamas.[16] Portanto, com esse fim político, o governo de Tel-Aviv utiliza a arma da fome.[17]

---

13. Ibid., cap. 13, "Destruction des bases de vie de la population palestinienne, attaques contre la production alimentaire et l'approvisionnement en eau".

14. Ibid., cap. 11, "Attaques intentionnelles contre la population civile".

15. Apesar da queda do regime de Moubarak em fevereiro de 2011, o Egito continua a ser um protetorado israelo-americano. O Conselho Militar no poder no Cairo mantém o fechamento de Rafah — cf. *Le Monde*, 15 ago. 2011.

16. Recorde-se que o Hamas (movimento radical surgido em 1987) ganhou as eleições realizadas em 2006 na faixa de Gaza. (N.T.)

17. Stéphane Hessel e Michel Warschawski, intervenções no colóquio "Crimes de guerre, blocus de Gaza" (Universidade de Genebra, 13 mar. 2011).

Pós-escrito 2: Os refugiados da fome da Coreia do Norte

Um relator especial da ONU sobre o direito à alimentação não tem, estritamente, qualquer poder executivo.

Entretanto, vivi situações surpreendentes, como a daquela tarde cinzenta de novembro, em Nova Iorque. Eu me preparava para apresentar meu relatório à III Comissão da Assembleia Geral. Instalado na tribuna, momentos antes de tomar a palavra, senti que a manga do meu paletó era puxada. Um homem estava ajoelhado atrás de mim, de modo a não ser visto pelo plenário. Suplicou-me: "*Please, do not mention paragraph 15... We have to talk* (Por favor, não mencione o parágrafo 15... Temos que conversar)".

Era o embaixador da República Popular da China. O parágrafo do meu relatório que lhe causava tanto temor tratava das caçadas humanas conduzidas pelo governo de Pequim contra os refugiados da fome da Coreia do Norte. Os dois rios da fronteira, o Tumen e o Yalu, ficam cobertos de gelo uma parte do ano, de maneira que milhares de refugiados, desafiando a feroz repressão norte-coreana, conseguem a duras penas atravessar um ou outro para alcançar a Mandchúria — onde vive, tradicionalmente, uma forte diáspora coreana.[18]

Naquela fronteira, homens, mulheres e crianças são periodicamente presos pelos policiais chineses e devolvidos às autoridades de Pyongyang. Os homens devolvidos são imediatamente fuzilados ou desaparecem com as mulheres e as crianças nos campos de reeducação.

Pela manhã, eu subira ao 38º andar do arranha-céu da ONU, onde fica o gabinete do secretário-geral. Durante cinco anos, Kofi Annan tentara negociar o estabelecimento, no território chinês, de campos de acolhimento sob a administração da ONU. Mas fracassara em todas as suas iniciativas. E, nessa manhã, deu-me sinal verde para atacar as caçadas humanas chinesas.

---

18. Juliette Morillot e Dorian Malovic, Évadés de Corée du Nord. *Témoignages* (Paris: Belfond, 2004). Testemunhos de sobreviventes recolhidos na Mandchúria e na Coreia do Sul.

Seis dos 24 milhões de norte-coreanos estão gravemente subalimentados. Entre 1996 e 2005, fomes recorrentes mataram dois milhões de pessoas.[19] A dinastia dos Kim[20] construiu sua força nuclear sobre túmulos da fome.

Em começos de 2011, a situação voltou a ser catastrófica: inundações devastaram os arrozais e uma epidemia de febre aftosa dizimou o gado. A corrupção, a má gestão e o desprezo pelos esfaimados de que dá provas a dinastia terrorista dos Kim fazem o resto. Uma ação urgente do PAM, apoiada por algumas ONGs (mas não pelos Estados Unidos nem pela Coreia do Sul),[21] procura reduzir o desastre.

A Anistia Internacional calcula em mais de 200.000 o número de prisioneiros — entre os quais os refugiados da fome rechaçados pelos chineses —, sem julgamento nem perspectiva de libertação, encerrados nos campos de reeducação norte-coreanos.[22] A imensa maioria desses refugiados está (ascendentes e filhos, sem distinção[23]) detida nos campos situados tanto nas chamadas "zonas de controle total" como nas vastas extensões selvagens do Hamkyung do Norte, junto à fronteira com a Sibéria. Eles, de fato, nunca serão libertados.[24]

Famílias inteiras, abarcando várias gerações, inclusive crianças de todas as idades, estão ali presas a pretexto de "culpabilidade por associação".

---

19. *Le Monde*, 12 e 14 maio 2011.

20. Na Coreia do Norte, o presidente do comitê permanente da Assembleia Popular Suprema faz as vezes de chefe de Estado. Em 2011, Kim Jongnam sucedeu no cargo a seu pai, Kim Jong-II.

21. As ONGs e os Estados que se negam a socorrer os esfaimados da Coreia do Norte se justificam afirmando que pretendem evitar que a ajuda caia nas mãos do poder estabelecido para alimentar a classe dominante e o exército.

22. Relatório da Anistia Internacional sobre a Coreia do Norte (Londres, 3 maio 2011).

23. Tradicionalmente, na Coreia do Norte e na Coreia do Sul, a família não inclui apenas o pai, a mãe e os irmãos, mas também os avós, os tios e tias, os primos e primas, e ainda todos os descendentes ligados por sangue ou alianças. Cf. Juliette Morillot e Dorian Malovic, op. cit., p. 30.

24. A Anistia Internacional descreve como, nesses campos, os presos "agitadores" — incluídas as crianças — são encerrados em cubos construídos com concreto, nos quais é impossível deitar ou ficar em pé. A organização menciona o caso de um adolescente mantido num desses cubos durante oito meses.

Segundo a Anistia Internacional, 40% dos detidos morrem por má alimentação nesses campos. Os prisioneiros tentam sobreviver aos trabalhos forçados (dez horas por dia, sete dias por semana) comendo ratos e cereais recolhidos nos dejetos de animais.

A ONU se mostra impotente diante desse horror.

4

As crianças de Crateús

Os estados do Nordeste brasileiro ocupam 18% do território nacional e abrigam 30% da população total do país. A maior parte do território nordestino compõe-se da zona semiárida do sertão, que estende sobre 1 milhão de quilômetros quadrados sua savana inculta e poeirenta, salpicada de vegetação espinhosa, com lagoas aqui e acolá, cortada por alguns rios. Lá, o sol é incandescente, o calor é tórrido por todo o verão.

Vestidos com roupas de couro, vaqueiros a cavalo cuidam de rebanhos de vários milhares de cabeças de gado pertencentes aos fazendeiros, grandes proprietários que muitas vezes descendem de famílias procedentes da antiga dominação portuguesa.

Crateús é um município do sertão do estado do Ceará. Abarca mais de 2.000 quilômetros quadrados e reúne, basicamente na cidade, 72.000 habitantes. Nas proximidades das grandes fazendas e na periferia miserável da cidade se erguem os casebres dos "boias-frias" e suas famílias, os trabalhadores sem-terra.

Cada manhã, inclusive aos domingos, os "boias-frias" afluem à praça central de Crateús. Os feitores, capatazes dos grandes proprietários, observam a multidão famélica. Escolhem nela os trabalhadores que serão contratados, por um dia ou uma semana, para escavar um canal de irrigação, ajudar na construção de um dique ou fazer qualquer outra tarefa na fazenda.

Antes que um homem deixe seu casebre pela manhã para vender-se na praça, a mulher prepara sua marmita: um pouco de arroz, feijão e batata. Se tiver a sorte de ser contratado, seu marido trabalhará como um animal e comerá a comida (*boia*) fria — daí a designação "boia-fria". Se não for contratado, ficará na praça, muito envergonhado para voltar à sua choça. Sob uma grande sequoia, esperará, esperará e esperará...

Um "boia-fria" do Ceará ganha em média dois reais por dia, ou seja, um pouco menos que um euro. Em 2003, o primeiro governo Luiz Inácio Lula da Silva fixou o salário-mínimo diário do trabalhador rural em 22 reais. Mas são poucos os fazendeiros do Ceará que cumprem a lei de Brasília.

Por décadas, Crateús foi a residência de um bispo excepcional: Dom Antônio Batista Fragoso.

Minha primeira visita a Crateús, nos anos 1980, em companhia de minha mulher, teve algo de uma operação clandestina. Como Dom Hélder Câmara, bispo de Olinda e Recife (Pernambuco),[1] Dom Fragoso era um decidido admirador da Teologia da Libertação. Em seus sermões e em sua prática social, assumia a defesa dos "boias-frias". Os oficiais do 1º Regimento de Infantaria do III Exército, sediado em Crateús, e os grandes proprietários das redondezas o odiavam. Vários atentados foram organizados contra ele. Por duas vezes, pistoleiros a serviço dos latifundiários quase acertaram o alvo.

Bernard Bavaud e Claude Pillonel, dois padres suíços ligados a Dom Fragoso, prepararam nossa visita. E eis-nos, ao cair da noite,

---

1. Dom Hélder Pessoa Câmara (1909-1999) ordenou-se em 1931, época em que se aproximou do movimento integralista. Em 1952, foi nomeado bispo-auxiliar do Rio de Janeiro, cargo em que desenvolveu grande atividade de sentido social. Foi um dos fundadores da Conferência Nacional dos Bispos do Brasil (CNBB) e participou da criação do Conselho Episcopal Latino-Americano (Celam), do qual foi presidente. Nomeado bispo de Olinda e Recife em 1964, ocupou o cargo até 1985. Notabilizou-se pela defesa dos direitos humanos durante a ditadura instaurada em 1964, que, por isso, o perseguiu duramente. (N.T.)

na rua Firmino Rosa, n. 1064, diante de uma modesta casa que servia de sede ao episcopado.[2] Dom Fragoso era um homem baixo e duro do Nordeste, com a pele cor de mate e um sorriso radiante. Recebeu-nos com um francês perfeito. Sua cálida simplicidade me lembrou imediatamente o bispo de *Os miseráveis* — "Monseigneur Bienvenu", dos pobres de Digne —, de Victor Hugo.[3]

Logo na manhã do dia seguinte, Dom Fragoso nos conduziu a um terreno baldio, a uns três quilômetros das últimas choças da cidade. Disse-nos: "Eis o cemitério das crianças anônimas".

Olhando-o de perto, vimos no campo dezenas de pequenas cruzes de madeira pintadas de branco. O bispo nos explicou. Segundo a legislação brasileira, cada nascimento deve ser registrado oficialmente numa repartição pública; mas o registro é pago e os "boias-frias" não têm o dinheiro necessário.[4] De qualquer modo, um grande número das crianças morre logo após o nascimento, como consequência da subalimentação fetal ou porque suas mães, subalimentadas, não podem aleitá-las. Dom Fragoso sintetiza: "Elas vêm ao mundo para morrer".

Não estando registradas, as crianças dos "boias-frias" não dispõem da documentação necessária para serem legalmente inumadas em cemitérios. Então, Dom Fragoso encontrou uma solução à margem da lei: com recursos da diocese, comprou esse terreno baldio e nele enterra as crianças que "vêm ao mundo para morrer".

Nessa mesma manhã, um amigo de Bernard Bavaud e Claude Pillonel nos acompanhava — Cícero, um camponês que vivia numa minúscula parcela em pleno sertão. Era um homem grande e seco

---

2. Como todas as grandes dioceses do Brasil, a de Crateús possui um palácio episcopal suntuoso. Desde sua nomeação, em 1964, Dom Fragoso recusou-se a residir nele. Nascido numa aldeia do interior do estado da Paraíba, Dom Antônio Batista Fragoso morreu em 2006, com a idade de 82 anos.

3. Há tradução ao português desse romance de Victor Hugo (1802-1865), publicado em 1862: *Os miseráveis* (São Paulo: Cosac Naify/Casa da Palavra, 2011). (N.T.)

4. Somente a partir de 1997, com a Lei n. 9.534, de 10 de dezembro de 1997, estabeleceu-se no Brasil a gratuidade universal do registro civil. (N.T.)

como a paisagem que o rodeava, como a sua mulher e os numerosos filhos que se escondiam em seu casebre de adobe, que conheceríamos no dia seguinte. Então, mostrar-nos-ia sua parcela de posseiro — menos de um are —, onde plantava um pouco de milho e por onde vagava um porco. E nos contaria como, periodicamente, os vaqueiros do latifundiário levavam algum gado para pastar no seu cercado, destruindo sua magra plantação. Também nos diria que era analfabeto — mas isso não o impedia de ouvir a Rádio Tirana, uma vez que sonhava com a revolução...[5]

O sol já ia alto no céu. Erica e eu ficamos silenciosos, imóveis, diante do campo constelado de pequenas cruzes. Cícero percebeu nossa emoção. E tentou nos consolar: "Aqui, no Ceará, enterramos as crianças com os olhos abertos, para que elas encontrem mais facilmente o caminho do céu".

O céu do Ceará é belo, sempre povoado por lindas nuvens brancas.

5. No tempo de Enver Hoxha, a rádio da capital da Albânia chegava praticamente ao mundo inteiro, com emissões em várias línguas, inclusive o português. [Henver Hoxha (1908-1985), com estudos na Europa Ocidental, foi um dos fundadores do Partido Comunista Albanês e participou ativamente da luta contra o fascismo. Do fim da Segunda Guerra Mundial até sua morte, foi a principal figura política da Albânia. (N.T.)]

5

Deus não é um camponês

A situação macroeconômica — ou, dito de outro modo, o estado da economia mundial — sobredetermina a luta contra a fome.

Em 2009, o Banco Mundial anunciava que, na sequência da crise financeira, o número de pessoas vivendo na "extrema pobreza" (ou seja, com menos de 1,25 dólar por dia) aumentaria muito rapidamente em mais 89 milhões. Quanto às "pessoas pobres", dispondo de uma renda diária de menos de dois dólares, seu número cresceria em mais 120 milhões.

Tais previsões foram confirmadas. Estes novos milhões de vítimas vieram somar-se às vítimas da fome estrutural comum.

Em 2009, o Produto Interno Bruto (PIB) de todos os países do mundo — pela primeira vez desde a Segunda Guerra Mundial — estagnou ou experimentou uma regressão. A produção industrial caiu 20%.

Os países do Sul que mais energicamente buscaram sua integração ao mercado mundial são atualmente os mais duramente atingidos — 2010 registrou a mais forte regressão do comércio mundial dos últimos oitenta anos. Em 2009, o fluxo de capitais privados aos países do Sul — especialmente os países ditos emergentes — diminuiu em 82%. O Banco Mundial estima que, em 2009, os países em vias de desenvolvimento perderam entre seiscentos e setecentos bilhões em capitais de investimento. Quando os mercados financeiros globais secam, o capital privado desaparece.

A essa dificuldade se soma o elevado endividamento das empresas privadas, principalmente as dos países emergentes, junto aos bancos ocidentais. Conforme a Conferência das Nações Unidas para o Comércio e o Desenvolvimento — CNUCED, cerca de um bilhão de dólares em créditos venceram em 2010. Isso — tendo em vista a insolvência de muitas empresas dos países do Sul — provocou uma reação em cadeia: falências, fechamento de fábricas e ondas de desemprego.

Um flagelo suplementar abateu-se sobre os países pobres: para vários deles, as remessas de divisas feitas por seus trabalhadores imigrados na América do Norte e na Europa representavam uma parte importante do seu PIB — assim, em 2008, tais remessas se elevaram a quase 49% do PIB do Haiti, 39% da Guatemala, 61% de El Salvador. Ora, na América do Norte e na Europa, os primeiros a perder o emprego foram os imigrantes. As remessas ou diminuíram fortemente ou cessaram por completo.

A loucura especuladora dos predadores do capital financeiro globalizado custou, no total, em 2008-2009, 8,9 trilhões de dólares aos Estados industriais do Ocidente. Em especial, tais Estados gastaram bilhões de dólares para socorrer seus banqueiros delinquentes.

Mas como os recursos desses Estados não são infinitos, suas contribuições a título de cooperação com o desenvolvimento e com a ajuda humanitária aos países mais pobres reduziram-se dramaticamente. A ONG suíça Déclaration de Berne fez o seguinte cálculo: os 8,9 trilhões de dólares que os governos dos Estados industriais entregaram a seus banqueiros equivalem a 75 anos de ajuda pública ao desenvolvimento...[1]

---

1. Déclaration de Berne, boletim de 1º de fevereiro de 2009. [A Declaração de Berna, criada em 1968, é uma das mais antigas organizações sem fins lucrativos que se notabiliza pela luta por um mundo mais justo, operando uma ação solidária com os países mais pobres. (N.T.)]

A FAO estima que, mediante um investimento de 44 bilhões de dólares na agricultura de víveres dos países do Sul, durante cinco anos, o primeiro dos Objetivos de Desenvolvimento do Milênio (ODM) poderia ser alcançado.[2]

Já observei que apenas 3,8% dos solos aráveis da África Negra estão irrigados. Como há três mil anos, a imensa maioria dos camponeses africanos pratica ainda hoje a "agricultura da chuva", com todas as variações e riscos fatais que ela comporta. Em um estudo de maio de 2006, a Organização Meteorológica Mundial (OMM) examinou a produtividade do feijão preto no Nordeste do Brasil, comparando a produtividade de um hectare irrigado com a de um hectare não irrigado. As conclusões valem também para a África e são inequívocas: "Os cultivos dependentes da chuva (*rainfed crops*) dão cinquenta quilos por hectare; os realizados em terra irrigada, em troca, dão 1.500 quilos por hectare".[3]

A África, mas também a Ásia do Sul e as Américas Central e Andina, é rica em fortes e ancestrais culturas camponesas. Seus agricultores são portadores de saberes tradicionais, especialmente em matéria meteorológica, que suscitam admiração — é-lhes suficiente uma observação do céu para prever a chuva que fecunda e distingui-la do aguaceiro que destruirá os brotos débeis.

Mas, repito-o, seu equipamento é rudimentar — o principal instrumento continua a ser a enxada de cabo curto. E a imagem da mulher e da adolescente curvadas, manejando essa enxada, domina a paisagem rural do Malawi até o Mali.

Não há tratores. Apesar dos esforços de alguns governos, como o do Senegal, para fabricá-los em seus próprios países ou importá-los em grande escala do Irã ou da Índia, em toda a África Negra não existem mais que 85.000 tratores!

---

2. Lembro que o 1º Objetivo de Desenvolvimento do Milênio propõe a redução em 50% do número de vítimas da extrema pobreza e da fome até 2015.

3. Organisation Météorologique Mondiale, "Average Yield of Rainfed Crops and Irrigated Crops" (Genebra, 2006).

Quanto aos animais de tração, não ultrapassam as 250.000 cabeças. A carência de animais de tração explica também a dramática carência de adubos naturais.

As sementes selecionadas e de bom rendimento, os pesticidas contra os predadores, os insumos minerais, a irrigação... tudo isso falta. Como consequência, a produtividade é muito baixa: 600-700 quilos de milho por hectare no Sahel com tempo normal, contra dez toneladas (10.000 quilos!) de trigo por hectare nas planícies da Europa. Mas, para isso, é preciso que o tempo no Sahel seja "normal", isto é, que as chuvas venham como esperadas em junho, molhando a terra para torná-la apta a receber as sementes; que as grandes chuvas cheguem em setembro, regulares e constantes por no mínimo três semanas, para regar copiosamente os jovens pés de milho e permitir que cresçam até a maturação.

Contudo, as catástrofes climáticas se repetem em ritmo cada vez mais frequente. Faltam as chuvas leves; então, a terra fica dura como cimento e as sementes penetram pouco na sua superfície. E as grandes chuvas são cada vez mais diluvianas e, em vez de regar os milharais, "limpam-nos", como dizem os bambara: arrancam-nos e os matam.

A preservação das colheitas é outro (e grande) problema. Uma colheita deve, em princípio, manter-se até a seguinte. Mas, segundo a FAO, nos países do Sul, mais de 25% das colheitas, incluindo todos os produtos, são destruídos anualmente pelos efeitos do clima, dos insetos e dos roedores. Os silos, já observei, são escassos na África.

Mamadou Cissokho é uma figura que inspira respeito. Com sua boina de lã cinza sobre a cabeça altiva, sexagenário, a inteligência rápida, o riso fácil e tonitruante, é certamente um dos dirigentes camponeses mais ouvidos em toda a África Ocidental.

Esse antigo professor renunciou, muito jovem, a sua profissão. Em 1974, regressou à sua aldeia natal, Bamba Thialène, a 400 quilômetros a leste de Dakar, e se tornou camponês. Desde então, uma pequena propriedade de produção de víveres alimenta sua numerosa família.

No final dos anos de 1970, Cissokho organizou os camponeses das aldeias vizinhas e, com eles, criou o primeiro sindicato de agricultores. Em seguida, vieram à luz cooperativas de sementes — inicialmente na mesma região, depois em todo o Senegal e, enfim, nos países próximos. E logo criou a Rede de Organizações de Camponeses e Produtores da África Ocidental (ROPPA). Hoje, a ROPPA é a mais forte organização camponesa regional do continente. Mamadou Cissokho se encarrega da sua direção.

Em 2008, os sindicalistas e cooperativistas do Sul, do Leste e do Centro da África lhe solicitaram organizar a Plataforma Pan-Africana dos Produtores da África. Esse sindicato continental de agricultores, criadores e pescadores é atualmente o principal interlocutor dos comissários da União Europeia em Bruxelas, dos governos nacionais africanos e dos dirigentes das principais organizações interestatais que tratam da agricultura — o Banco Mundial, o FMI, o IFAD, a FAO e a CNUCED.

De vez em quando, cruzo com Cissokho no aeroporto Kennedy, em Nova Iorque. E frequentemente ele vem a Genebra.

Em Genebra, Cissokho trabalha com Jean Feyder, que é, desde 2005, o corajoso embaixador do Grão-Ducado de Luxemburgo junto à sede europeia das Nações Unidas.[4] Em 2007, Jean Feyder foi designado presidente do Comitê de Comércio e Desenvolvimento da Organização Mundial do Comércio (OMC). Esse comitê procura defender os interesses dos cinquenta países mais pobres diante dos Estados industriais que controlam 81% do comércio mundial. Desde 2009, Jean Feyder é também presidente do Conselho Diretor da CNUCED. Nessas duas posições, fez do modesto camponês de Bamba Thialène seu principal assessor.

Diante dos poderosos do mundo agrícola, Cissokho desempenha seu papel com determinação, eficiência e... humor. A batalha contra a inércia dos governos africanos e das instituições interestatais, e contra os mercenários das oligarquias do capital financeiro globali-

4. Jean Feyder, op. cit.

zado, é um combate de Sísifo. Entre 1980 e 2004, a parte do investimento agrícola na ajuda pública ao desenvolvimento, multilateral e bilateral, caiu de 18 para 4%...

Éric Hobsbawm observou: "Nada torna a inteligência mais aguda que a derrota". Cada vez que o reencontro, Mamadou Cissokho revela uma inteligência mais aguda. Entretanto, suas lutas, em sessões intermináveis — em Genebra, Bruxelas e Nova Iorque —, contra os gigantes da indústria agroalimentar e os governos ocidentais que servem a eles não o tornaram mais otimista. Recentemente, vi-o abatido, pensativo, triste, inquieto.

O título do único livro que publicou resume bem seu estado de espírito atual: *Dieu n'est pas un paysan* [*Deus não é um camponês*].[5]

5. Mamadou Chissokho, *Dieu n'est pas un paysan* (Paris: Présence Africaine, 2009).

6

"Ninguém passa fome na Suíça"

O historiador da ilha da Reunião Jean-Charles Angrand escreve: "O homem branco levou a níveis jamais alcançados a civilização da mentira".[1]

Em 2009, a terceira Cúpula Mundial da Alimentação reuniu, no palácio da FAO, em Roma (na viale delle Terme di Caracalla), um grande número de chefes de Estado do hemisfério sul: entre tantos, Abdelaziz Bouteflika (Argélia), Obasanjo (Nigéria), Thabo Mbeki (África do Sul) e Luiz Inácio Lula da Silva (Brasil). Os chefes de Estado ocidentais brilharam pela ausência, à exceção do anfitrião, Silvio Berlusconi, e do presidente em exercício da União Europeia — ambos fizeram uma meteórica aparição...

Esse desprezo absoluto dos Estados mais poderosos do planeta por uma conferência mundial que tinha por objetivo dar fim à insegurança alimentar de que são vítimas cerca de um bilhão de pessoas, marginalizadas e subalimentadas, chocou a mídia e a opinião pública dos países do Sul.

A Suíça proclama aos quatro ventos, e a quem queira escutá-la, seu compromisso com a luta contra a fome no mundo. Ora, o presi-

---

1. Carta de Jean-Charles Angrand ao autor, datada de 26 de dezembro de 2010. [A ilha da Reunião, no oceano Índico, constitui um território ultramarino da França. (N.T.)]

dente da Confederação Suíça, Pascal Couchepin, não se dignou a ir a Roma. O governo de Berna nem sequer julgou de interesse enviar um conselheiro federal.[2] Apenas o embaixador da Suíça em Roma fez uma breve aparição na grande sala de debates.

Tenho uma amiga em Berna, que trabalha na divisão de agricultura do Departamento Federal de Economia. Foi minha aluna. É uma jovem engajada, de temperamento forte, que contempla o mundo com uma amarga ironia. Indignado, telefonei a ela, que me observou: "Não sei por que você se irrita... Ninguém passa fome na Suíça".

É preciso admitir, porém, que os chefes de Estado ocidentais não detêm o monopólio da indiferença e do cinismo.

Na África Negra, 265.000 mulheres e centenas de milhares de bebês morrem anualmente pela falta de cuidados pré-natais. E quando se estuda a distribuição mundial do fenômeno, constata-se que a metade das mortes cabe à África que, no entanto, tem apenas 12% da população do planeta.

Na União Europeia, os governos aplicam anualmente, em média, 1.250 euros *per capita* para assegurar os cuidados primários à saúde. Na África Subsaariana, a cifra oscila entre quinze e dezoito euros.

Uma das últimas reuniões de cúpula dos chefes de Estado da União Africana (UA) realizou-se em julho de 2010, em Kampala (Uganda). Jean Ping, do Gabão, presidente da comissão executiva da UA, inscrevera como ponto principal da ordem do dia a luta contra a subalimentação maternal e infantil. Em má hora!

François Soudan, diretor de redação da revista *Jeune Afrique*, acompanhou os debates e os resumiu:

> Maternidade e infância? Mas nós não estamos no Unicef! — bradou Mouammar Kadhafi. Resultado: o debate sobre esse tema foi despachado em meia tarde pelos chefes de Estado, a maioria aturdidos e sonolentos. [...] Quanto aos jornalistas presentes, perseguidos pelos

2. Designação dada aos ministros da Confederação.

assessores de imprensa das ONGs que tentavam desesperadamente sensibilizá-los para a causa, não lhes dedicaram mais que um pequeno punhado de notas, destinadas à lixeira das redações. [...] Porque, numa cúpula africana, vejam os senhores, só se trata de coisas sérias...[3]

Periodicamente — de Gleneagles a L'Aquila —, realizam-se os encontros do G-8 e do G-20. Periodicamente, os governos do mundo rico denunciam o "escândalo" da fome. Periodicamente, prometem desbloquear somas consideráveis para erradicar o flagelo.

Por proposta do primeiro-ministro britânico, Tony Blair, os chefes de Estado do G-8 + 5, reunidos em Gleneagles, em julho de 2005, decidiram investir imediatamente cinquenta bilhões de dólares no financiamento de um plano de ação contra a miséria na África. Tony Blair sempre se refere a essa proposta — com evidente orgulho —, que considera um dos três momentos culminantes da sua carreira política.[4]

A convite de Silvio Berlusconi, os chefes de Estado do G-8 reuniram-se novamente, em julho de 2009, na pequena cidade de L'Aquila, na Itália Central, três meses antes sacudida por um terrível terremoto. Unanimemente, eles aprovaram um novo plano de ação contra a fome — desta vez, comprometeram-se a liberar sem demora vinte bilhões de dólares para estimular a agricultura de víveres.

Kofi Annan foi secretário-geral da ONU até 2006. Filho de camponeses da etnia fante, da alta floresta Ashanti, do Centro de Gana, a luta contra a fome é a vocação da sua vida. Esse homem discreto, que jamais alteia a voz, sensível, quase sempre irônico, passa atualmente o essencial do seu tempo nas margens do lago Léman. Mas viaja frequentemente entre Founex, no cantão de Vaud, e Accra, onde

---

3. François Soudan, "Les femmes et les enfants en dernier", *in Jeune Afrique* (Paris, 1º ago. 2010).

4. Tony Blair, *A Journey* (Londres: Hutchinson, 2010). Utilizo a versão alemã — Tony Blair, *Mein Weg* (Munique: Bertelsmann, 2010). O livro, no mesmo ano, foi traduzido ao francês e publicado por Albin Michel (Paris). [Há tradução ao português: *Uma jornada*, São Paulo, Benvirá, 2011. (N.T.)]

está sediado o quartel-general da Aliança para uma Revolução Verde na África, que ele preside.[5]

Conhecedor de longa data da abissal hipocrisia das potências ocidentais, Kofi Annan aceitou, em 2007, a presidência de um comitê de organizações não governamentais encarregado de acompanhar a realização das promessas de Gleneagles.[6] Resultado: até 31 de dezembro de 2010, dos prometidos cinquenta bilhões de dólares, apenas doze foram realmente investidos no financiamento de diferentes projetos de ação contra a fome na África. Quanto à promessa de L'Aquila, a situação é mais sombria — a acreditar-se no semanário britânico *The Economist*,[7] dos vinte bilhões prometidos, só apareceram três...

The Economist conclui sobriamente: "*If words were food, nobody would go hungry* (Se as palavras pudessem alimentar os homens, ninguém teria mais fome)."[8]

---

5. Esta organização (sigla em inglês: AGRA) foi criada em 2006 e suscita grandes polêmicas. (N.T.)

6. A denominação oficial desse organismo é Committee of NGO — Coalition to Trace the Realization of the Action Plan of G-8 Meeting at Gleneagles, 2005.

7. *The Economist* (Londres, 21 nov. 2009).

8. Ibid.

7

A TRAGÉDIA DA NOMA

Nos capítulos precedentes, tratamos dos efeitos da subalimentação e da má nutrição. Mas os seres humanos podem ser igualmente destruídos por uma consequência destes estados: as "doenças da fome".

Essas doenças são numerosas. Vão desde o *kwashiorkor*[1] e a cegueira por carência de vitamina A à noma, que desfigura o rosto das crianças.

Noma procede do grego *nomein*, que significa *devorar*. Seu nome científico é *cancrum oris*. É uma forma de gangrena fulminante, que se desenvolve na boca e destrói os tecidos do rosto. Sua causa primeira é a má nutrição.

A noma devora o rosto das crianças que sofrem de má nutrição, especialmente entre um e seis anos.

Cada ser vivo tem em sua boca um grande número de micro-organismos, com elevada presença de bactérias. Nas pessoas bem alimentadas e que mantêm higiene bucal elementar, as defesas imunitárias do organismo combatem as bactérias. Quando tais defesas imunitárias estão debilitadas, em razão da subalimentação ou da má nutrição prolongadas, a flora bucal torna-se incontrolável, patogênica e elimina as últimas defesas imunitárias.

1. Cf., supra, nota 5 - Prólogo. (N.T.)

A noma atravessa três estágios sucessivos.

Começa por uma simples gengivite e a aparição, na boca, de uma ou várias aftas. Se ela é detectada nesse estágio — ou seja, nas três semanas que se seguem à aparição da primeira afta —, é facilmente curada: basta, então, lavar regularmente a boca com um desinfetante e alimentar corretamente a criança, colocando à sua disposição as 800-1.600 calorias indispensáveis à sua idade e os micronutrientes de que necessita, vitaminas e minerais. As forças imunitárias próprias à criança eliminarão a gengivite e as aftas.

Se nem a gengivite nem as aftas são detectadas a tempo, forma-se na boca uma chaga sanguinolenta. A gengivite abre o passo a uma necrose. A criança tem convulsões febris. Mas, mesmo nesse estágio, nada está perdido. O tratamento é simples: basta assegurar à criança uma antibioterapia, uma alimentação adequada e uma rigorosa higiene bucal. Portador de uma rica experiência terapêutica no domínio da noma, Philippe Rathle, da fundação suíça Winds of Hope [Ventos de esperança],[2] dirigida por Bertrand Piccard, calcula que, no total, são necessários apenas dois ou três euros para garantir um tratamento de dez dias — ao fim dos quais a criança estará curada. Se a mãe, porém, não dispõe dos três euros, se não tem acesso aos medicamentos, se é incapaz de detectar a chaga ou se a detecta, mas, tomada de vergonha, isola a criança que não para de chorar e de queixar-se, então se cruza o umbral: a noma se torna invencível.

Primeiro, o rosto da criança incha e, em seguida, a necrose destrói gradualmente todos os tecidos moles. Na sequência, os lábios e as bochechas desaparecem e se abrem buracos na face. Desfeito o osso orbital, os olhos perdem sustentação. A mandíbula deixa de mover-se. As retrações cicatriciais deformam o rosto. A contração da mandíbula impede que a criança abra a boca. A mãe, para introduzir nela um caldo feito com milho, quebra alguns dentes da criança... tem a vã esperança de que esse caldo impedirá a morte do filho. A criança, com o rosto esburacado e a mandíbula travada, não tem

2. <www.windsofhope.org>. A fundação está sediada em Lausanne.

condições de falar. A mutilação da boca não lhe permite articular as palavras; pode apenas emitir grunhidos e ruídos guturais.

A doença tem quatro consequências maiores: a desfiguração do rosto (pela destruição), a impossibilidade de comer e de falar, o estigma social e, em cerca de 80% dos casos, a morte.

O espetáculo do rosto destruído da criança e os seus ossos visíveis provocam nos parentes o sentimento de vergonha, comportamentos de rejeição, esforços de ocultamento — que, obviamente, dificultam muito a necessária iniciativa para providenciar a terapia.

A morte sobrevém geralmente nos meses seguintes ao colapso do sistema imunitário, na forma da gangrena, da septicemia, da pneumonia ou da diarreia hemorrágica. 50% das crianças afetadas morrem em três a cinco semanas.

A noma também pode vitimar crianças maiores e, excepcionalmente, adultos.

Os sobreviventes experimentam o martírio.

Na maioria das sociedades tradicionais da África Negra, das montanhas do Sudeste asiático e dos altiplanos andinos, sobre as vítimas da noma pesa um tabu: são rejeitadas como se fossem uma punição[3] e ocultadas dos vizinhos.

A pequena vítima é afastada da sociedade, isolada, emparedada na sua solidão, abandonada. Dorme com os animais.

A vergonha — o tabu — da noma não poupa sequer os chefes dos Estados nacionais afetados por ela.

Comprovei-o numa tarde de maio de 2009, no palácio presidencial de Dakar, no gabinete de Abdoulaye Wade.[4]

---

3. Como disse um diretor da BBC, Ben Fogiel: "A noma funciona como um castigo para um crime que não foi cometido" — emissão da BBC, junho de 2010, *Make me a new face*, filme que descreve a luta da ONG inglesa Facing Africa contra a noma na Nigéria.

4. Wade, nascido em 1926, advogado, economista e professor, sempre foi figura de destaque na política de seu país. Eleito e reeleito para a presidência do Senegal (2000 e 2007), não conseguiu um terceiro mandato nas eleições de 2012. (N.T.)

Wade é um acadêmico cultivado, inteligente, perfeitamente informado das dificuldades e problemas de seu país. Exercia então a presidência da Organização dos Estados da Conferência Islâmica (OCI). Com o grupo dos Não Alinhados, a OCI, que conta com 53 Estados-membros, constitui o "bloco" de votos mais poderoso nas Nações Unidas.[5]

Falávamos das estratégias da organização no interior do Conselho de Direitos Humanos das Nações Unidas. As análises do presidente Wade eram, como sempre, brilhantes e bem fundamentadas.

No momento de partir, abordei com ele o problema da noma — pretendia realçar a importância de sua contribuição e concitá-lo a implementar um programa nacional de luta contra esse flagelo.

Abdoulaye Wade fixou-me o olhar e perguntou: "Mas do que o senhor está falando? Não tenho conhecimento dessa doença. Aqui ela não existe".

Ora, eu acabava de me encontrar, na manhã desse mesmo dia, em Kaolack, com dois representantes de Sentinelles [Sentinelas],[6] uma ONG de origem suíça de socorro à infância — e que procura localizar as crianças martirizadas, persuadir suas mães a levá-las ao dispensário local ou (nos casos mais graves) deixá-las ir aos hospitais universitários de Genebra ou Lausanne. Os dois me haviam oferecido um quadro preciso do flagelo, que avança não só na Petite-Côte,[7] mas também em todas as áreas rurais do Senegal.

Philippe Rathle, da Fundação Winds of Hope, calcula que, na África Saheliana, apenas 20% das crianças martirizadas são detectadas.

---

5. O Movimento dos Não Alinhados surgiu a partir da Conferência de Bandung (Indonésia), em 1955, articulando os países que, no marco da Guerra Fria, procuraram desenvolver uma política externa independente da polarização operada pelos Estados Unidos e a União Soviética. A Organização de Estados da Conferência Islâmica foi criada em 1969 e reúne Estados com população islâmica da África, Oriente Médio, Europa e Ásia. (N.T.)

6. <www.sentinelles.org>. Essa ONG, criada por Edmond Kaiser para "socorrer a inocência vitimada", está sediada em Lausanne. [Cf., infra, a nota 19 - Terceira Parte, Cap. 1. (N.T.)]

7. A "Pequena Costa", no Sul de Dakar, é a região senegalesa mais frequentada pelos turistas estrangeiros, dispondo de excelente infraestrutura e um balneário de fama internacional (Saly). (N.T.)

Resta a cirurgia. Cirurgiões benevolentes de hospitais europeus de Paris, Berlim, Amsterdã, Genebra e Lausanne, mas também alguns "raros" médicos que vêm trabalhar na África e operam nos dispensários locais mal equipados, realizam verdadeiros milagres. Praticam uma cirurgia reparadora e reconstrutiva, frequentemente de extrema complexidade.

Klaas Marck e Kurt Bos trabalham em um dos únicos hospitais especializados no tratamento da noma na África — o Noma Children Hospital, de Sokoto (Nigéria). Eles extraíram lições de sua experiência:[8] a cirurgia de acidentados em estradas fez progressos e as crianças vitimadas pela noma se beneficiam deles (se podemos nos expressar assim). Mas, para reconstruir, mesmo que parcialmente, o rosto mutilado dessas crianças, são necessárias até cinco ou seis operações sucessivas, todas terrivelmente dolorosas. E, em muitos casos, apenas é possível fazer a reconstrução parcial do rosto.

Enquanto escrevo, tenho diante de mim, sobre minha mesa, fotografias de meninos e meninas de três, quatro e sete anos com as mandíbulas travadas, o rosto perfurado, os olhos caídos. São imagens horríveis. Várias dessas crianças tentam sorrir.

A doença tem uma longa história — o cirurgião plástico holandês Klaas Marck a reconstituiu.[9]

Seus sintomas eram conhecidos na Antiguidade. O primeiro médico a chamá-la noma foi Cornelius van der Voorde, de Middleburg (Países Baixos), numa publicação de 1685 sobre a gangrena facial. Na Europa do Norte, durante todo o século XVIII, foram relativamente numerosos os escritos sobre a doença — associando-a à infância, à pobreza e à má nutrição que a acompanhavam. E até meados do século XIX ela já se estendia a toda a Europa e à África do Norte. Seu desaparecimento nessas áreas deveu-se essencialmente à melhoria das condições sociais das populações, à redução da

8. Kurt Bos et Klaas Marck, "The surgical treatement of noma", Dutch Noma Foundation, 2006.

9. Klaas Marck, "A history of noma. The Face of Poverty", in *Plastic and Reconstructive Surgery*, abril de 2003.

extrema pobreza e da fome. A noma, porém, fez uma reaparição em massa nos campos de concentração nazistas entre 1933 e 1945, notadamente nos de Bergen-Belsen e de Auschwitz.

A cada ano, a noma ataca cerca de 140.000 novas vítimas. 100.000 delas são crianças de um a seis anos, que vivem na África Subsaariana. A proporção de sobreviventes oscila em torno de 10% — o que significa que, todos os anos, mais de 120.000 pessoas morrem com a noma.[10]

Uma maldição persegue as crianças afetadas pela noma. Geralmente filhas de mães gravemente subalimentadas, sua má nutrição começa *in utero*. Seu crescimento se vê retardado antes mesmo que venham ao mundo.[11]

A noma se manifesta em geral a partir do quarto filho. A mãe já não dispõe mais de leite, fragilizada pelas gestações precedentes. E mais a família cresce, mais é preciso dividir a comida. Os últimos a chegar são os perdedores.

No Mali, pouco menos de 25% das mães conseguem aleitar seus bebês naturalmente e durante o tempo necessário. As outras, a grande maioria delas, estão muito faminta para consegui-lo.

Outra razão para o aleitamento deficiente de centenas de milhares de bebês é o desmame precoce, a interrupção brusca do aleitamento antes do tempo. Ela se deve essencialmente às gestações muito seguidas e ao fato de as mulheres estarem sujeitas ao duro trabalho nos campos.

O continente africano pratica o culto da família numerosa. Notadamente no meio rural, o estatuto da mulher está ligado ao número de filhos que ela dá à luz. Os repúdios, os divórcios e as separações ali são frequentes e, com eles, o afastamento entre mães e filhos de pouca idade. Em muitas sociedades, a família do pai fica com a criança, que pode ser retirada da mãe antes mesmo do desmame.

---

10. Cyril Enwonwu, "Noma. The Ulcer of Extreme Poverty", in *New England Journal of Medicine*, janeiro de 2006.

11. Ibid.

* * *

Em sua desgraça, Aboubacar, Baâratou, Saleye Ramatou, Soufiranou e Maraim tiveram sorte. Esses adolescentes nigerinos, de catorze a dezesseis anos, desfigurados pela noma, viviam em suas casas nos bairros de Karaka-Kara e Jaguundi, em Zinder.[12] Suas famílias os escondiam, com vergonha das horríveis mutilações que acometeram sua prole: nariz reduzido ao osso nasal, bochechas perfuradas, lábios destruídos...

A organização Sentinelles mantém uma pequena, mas muito ativa, delegação em Zinder. Tendo notícias desses adolescentes, duas jovens da organização visitaram suas famílias. Esclareceram que as mutilações não se deviam a nenhuma maldição, mas a uma enfermidade cujos efeitos poderiam, ainda que parcialmente, ser corrigidos por cirurgias. As famílias aceitaram a transferência dos jovens para Niamey — e eles viajaram, num micro-ônibus, por 950 quilômetros, até o hospital nacional da capital. Lá, o professor Servant e sua equipe, do hospital Saint-Louis, de Paris, devolveram um rosto humano aos adolescentes.

Missões médicas francesas, suíças, holandesas, alemãs e de outros países, organizadas por Médicos do Mundo,[13] trabalham na África três ou quatro vezes por ano, ou durante uma ou duas semanas. Em outros hospitais, na Etiópia, no Benim, em Burkina Faso, no Senegal, na Nigéria, mas também no Laos,[14] médicos vindos da Europa ou da América operam benevolamente as vítimas da noma.

A Fundação Winds of Hope e a Federação Internacional No-Noma[15] realizam um formidável trabalho de detecção, de cuidados, de cirurgia reparadora e seu corolário indispensável, a coleta de

---

12. Região administrativa do Níger, composta por cinco departamentos. (N.T.)

13. Cf., supra, nota 6 - Prólogo. (N.T.)

14. Leila Srour, "Noma in Laos, stigma of severe poverty in rural Asia", in *American Journal of Tropical Medicine and Hygiene*, n. 7, 2008.

15. <www.nonoma.org>.

fundos, como também o fazem outras ONGs, como SOS-Enfants [SOS-Crianças], criada por David Mort, Opération Sourire [Operação Sorriso], Facing Africa [Enfrentando a África], Hilfsaktion Noma [Aliviando a noma] etc.

Mas, se é preciso louvar a preciosa contribuição dessas ONGs e de seus médicos, também é preciso assinalar que suas intervenções não atingem senão à ínfima minoria das crianças mutiladas.

Numerosas ONGs procuram, como se vê, organizar a detecção das vítimas e o financiamento da cirurgia reparadora, quando esta ainda é possível. O músico senegalês Youssou N'Dour[16] e outras personalidades influentes se uniram a essa luta e a apoiam. Porém, é evidente que apenas a OMS e os governos dos Estados afligidos pela noma poderiam colocar um ponto final no martírio das crianças desfiguradas por essa enfermidade tão atroz.

Entretanto, a indiferença da OMS e dos chefes de Estado é assombrosa.

Com uma decisão incompreensível, a OMS optou por retirar o seu escritório regional africano do combate à noma. Essa decisão é absurda por duas razões: a noma está também presente na Ásia do Sul[17] e na América Latina; o escritório regional africano manteve-se até hoje numa incrível passividade em face do sofrimento de centenas de milhares de vítimas da noma.[18]

O Banco Mundial, que, pelos seus estatutos, deve combater a extrema pobreza e suas consequências, demonstra a mesma indiferença. Alexander Fieger observa: "A noma é o indicador mais evidente da extrema pobreza, mas o Banco Mundial não lhe concede a mínima atenção".[19] O relatório intitulado *The Burden of Desease*,

16. Músico e intérprete respeitado internacionalmente, N'Dour (nascido em 1959) sempre foi um artista engajado — já nos anos 1980, organizou atos pela libertação de Nelson Mandela, então prisioneiro do regime do *apartheid*. (N.T.)

17. Não há dados confiáveis em relação à Ásia.

18. Cf. Alexander Fieger, "An estimation of the incidence of noma in North-West Nigeria", *in Tropical Medicine and International Health*, maio de 2003.

19. Ibid.

preparado conjuntamente pelo Banco Mundial e pela OMS, sequer menciona a doença.

A OMS se volta, pela sua natureza, somente para dois tipos de doença: as que são contagiosas e ameaçam desencadear epidemias e aquelas para as quais um Estado-membro solicita ajuda. A noma não é contagiosa e nenhum Estado-membro, até hoje, pediu a ajuda da organização para combatê-la.

Na capital de cada Estado-membro, a OMS mantém uma delegação composta por um representante e numerosos funcionários locais. A delegação deve monitorar permanentemente a situação sanitária do país. Seus funcionários vigiam os bairros das cidades, as aldeias e os acampamentos de nômades. Têm em mãos uma lista de controle detalhado, onde se arrolam todas as doenças a serem registradas. Quando se detecta um doente, as autoridades locais devem ser avisadas e ele deve ser conduzido ao dispensário mais próximo.

A noma, porém, não figura na lista da OMS.

Com Philippe Rathle e minha colaboradora no comitê consultivo do Conselho de Direitos Humanos, Ionna Cismas, fui a Berna para alertar o Departamento Federal de Saúde. O alto funcionário que nos recebeu recusou-se a apresentar qualquer resolução à Assembleia Mundial da Saúde com o seguinte argumento: "Já há muitas doenças na lista de controle".

Os representantes da OMS nos Estados-membros estão sobrecarregados. Já não sabem o que atender. Colocar mais uma doença na lista... nem pensar!

O conjunto de ONGs liderado pela Fundação Winds of Hope elaborou um plano de ação contra a noma. Trata-se de reforçar a prevenção formando agentes sanitários e qualificando as mães para que possam identificar os primeiros sintomas clínicos da doença, de incluir a noma nos sistemas nacionais e internacionais de vigilância epidemiológica e de realizar pesquisas etológicas (relativas aos comportamentos). Enfim, trata-se de assegurar que medicamentos antibióticos e ampolas de nutrição terapêutica a serem administradas por via intravenosa estejam disponíveis nos dispensários locais ao preço mais baixo possível.

A implementação desse plano custa dinheiro... e as ONGs não o têm.[20]

Aqueles que combatem a noma são prisioneiros de um círculo vicioso. De um lado, a ausência da noma nas listas e nos relatórios da OMS e a falta de atenção pública se devem à carência de informações científicas sobre a extensão da doença e seu caráter deletério. Mas, de outro lado, enquanto a OMS e os ministérios da Saúde dos Estados-membros se recusarem a se interessar por essa doença que atinge as crianças e os mais pobres, nenhuma investigação aprofundada e ampla, nenhuma mobilização internacional serão viáveis.

Evidentemente, a noma não atrai a atenção dos trustes farmacêuticos, poderosos na OMS — primeiro, porque os medicamentos que podem combatê-la são baratos e, segundo, porque suas vítimas são insolventes.

Nos países do hemisfério sul, a noma só será definitivamente erradicada, como o foi na Europa, quando suas causas — a subalimentação e a má nutrição — desaparecerem para sempre.

---

20. Bertrand Piccard, "Notre but: mettre sur pied une journée mondiale contre le noma", *in Tribune médicale*, 29 jul. 2006. [Piccard (Suíça, 1958), além de ser um conhecido balonista, é um respeitado cientista, muito destacado no combate à noma. (N.T.)]

SEGUNDA PARTE

O despertar das consciências

1

A fome como fatalidade. Malthus e a seleção natural

Até meados do século passado, a fome era como um tabu: o silêncio cobria os túmulos, o massacre era fatal. Como a peste na Idade Média, a fome era considerada como um flagelo insuperável, de tal natureza que a vontade humana, diante dela, nada podia fazer.

Mais que nenhum outro pensador, Thomas Malthus contribuiu para essa visão fatalista da história da humanidade. Se a consciência coletiva europeia, na alvorada da modernidade, permaneceu surda e cega em face do escândalo da morte pela fome de milhões de seres humanos, se até mesmo acreditou encontrar nesse massacre cotidiano uma judiciosa forma de regulação demográfica, tudo isso se deve, em grande parte, a Malthus e à sua grande ideia da "seleção natural".

Malthus nasceu em 4 de fevereiro de 1766, em Rookery, pequena aldeia do condado de Surrey, no Sudeste da Inglaterra. Seu pai era advogado; sua mãe, a filha de um próspero farmacêutico.

Em três de setembro de 1783, num pequeno hotel da rua Jacob, em Paris, foi assinado entre o embaixador do Congresso norte-americano, Benjamin Franklin, e o enviado do rei George III, o

Tratado de Paris, que consagrou a independência dos Estados Unidos da América. A perda da colônia norte-americana, na Inglaterra, teve repercussões consideráveis.

A aristocracia fundiária, que extraía suas rendas das plantações norte-americanas e do comércio colonial, perdeu grande parte do seu poder econômico e foi suplantada pela burguesia industrial em plena ascensão. Foram construídas imensas fábricas, especialmente do ramo têxtil. Do casamento entre o carvão e o ferro surgiu uma poderosa indústria siderúrgica. Milhões de camponeses e suas famílias, então, afluíram às cidades.

Malthus fizera brilhantes estudos no Jesus College de Cambridge e ali ensinara Moral por três anos; tornou-se pastor da Igreja anglicana e obteve o cargo de pastor no seu Surrey natal, em Albury. Mas já descobrira em Londres o espetáculo revoltante da miséria. Os migrantes tornados subproletários industriais padeciam de fome. Perdidas as suas referências sociais, muitos mergulhavam no alcoolismo. Malthus jamais esqueceria essas mães de família de rostos pálidos, marcados pela subalimentação, jamais esqueceria as crianças que mendigavam — como não esqueceria a prostituição e os tugúrios.

Uma obsessão o invadiu. Como alimentar essas massas de proletários, seus filhos numerosos, sem colocar em risco o abastecimento de toda a sociedade?

Antes mesmo de redigir o seu famoso *Ensaio sobre o princípio da população*, as premissas da obra da sua vida apareceram num primeiro escrito. Ele observa "a população e o alimento [...] que correm sempre uma atrás do outro". E anota: "O principal problema do nosso tempo é o da população e sua subsistência"; e ainda: "Tendência comum, constante, de todos os seres vivos é a que leva os homens a aumentar sua espécie mais além dos recursos alimentares de que podem dispor".[1]

1. Thomas Malthus, *The Crisis* — redigido em 1796, sem encontrar editor.

Em 1798, apareceu o célebre *An Essay on the Principle of Population, as it Affects the Future Improvement of Society* [*Ensaio sobre o princípio da população, na medida em que afeta o futuro aprovisionamento da sociedade*].[2] Ao longo de sua vida, Malthus foi reelaborando periodicamente o texto, enriqueceu-o e reescreveu capítulos inteiros até a última versão, publicada um ano antes de sua morte, em 1833.

A tese central do livro se organiza em torno de uma contradição que o autor julga insuperável:

> Tanto no reino vegetal quanto no animal, a natureza, com mão generosa, espalhou os germes da vida. Mas, em troca, foi avara com o espaço e o alimento. Se tivessem espaço e alimentos suficientes, os germes de existência contidos em nossa pequena terra teriam condições de satisfazer milhões de pessoas no lapso de milhares de anos. Mas a Necessidade, lei imperiosa e tirânica da natureza, acantonou-os em limites prescritos. O reino vegetal e o reino animal devem restringir-se para não exceder esses limites. Mesmo a raça humana, apesar de todos os esforços da sua Razão, não pode escapar àquela lei. No mundo dos vegetais e animais, ela atua desperdiçando os germes e espalhando a doença e a morte prematura — entre os homens, atua través da miséria.

Para o pastor Malthus, a "Lei da Necessidade" é o outro nome de Deus.

> Segundo essa lei — que é, por mais exagerada que possa parecer (ao ser enunciada desta maneira), estou convencido, a mais relacionada à natureza e à condição do homem —, é evidente que deve existir um limite para a produção da subsistência e de alguns outros artigos necessários à vida. Salvo no caso de uma mudança total na essência da natureza humana e na condição do homem sobre a Terra, a totali-

---

2. O subtítulo será modificado nas edições posteriores: *An Essay of the Principle of Population, a View of its Past and Present Effects on Human Hapiness*. As citações seguintes foram extraídas da edição prefaciada, introduzida e traduzida por Pierre Theil (Paris: Éditions Seghers, 1963). [Há versão portuguesa: Thomas Malthus, *Ensaio sobre o princípio da população*, Lisboa, Europa — América, 1999. (N.T.)]

> dade das coisas necessárias à vida jamais poderá ser fornecida em abundância. Seria difícil conceber um presente mais funesto e mais adequado para mergulhar a espécie humana em um irreparável estado de infelicidade que a facilidade infinita de produzir alimento em um espaço ilimitado [...]. O Criador benévolo, que conhece os apetites e as necessidades das suas criaturas conforme as leis a que as submeteu, não quis — na Sua misericórdia — oferecer-nos todas as coisas indispensáveis à vida em tão grande abundância. Mas se se admite (e ninguém poderia negá-lo) que o homem, constrangido a viver num espaço limitado, vê que o seu poder de produzir trigo não é infinito, então, neste caso, o valor da extensão de terra de que realmente tem a posse depende do pouco trabalho necessário para explorá-la em comparação com o número de pessoas que ela pode alimentar.

Essa teoria prevaleceu desde então e ainda resiste hoje em uma parte da opinião pública: a população cresce sem cessar, o alimento e a terra que o produz são limitados. A fome reduz o número de homens — ela garante o equilíbrio entre as necessidades que não podem ser restringidas e os bens disponíveis. De um mal, Deus ou a Providência (ou a Natureza) fizeram um bem.

Para Malthus, a redução da população pela fome era a única solução possível para evitar a catástrofe econômica final. A fome, pois, resulta da lei da necessidade.

O *Ensaio sobre o princípio da população* contém, por via de consequência, ataques virulentos contra as "leis sociais", as tímidas tentativas do governo britânico de amenizar — através de uma assistência pública rudimentar — a terrível sorte das famílias proletárias das cidades. Malthus escreve: "Se um homem não pode viver do seu trabalho, tanto pior para ele e para a sua família". E mais: "O pastor deve advertir aos noivos: se vocês se casarem, se tiverem filhos, suas crianças não terão nenhuma ajuda da sociedade". E ainda: "As epidemias são necessárias".

À medida que Malthus avança na redação da sua obra, o pobre se converte no seu pior inimigo: "As leis sociais são repugnantes [...]. Elas permitem aos pobres ter filhos [...]. A natureza pronuncia a sentença: a necessidade [...]. É preciso que ele [o pobre] saiba que as leis da natureza, que são as leis de Deus, condenaram-no a sofrer, ele e sua família". E enfim: "Os impostos paroquiais esmagam-no [ao pobre]? Pior para ele".[3]

Semelhante teoria não podia passar sem discriminação racial. Em seu texto, Malthus passa em revista povos de todo o mundo. Sobre os índios da América do Norte, por exemplo, ele afirma: "Estes povos caçadores se parecem aos animais sobre os quais se lançam".

O *Ensaio sobre o princípio da população* teve imediatamente um enorme sucesso entre as classes dirigentes do Império britânico. O Parlamento o discutiu. O primeiro-ministro recomendou sua leitura.

Rapidamente, suas teses se difundiram por toda a Europa. Está claro que a ideologia malthusiana servia admiravelmente aos interesses das classes dominantes e às suas práticas de exploração. Permitia, também, resolver outro conflito aparentemente insuperável: conciliar a "nobreza" da missão civilizadora da burguesia com as fomes e as mortes que provocava. Aderindo à visão de Malthus — os sofrimentos causados pela fome e a destruição de milhares de pessoas eram efetivamente espantosos, mas obviamente necessários para a sobrevivência da humanidade —, a burguesia apaziguava seus próprios escrúpulos.

A verdadeira ameaça era a explosão do crescimento demográfico. Sem a eliminação dos mais fracos pela fome, chegaria o dia em que nenhum ser humano sobre a Terra poderia comer, beber ou respirar.

---

3. Recorde-se que a legislação inglesa sobre os pobres (*Poor Law*), surgida em 1601, no reinado de Isabel I (1544-1603), assentava em quatro princípios: a) a obrigação de socorro aos necessitados; b) a assistência pelo trabalho; c) o imposto cobrado para o socorro aos necessitados e d) a responsabilidade das paróquias pela assistência. No tempo em que Malthus reelaborava o ensaio aqui referido, discutia-se a necessidade de uma "nova lei dos pobres", que acabou por ser formulada em 1834, através de um *Poor Law Amendment Act* [*Ato de alteração da Lei dos Pobres*] — que, adequado a exigências burguesas, reprimiu duramente os pobres considerados aptos para o trabalho (aliás, desde 1697, já existiam as temidas *workhouses* — casas de trabalho). Também em 1834, criou-se a Royal Commission on the Poor Law (Comissão Real para as Leis dos Pobres). (N.T.)

Até meados do século XX, a ideologia malthusiana teve efeitos deletérios sobre a consciência ocidental. Ela tornou a maioria dos europeus surdos e cegos diante dos sofrimentos das vítimas, especialmente das colônias. Os famintos haviam se convertido, no sentido etnológico do termo, em tabu.

Admirável Malthus! Provavelmente sem pretendê-lo de forma deliberada, ele libertou os ocidentais da sua má consciência.

Salvo casos graves de transtorno psíquico, ninguém pode suportar o espetáculo da destruição de um ser humano pela fome. Naturalizando o massacre, creditando-o à necessidade, Malthus livrou os ocidentais de sua responsabilidade moral.

2

Josué de Castro, primeira época

Repentinamente, terminada a Segunda Guerra Mundial, o tabu foi quebrado e rompido o silêncio — e Malthus lançado na lixeira da História.

Os horrores da guerra, do nazismo, dos campos de extermínio, os sofrimentos e a fome compartilhados provocaram um extraordinário despertar da consciência europeia.

A consciência coletiva revoltou-se: "Nunca mais!". Essa revolta inscrevia-se num movimento de transformação profunda da sociedade, através do qual os homens reivindicavam a independência, a democracia e a justiça social. Suas consequências foram numerosas e benéficas. Entre outras providências, ela impôs aos Estados a proteção social às suas populações e, também, a criação de instituições interestatais, de normas de direito internacional e de armas de combate ao flagelo da fome.

Em seus *Manifestos filosóficos*, traduzidos por Louis Althusser, Ludwig Feuerbach escrevia:

> A consciência, entendida em seu sentido mais estrito, só existe para um ser que tem por objeto a sua própria espécie e a sua própria essência [...]. Ser dotado de consciência é ser capaz de ciência. A ciência é a consciência das espécies. Ora, apenas um ser que tem por objeto a sua

> própria espécie, a sua própria essência, está capacitado para colocar-se como objeto, em suas significações essenciais, a coisas e seres distintos dele mesmo.[1]

A consciência da identidade entre todos os homens é o fundamento do direito à alimentação. Ninguém poderia tolerar a destruição de seu semelhante pela fome sem colocar em perigo sua própria humanidade, sua própria identidade.

Em 1946, 44 Estados-membros da ONU, fundada um ano antes, criaram, em Quebec, a Organização para a alimentação e a agricultura (FAO), sua primeira instituição especializada. A FAO foi instalada em Roma, com a tarefa de desenvolver a agricultura de víveres e velar pela igual distribuição do alimento entre os homens.

Em 10 de dezembro de 1948, os 64 Estados-membros das Nações Unidas adotaram, por unanimidade, na Assembleia Geral reunida em Paris, a *Declaração Universal dos Direitos do Homem*, que consagra, no seu artigo 25º, o direito à alimentação. Em face das catástrofes que se multiplicaram depois, os Estados-membros decidiram ir mais longe: criaram, em 1963, o Programa Alimentar Mundial (PAM), encarregado da ajuda de urgência.

Enfim, para conferir aos direitos do homem um estatuto impositivo, os Estados-membros das Nações Unidas adotaram, em 16 de dezembro de 1966 (infelizmente de forma separada), dois pactos internacionais — o primeiro, relativo aos direitos econômicos, sociais e culturais, cujo artigo 11º faz a exegese do direito à alimentação; o segundo, relativo aos direitos civis e políticos.

---

1. L. Feuerbach, *Manifestes philosophiques*, tradução de L. Althusser (Paris: PUF, 1960, p. 57-58). [O filósofo alemão L. Feuerbach (1804-1872) teve importante influência sobre a jovem intelectualidade de seu país nos anos 1840; crítico materialista da filosofia de Hegel (1770-1831), dele está traduzida ao português *A essência do cristianismo*, Campinas, Papirus, 1988. Várias obras de L. Althusser (1918-1990), pensador marxista francês, saíram no Brasil, onde foi muito lido nos anos 1960-1970; destaquem-se, entre elas: *A favor de Marx*, Rio de Janeiro, Zahar, 1979; *Posições*, Rio de Janeiro, Graal, 1-2, 1977-1980; *O futuro dura muito*, São Paulo, Cia. das Letras, 1992. (N.T.)]

No contexto internacional da Guerra Fria e das divergências ideológicas dos Estados-membros (capitalismo contra comunismo), o segundo pacto foi largamente explorado para denunciar as violações dos direitos humanos nos países do bloco soviético.

Desde então, o respeito dos Estados signatários do primeiro pacto, relativo aos direitos econômicos, sociais e culturais, é controlado por um comitê de dezoito especialistas. Cada Estado-membro deve, desde a sua adesão e a cada cinco anos, apresentar um informe das medidas tomadas em seu território para satisfazer o direito à alimentação.

Saindo da longa noite do nazismo, uma evidência começava assim a se colocar, tardando anos a impor-se aos países e aos seus dirigentes: a erradicação da fome é da responsabilidade dos homens — nesse terreno, não existe nenhuma fatalidade. O inimigo pode ser vencido: basta implementar um determinado número de medidas concretas e coletivas para tornar efetivo e objeto de justiça o direito à alimentação.

Já era claro, no espírito dos pioneiros do pacto, que os países não poderiam deixar a realização do direito à alimentação ao livre jogo das forças do mercado. Intervenções normativas eram indispensáveis, como: a reforma agrária em todas as partes onde reinava a distribuição desigual das terras aráveis; o subsídio público aos alimentos básicos em favor daqueles que não podiam se assegurar uma alimentação regular, adequada e suficiente; o investimento público, nacional e internacional, para garantir a preservação dos solos e o aumento da produtividade (insumos, irrigação, equipamentos, sementes) no quadro da agricultura de víveres; a equidade no acesso ao alimento; a eliminação do monopólio das sociedades agroalimentares multinacionais sobre os mercados de sementes e insumos e sobre o comércio de alimentos básicos.

Mais que qualquer outro, um homem contribuiu para este despertar da consciência dos povos ocidentais em face da fome: o médico brasileiro Josué Apolônio de Castro. Ao evocá-lo, que me seja permitida aqui uma recordação pessoal, a de meu encontro com sua filha.

Apesar do toldo que cobre a pequena esplanada do bar "Garota de Ipanema", o calor do verão austral é sufocante. Numa perpendicular à rua Prudente de Morais, as ondas do Atlântico cintilam à luz da tarde.

A bela mulher, morena e madura, sentada diante de mim, assume um ar grave: "Os militares acreditaram acabar com meu pai... E eis que agora ele retorna a nós, transformado em milhões". Anna Maria de Castro é a filha mais velha e a herdeira intelectual de seu pai.

Esse encontro num bar do Rio de Janeiro ocorreu em fevereiro de 2003, logo que Luiz Inácio Lula da Silva, amigo do Movimento dos Trabalhadores Rurais Sem Terra (MST) desde a primeira hora — ele mesmo também oriundo de uma família miserável do interior de Pernambuco e que, na infância, perdera dois de seus irmãos vítimas da fome —, acabava de chegar ao palácio do Planalto, em Brasília. E, recorde-se: uma das suas primeiras decisões presidenciais foi o lançamento do programa nacional *Fome zero*.

Destino brilhante, embora trágico, o de Josué de Castro.

Através de sua obra científica, de sua visão profética e de sua ação militante, ele marcou profundamente sua época. Derrotou a lei da necessidade. Demonstrou que a fome derivava de políticas conduzidas pelos homens e que ela poderia ser vencida, eliminada, pelos homens. Nenhuma fatalidade preside o massacre. Trata-se de pesquisar suas causas e combatê-las.

Josué de Castro nasceu em 5 de setembro de 1908, em Recife, capital do estado de Pernambuco, na costa do Atlântico — terceira cidade brasileira em número de habitantes.[2]

---

2. O dado demográfico referido por Ziegler remonta à data de nascimento de Josué de Castro — registre-se, aliás, o grande crescimento de Recife nas duas primeiras décadas do

O oceano verde da cana-de-açúcar se mostra a poucos quilômetros de Recife. O feijão, a mandioca, o trigo ou o arroz perderam a terra vermelha do agreste.[3] Como um círculo de ferro, os campos de cana-de-açúcar cercam as aldeias, as vilas e as cidades. A cana é a maldição do pobre — suas plantações impedem o cultivo de víveres. Como consequência, ainda hoje, 85% dos alimentos consumidos em Pernambuco são importados e a mortalidade infantil é a mais alta do continente, atrás somente da registrada no Haiti.

Josué de Castro pertencia, no mais profundo do seu ser, a esta terra e a este povo do Nordeste, inclusive no seu tipo caboclo — mestiço de índio, português e africano.

Quando, em 1946, apareceu seu livro *Geografia da fome*,[4] tratando da fome no Brasil e, em particular, no Nordeste, Castro já tinha atrás de si uma longa carreira. Portador de um diploma (Fisiologia) da Faculdade de Medicina do Rio de Janeiro, ensinava Fisiologia, Geografia Humana e Antropologia na Universidade de Recife,[5] ao mesmo tempo em que exercia a medicina. Como Salvador Allende, pediatra em Valparaíso,[6] ele pudera descobrir — em seu consultório,

século XX: de 113.106 habitantes, em 1900, a população saltou para 238.843, em 1920. Em 2010, conforme o IBGE, a capital pernambucana tinha 1.546.516 habitantes e era a 9ª cidade brasileira mais populosa. (N.T.)

3. Zona de terra fértil ao longo da costa, numa extensão de cerca de sessenta quilômetros, antes que comece a imensidão árida do Sertão.

4. Traduzido ao francês desde 1949: Josué de Castro, *Géographie de la faim* (Paris: Économie et Humanisme/Les Éditions Ouvrières, 1949). A partir de 1964, as Éditions du Seuil o publicam sob o título original: *Géographie de la faim. Le dilemme brésilien: pain ou acier*. [Esta obra foi objeto de várias reedições, dentre as quais a décima primeira, de 1992, pela Griphus, do Rio de Janeiro. Cabe observar que, na segunda metade dos anos 1950, a Editora Brasiliense, de São Paulo, iniciou a publicação das "Obras completas" de Josué de Castro, projeto que parece ter ficado inconcluso. (N.T.)]

5. Atualmente, a primeira é uma unidade acadêmica da Universidade Federal do Rio de Janeiro (UFRJ) e a segunda constitui a Universidade Federal de Pernambuco (UFPE). A UFRJ, aliás, no marco da passagem do centenário de nascimento de Josué de Castro, concedeu-lhe o título de doutor *honoris causa in memoriam*. Há, em Recife, uma instituição de referência, fundada em 1979, no resgate da obra de Josué de Castro: o Centro de Estudos e Pesquisas Josué de Castro (cjc@josuedecastro.org.br). (N.T.)

6. Salvador Allende Gossens (1908-1973), grande orador de massas, senador e ministro de Estado. Sua eleição à Presidência da República (1970) abriu para o Chile a alternativa de

no hospital e nas visitas domiciliares — todas as facetas da subalimentação e da má nutrição infantis.

Também já realizara sistematicamente pesquisas, várias e rigorosas, algumas com patrocínio estatal, sobre famílias caboclas, trabalhadores agrícolas, cortadores de cana, arrendatários e trabalhadores volantes, pesquisas que lhe permitiram demonstrar que o latifúndio — a agricultura extensiva — era a causa original da subalimentação e da fome.

Ele igualmente pôde demonstrar que não era a superpopulação dos campos e das cidades a responsável pela progressão da fome, mas justamente o contrário: os muito pobres multiplicavam seus filhos pela angústia diante do amanhã; as crianças, que queriam tão numerosas quanto possível, constituíam uma espécie de segurança no futuro — se sobrevivessem, ajudariam seus pais a viver e, sobretudo, a envelhecer sem morrer de fome. Josué de Castro citava frequentemente este provérbio nordestino: "A mesa do pobre é miserável, mas o leito da miséria é fecundo."

Numa obra de 1937 que não foi traduzida ao francês, *Documentário do Nordeste*, ele escreveu:

> Se uma parte dos mestiços é de homens pequenos, atormentados por doenças mentais e incapacidades, isto não se deve a qualquer tara social própria de sua raça, mas ao seu estômago vazio. [...] A origem do mal não está na raça, mas na fome. É a carência de um alimento suficiente que impede o seu desenvolvimento e o completo funcionamento das suas capacidades. O que tem má qualidade não é a máquina [...]; seu trabalho produz pouco, ela sofre a cada passo e para com frequência — por falta de combustível adequado e suficiente.[7]

---

avançar para o socialismo, abortada pelo golpe militar de 11 de setembro de 1973, apoiado diretamente pelos Estados Unidos e que derivou na ditadura terrorista e corrupta de Augusto Pinochet Ugarte (1915-2006). (N.T.)

7. Josué de Castro, *Documentário do Nordeste* (Rio de Janeiro: José Olympio, 1937). [Esta obra foi objeto de várias reedições, uma das quais, a décima, é de 1984, das Edições Antares, do Rio de Janeiro. (N.T.)]

Documentário do Nordeste retomava e desenvolvia a argumentação de um pequeno texto, mais antigo, de 1935, *Alimentação e raça*, que demonstrava a falsidade da tese (dominante nos meios políticos e intelectuais brasileiros) segundo a qual os afro-brasileiros, os índios e os caboclos eram preguiçosos, pouco inteligentes e avessos ao trabalho — e, portanto, subalimentados — por causa de sua raça.[8] As classes dirigentes brasileiras brancas estavam cegas por seus preconceitos raciais.

O ano de 1937 foi o do golpe de Estado de Getúlio Vargas, da instituição de sua ditadura — o seu Estado Novo. O universalismo do jovem médico Josué de Castro colidia frontalmente com a ideologia fascista e o racismo orgulhosamente proclamado das classes dominantes. Em 1945, o destino das potências do Eixo arrastaria Vargas e o Estado Novo na sua queda.[9]

Durante esse período, Josué de Castro, convidado por governos de diversos países para estudar problemas de alimentação e nutrição, visitou a Argentina (1942), os Estados Unidos (1943), a República Dominicana (1945), o México (1945) e, enfim, a França (1947).

Essa experiência — simultaneamente local e global, como diríamos hoje — conferiu desde o início aos seus trabalhos científicos, que chegam a meia centena de obras,[10] uma amplitude, uma complexidade e uma validez excepcionais.

Na homenagem prestada àquele que foi seu mestre e amigo, por ocasião de seu centenário de nascimento, Alain Bué escreveu: "A tese central de toda a obra de Castro se resume nesta constatação:

---

8. Idem, *Alimentação e raça* (Rio de Janeiro: Civilização Brasileira, 1935).

9. De volta ao poder em 1950, Getúlio Vargas, desacreditado, foi pressionado em 1954 a renunciar — mas se suicidou com um tiro no peito, no palácio do Catete (Rio de Janeiro). [O gaúcho Getúlio Vargas (1882-1954) ocupou vários cargos eletivos e governou o país por duas vezes: 1930-1945 e 1951-1954. Sob seu primeiro governo, oriundo da Revolução de 1930 e que teve o capítulo ditatorial do Estado Novo, estabeleceu-se o amplo marco da legislação social brasileira. Em seu segundo governo, desenvolveu uma política de cunho nacionalista que lhe custou o ódio das elites e do imperialismo; estadista hábil, deixou como herança o trabalhismo. (N.T.)]

10. Metade delas traduzida nas principais línguas.

Quem tem dinheiro come, quem não tem morre de fome ou torna-se um inválido".[11]

Geografia da fome está na base da mais célebre obra de Josué de Castro: *Geopolítica da fome*. O autor explica, no prefácio, que foi a editora norte-americana Little Brown & Co., de Boston, que lhe sugeriu estender ao mundo inteiro a aplicação dos métodos que empregara com relação ao Brasil e que deram origem, em 1946, ao livro *Geografia da fome*. *Geopolítica da fome* constitui uma das maiores obras científicas do pós-guerra. Obteve sucesso universal, deu a volta ao mundo — foi recomendada pela recém-criada FAO, traduzida em vinte e seis idiomas, conheceu múltiplas reedições e marcou profundamente as consciências.

O título do livro precedente — *Geografia da fome* — estava na esteira da tradição das ciências humanas descritivas do século XIX e já não cabia ao novo livro, concebido como prosseguimento do anterior. Em *Geopolítica da fome*,[12] desde o seu primeiro capítulo, o autor demonstra que, se a fome pode ser relacionada e imputada, por uma parte, às condições geográficas, ela é, de fato e antes de tudo, uma questão de política. A continuidade de sua existência não se deve à morfologia dos solos, mas à prática dos homens.

Este meu livro retoma, no subtítulo, como homenagem a Josué de Castro, o título dessa obra, que ele mesmo explicou:

> Embora degradada pela dialética nazista, esta palavra [geopolítica] conserva seu valor científico. [...] Ela procura estabelecer as correlações existentes entre os fatores geográficos e os fenômenos de caráter po-

---

11. Alain Bué, "La tragique nécessité de manger", *in Politics* (Paris, outubro-novembro de 2008). Alain Bué foi assistente de Josué de Castro no Centre Universitaire Expérimental de Vincennes, criado em 1968 (depois, Universidade de Vincennes). Professor da Universidade de Paris VIII, é hoje, na França, seu herdeiro intelectual e o guardião de sua obra.

12. Josué de Castro, *Geopolítica da fome* (Rio de Janeiro: Casa do Estudante do Brasil, 1951). [Também este livro teve inúmeras reedições no Brasil; uma delas é de 1968, pela Editora Brasiliense, de São Paulo. (N.T.)]

lítico. [...] Poucos fenômenos influíram tanto sobre o comportamento político dos povos quanto o fenômeno alimentar e a trágica necessidade de comer.[13]

Geopolítica da fome foi publicado na França em 1952 por Économie et humanisme e Les Éditions Ouvrières[14] — ou seja, por iniciativa de um movimento cristão que atuava, especialmente naquela época, para conciliar a economia política com o trabalho social da Igreja.[15]

Naturalizando os desastres causados pela fome, invocando a "lei da necessidade" para justificar as hecatombes, Malthus acreditou colocar sua consciência e a das classes dominantes ao abrigo de qualquer remorso. Castro, ao contrário, começou por exigir a consciência de que a subalimentação e a má nutrição persistentes perturbavam profundamente as sociedades em seu conjunto, quer os famintos, quer os saciados. Ele escreveu: "A metade dos brasileiros não dorme porque tem fome. Também a outra metade não dorme, porque tem medo daqueles que passam fome".[16]

A fome torna impossível a construção de uma sociedade pacificada. Em um país no qual uma parte importante da população está atormentada pela angústia em face do amanhã, a paz social só é viável mediante a repressão. A instituição do latifúndio encarna a violência. A fome cria um estado de guerra permanente e larvar.

---

13. Idem, *Géopolitique de la faim*, *op. cit*.

14. Josué de Castro, *Géopolitique de la faim* (Paris: Économie et humanisme/Les Éditions Ouvrières, 1952). Prefácio à edição francesa de Max Sorre, à norte-americana de Pearl Buck e à inglesa de Lord John Boyd Orr.

15. A associação Économie et humanisme, de economistas cristãos, fora criada em 1941, em Marselha, pelo padre dominicano Louis-Joseph Lebret. [O padre Lebret (1897-1966), que viveu no Brasil entre 1952 e 1958, teve importante papel intelectual em nosso país — recebeu, aliás, o título de doutor *honoris causa* da Universidade de São Paulo — e grande influência sobre setores progressistas da Igreja. Estão publicadas, aqui, algumas de suas obras (todas em edições da Livraria Duas Cidades, de São Paulo): *Princípios para a ação* (1959), *Manifesto por uma civilização solidária* (1962) e *O drama do século XX* (1966). (N.T.)]

16. Josué de Castro, *Géopolitique de la faim*, *op. cit*.

Castro recorre frequentemente à palavra "artificial". A subalimentação, afirma, e a má nutrição são "artificiais", no sentido primeiro de "artefato" — fenômenos criados inteiramente pelas condições experimentais, pela atividade humana. A colonização, a monopolização da terra, a monocultura são suas primeiras causas. Elas são responsáveis, simultaneamente, pela baixa produtividade e pela distribuição desigual das colheitas.

Em várias de suas obras posteriores, Castro reinterpretaria os resultados de algumas das suas pesquisas fundamentais realizadas em Pernambuco — como, por exemplo, no belo *Livre noir de la faim*.[17] Mas ele permaneceria por toda a vida obcecado pelas mulheres famélicas e desdentadas, pelas crianças de ventre inchado pelos vermes e pelos cortadores de cana de olhar vazio e vontade alquebrada do seu Pernambuco natal.

Imediatamente após o fim do Estado Novo e com o restabelecimento de um mínimo de liberdades públicas, Josué de Castro lançou-se numa ação política contra as capitanias[18] e as sociedades multinacionais estrangeiras que controlavam a maior parte da produção agrícola do Brasil. Essa produção era em grande escala destinada — neste país da fome — à exportação, que experimentou então, em face de uma Europa destruída, um crescimento formidável. Depois de 1945, o Brasil, onde tantos seres passavam fome, foi um dos maiores exportadores de alimentos do mundo.

Juntamente com Francisco Julião e Miguel Arraes de Alencar, Castro participou da organização das Ligas Camponesas, primeiros sindicatos de trabalhadores agrícolas do Brasil, combatendo os barões do açúcar, exigindo a reforma agrária, reivindicando para os corta-

---

17. Idem, *Le livre noir de la faim* (Paris: Les Éditions Ouvrières, 1961). [Cf., dentre várias edições, *O livro negro da fome*, São Paulo, Brasiliense, 1968. (N.T.)]

18. Quando da conquista colonial do Brasil, o rei de Portugal atribuiu a alguns de seus fidalgos (gentis-homens) parcelas da costa, com o mandato de submeter as terras do interior. As terras que arrancassem aos índios autóctones tornavam-se capitanias e eles, donatários. Boa parte dos latifúndios atuais deriva das antigas capitanias.

dores de cana e suas famílias o direito à alimentação regular, adequada e suficiente.[19]

Os três viviam perigosamente. Os pistoleiros dos latifundiários, às vezes a própria Polícia Militar,[20] preparavam-lhes emboscadas nas estradas precárias do vale do São Francisco ou nas barrancas do Capibaribe. Castro escapou dos atentados e prosseguiu no seu combate. Castro era o intelectual e o teórico do trio; Julião, o organizador, e Arraes, o líder popular.[21] Em 1954, Castro elegeu-se deputado federal pelo Partido Trabalhista Brasileiro (PTB, social-democrata) e Julião, deputado estadual em Pernambuco. Depois, Arraes elegeu-se governador do estado — *o governador da esperança*, como o povo o chamou.

Paralelamente a seu engajamento nacional, Castro desempenhou um papel internacional determinante ao participar, em 1946, da fundação da FAO. Ele fez parte do pequeno grupo de especialistas encarregados pela Assembleia Geral das Nações Unidas de preparar a criação do organismo e depois foi o delegado do Brasil à Conferência da FAO em Genebra, em 1947, membro do Conselho Consul-

---

19. Evento importante para o desenvolvimento da luta camponesa no Nordeste — estreitamente ligado ao processo das Ligas Camponesas — foi a realização, em Recife, em setembro de 1955, do I Congresso dos Camponeses de Pernambuco, organizado por Josué de Castro. Francisco Julião Arruda de Paula (1915-1999), advogado pernambucano, líder do movimento camponês em seu estado, deputado estadual e federal; perseguido na sequência do golpe de 1964, exilou-se no México; retornou ao Brasil depois da anistia (1979) e tentou, sem sucesso eleitoral, participar da política institucional; faleceu no México. Miguel Arraes de Alencar (1916-2005), advogado cearense, defensor da reforma agrária, fez sua carreira política em Pernambuco, que governou por várias vezes; foi obrigado ao exílio (Argélia) na sequência do golpe de 1964; após a anistia, retornou ao país, foi eleito para vários cargos e liderou o Partido Socialista Brasileiro. (N.T.)

20. No Brasil, a Polícia Militar tem funções como as da gendarmeria na França.

21. Quero aproveitar a oportunidade, aqui, para reverenciar dois padres nordestinos que prestaram um precioso apoio às lutas dos camponeses: Dom Hélder Câmara, primeiro bispo auxiliar no Rio de Janeiro e depois arcebispo de Recife e Olinda [cf., supra, nota 1 - Primeira Parte, Cap. 4], e o padre Ítalo Coelho, natural de Fortaleza, inesquecível padre dos pobres de Copacabana. [O padre Ítalo Coelho (1924-1991), discípulo de Dom Hélder Câmara, foi responsável pela paróquia de Santa Cruz de Copacabana, na zona sul do Rio de Janeiro, e um dos fundadores da Pastoral das Favelas. (N.T.)]

tivo Permanente da FAO no mesmo ano e, enfim, presidente do seu Conselho Executivo entre 1952 e 1955.[22]

Nesses anos de esperança democrática e de busca da paz, Josué de Castro foi homenageado com prêmios e honrarias.

Em 1954, o Conselho Mundial da Paz,[23] sediado na época em Helsinki, concedeu-lhe o "Prêmio Internacional da Paz". Naquele dia, fazia frio na Finlândia. Castro ficou afônico pouco antes da cerimônia. Miguel Arraes conta o episódio: diante de microfones e câmeras, tendo à frente uma colorida plateia de figuras notáveis do campo socialista e de autoridades finlandesas, Castro teve um acesso de tosse que parecia fazer tremer as colunas do auditório; finalmente, só conseguiu pronunciar uma frase, uma única frase: "*O primeiro direito do homem é o de não passar fome*". E voltou a sentar-se, esgotado.[24]

Por três vezes, Castro foi indicado para receber o Prêmio Nobel: uma para o Nobel de Medicina, duas para o Nobel da Paz. Em plena Guerra Fria, recebeu, em Washington, o Prêmio Roosevelt da Academia Americana de Ciências Políticas e, em Moscou, o Prêmio Internacional da Paz. Em 1957, recebeu a Grande Medalha da Cidade de Paris, a mesma concedida antes a Pasteur e a Einstein.

Graças à sua experiência, Castro conhecia perfeitamente a influência, frequentemente determinante, exercida pelos trustes agroalimentares sobre os governos dos Estados. Estava persuadido de que os governos, por mais que o cobrissem com condecorações, prêmios e medalhas, nada fariam de decisivo contra a fome. Por isso, depositou todas as suas esperanças na sociedade civil — no Brasil, as Ligas Camponesas, o Partido Trabalhista Brasileiro (PTB) e os sindicatos dos trabalhadores rurais deveriam ser as forças motrizes

---

22. Eleito em 1952, foi consagrado nesse cargo estratégico mediante um segundo mandato consecutivo — de modo excepcional, não previsto no regulamento.

23. O Conselho Mundial da Paz foi criado em 1949 por entidades de todo o mundo empenhadas na luta pela paz, pelo desarmamento nuclear e pela coexistência pacífica entre todos os países. Sua sede transferiu-se da Finlândia para a Grécia em 1990. (N.T.)

24. Miguel Arraes, em conversa com o autor.

da mudança; no plano internacional, criou, em 1957, a Associação Mundial da Luta contra a Fome (Ascofam). A partir de 1950, percorreu incansavelmente o mundo: a Índia, a China, os países andinos e do Caribe, a África, a Europa — foi a todos os lugares onde um governo, uma universidade ou um sindicato o convidaram.

Quem foram os fundadores da Ascofam? A lista envolve praticamente todos aqueles que, depois da morte de Castro, continuaram a sua luta: o padre Pierre, o padre Georges Pire (futuro Prêmio Nobel da Paz), René Dumont, Tibor Mende e o padre Luis-Joseph Lebret, entre outros.[25]

Em 1960, eles conseguiram convencer a Assembleia Geral das Nações Unidas a lançar a Primeira Campanha Mundial contra a Fome. Essa campanha de informação e de mobilização — levada a cabo em escolas, igrejas, parlamentos, sindicatos e meios de comunicação — obteve uma considerável repercussão, especialmente na Europa.

Tibor Mende trabalhou sobretudo a questão da fome na China e na Índia. Entre suas obras, citemos *L'Inde devant l'orage* [*A Índia diante da tempestade*] (1955), *La Chine et son ombre* [*A China e sua sombra*] (1960) e *Fourmis et poissons* [*As formigas e os peixes*] (1979).[26] Alguns dos livros fundamentais de René Dumont foram escritos em vida de Castro, que os inspirou diretamente. Citemos *Le développement agricole africain* [*O desenvolvimento agrícola africano*] (1965),[27] *Développement et socialisme* [*Desenvolvimento e socialismo*], escrito em colaboração com Marcel Mazoyer (1969),[28] e *Paysanneries aux abois* [*Camponeses em agonia*] (1972).[29] O padre Pierre, por sua vez, difundiu o pensamento de Castro através do Movimento Emaús, que criou em 1949.

---

25. O dominicano belga Georges Pire (1910-1969) recebeu o Nobel da Paz em 1958. Sobre as outras personalidades citadas, cf., supra, as notas 13 - Prólogo e 15 - Segunda Parte, Cap. 2. (N.T.).

26. Todas publicadas pelas Éditions du Seuil (Paris).

27. Publicado por PUF (Paris).

28. Publicado por Éditions du Seuil (Paris).

29. Publicado na coleção "Esprit" das Éditions du Seuil (Paris).

Menção especial deve ser feita a Louis-Joseph Lebret, padre dominicano. Dentre os companheiros da Ascofam, ele, um pouco mais velho, foi provavelmente o mais próximo a Castro. Lebret foi quem trabalhou para publicar na França os seus primeiros livros. Ele foi, também, o primeiro que ofereceu a Castro uma inserção acadêmica fora do Brasil, no Institut International de Recherche et de Formation, Éducation et Développement [Instituto Internacional de Pesquisa e de Formação, Educação e Desenvolvimento] (IRFED), fundado em 1958. E sua revista, *Développement et civilisation* [*Desenvolvimento e civilização*], abriu suas páginas a Castro.

Lebret tinha estreitas relações com o papa Paulo VI. Especialista no Concílio Vaticano II, inspirou a encíclica *Populorum progressio* [*O desenvolvimento dos povos*], que dedicou um amplo espaço à luta contra a fome. Um ano antes de sua morte, em 1965, o papa enviou-o a Genebra para representá-lo na primeira sessão da Conferência das Nações Unidas para o Comércio e o Desenvolvimento (CNUCED). Lebret mobilizou os católicos progressistas para a luta dirigida por Castro.[30]

Atualmente, mais de 40% dos homens, mulheres e crianças de Recife vivem nas sórdidas favelas que margeiam o Capibaribe. Mais de um milhão de pessoas moram ali, sem fossas assépticas, esgotos, água corrente, eletricidade, e carentes de segurança. Nos casebres de lata, madeira ou papelão, ratos famintos mordem — e às vezes matam — os bebês.

A área metropolitana de Recife figura na lista das zonas mais mortíferas do Brasil, com 61,2 homicídios para 100.000 habitantes. A taxa de crianças e adolescentes vítimas de homicídios é uma das

30. De Lebret, leia-se especialmente *Dimension de la charité* (Paris: Les Éditions Ouvrières, 1958) e *Dynamique concrète du développement* (Paris: Les Éditions Ouvrières, 1967). [O primeiro desses títulos, *Dimensão da caridade*, foi publicado no Brasil em 1959, pela Livraria Duas Cidades, de São Paulo. (N.T.)]

mais elevadas do mundo.[31] As crianças abandonadas se contam aos milhares — são, frequentemente, as primeiras vítimas dos esquadrões da morte.

Muitas vezes, por ocasião de minhas viagens a Recife, acompanhei durante a noite Demetrius Demetrio, responsável da Comunidade dos pequenos profetas — criada por Dom Hélder Câmara para acolher, alimentar e cuidar diariamente de algumas dezenas dessas crianças de rua (meninos e meninas), oriundas de famílias destruídas. Alguns dos pequenos que encontrei não tinham três anos, estando expostos a todos os perigos, a todos os abusos, a todas as violências, a todas as doenças e à fome mais aguda. Todos aqueles que conheci certamente morreram antes de chegar à idade adulta.[32]

Carentes de trabalho, homens e adolescentes tentam ganhar alguns reais através de *biscates* ao longo da grande avenida Boa Viagem, junto ao Atlântico, local de restaurantes e bares para turistas. O termo *biscate* designa o que fazem todos os que se valem de expedientes próprios da economia informal: vendedores ambulantes de gelados, amendoim torrado, de cachaça (aguardente de cana) e de frutas (abacaxi), guardadores e lavadores de carros, engraxates etc.

À praia de Boa Viagem, as *jangadas* — embarcações tradicionais de pescadores de alto-mar, construídas com troncos de madeira e com uma única vela — retornam ao cair da tarde. Os comerciantes de pescado as esperam com suas caminhonetes. Mulheres curvadas pela tristeza e seus filhos famélicos, em farrapos, mantêm-se a distância das luzes, escondidos na penumbra. Quando as caminhonetes se afastam, esses miseráveis se lançam sobre os restos: cabeças de peixe, espinhas que ainda guardam algum pedaço de carne... — tudo lhes serve. Os espinhos são mastigados. Com o coração partido, observei esse espetáculo algumas vezes.

---

31. Gilliat H. Falbo, Roberto Buzzetti e Adriano Cattaneo, "Les enfants et les adolescents victimes d'homicide. Une étude cas-témoins à Recife (Brésil)", in *Bulletin de l'Organisation Mondiale de la Santé. Recueil d'articles*, n. 5 (Genebra, 2001).

32. Para qualquer contato: <demetrius.demetrio@gmail.com>.

No tempo em que Josué de Castro percorria as favelas, cerca de 200.000 pessoas viviam ao longo do leito pantanoso do Capibaribe. Depois, os migrantes rurais invadiram até mesmo a superfície da água, multiplicando as construções rudimentares sobre estacas.

Castro observou a forma surpreendente como essa população se alimentava.

O Capibaribe é um longo rio que desce da cadeia montanhosa costeira. Suas águas são turvas e turbulentas no inverno, quando, no interior, são frequentes os temporais e as tempestades de julho-agosto. Mas, durante a maior parte do ano, o rio é uma cloaca imunda na qual a população das favelas defeca e urina — um grande pântano, quase imóvel, onde caranguejos se multiplicam.

No seu romance *Les Hommes et les crabes* [*Homens e caranguejos*] (1966),[33] Castro descreve o "ciclo do caranguejo". Os homens fazem suas necessidades fora dos seus casebres, no rio. Os caranguejos, coprófagos, alimentam-se dessas dejeções, tanto como de outras imundícies depositadas no leito do rio. Depois, os ribeirinhos, com as pernas atoladas na lama até os joelhos, removem o lodo, apanham os caranguejos, comem-nos, digerem-nos e defecam.

Os caranguejos se alimentam do que os homens defecam. Os homens apanham os caranguejos e os comem... Esse é o ciclo.

---

33. Publicado pelas Éditions du Seuil (Paris). [Em português: *Homens e caranguejos*, Rio de Janeiro, Civilização Brasileira, 2001.]

3

O "PLANO FOME" DE ADOLF HITLER

Sua vitória sobre Malthus, Josué de Castro deve-a também a Adolf Hitler. Um dos capítulos talvez mais impressionantes da *Geopolítica da fome* intitula-se "Europa, campo de concentração". Cito: "Nesta Europa assim devastada pela praga nazista, arrasada pelas bombas, paralisada pelo pânico, minada pela Quinta Coluna,[1] pelo descalabro administrativo e pela corrupção, a fome se instalou generalizadamente e a quase totalidade das populações europeias acabou por viver numa espécie de campo de concentração". E mais adiante: "A Europa inteira não era outra coisa senão um grande e sombrio campo de concentração".[2]

Noutro capítulo, intitulado "A fome, herança do nazismo", Castro escreveu:

> À medida que a Alemanha invadia os diferentes países da Europa, ia aplicando a sua organizada política da fome [...]. A ideia central desta

1. A expressão "quinta coluna" surgiu durante a Guerra Civil Espanhola (1936-1939): quando o general fascista Francisco Franco (1892-1975) marchou sobre Madri com quatro colunas, o general Queipo de Lhano (1875-1951) afirmou: "A quinta coluna nos espera dentro da cidade para nos saudar". Desde então, "quinta coluna" passou a conotar aqueles que, clandestina e traiçoeiramente, por meio da sabotagem e da difusão de boatos, atuam no interior de um espaço para favorecer invasores. (N.T.)

2. *Op. cit.*, p. 341e ss.

política consistia em determinar o nível das restrições alimentares das populações europeias repartindo entre elas — conforme os objetivos políticos e militares alemães — as parcas rações que as necessidades prioritárias do *Reich*[3] deixavam disponíveis.

Como se sabe, burocratas rigorosos trabalhavam para os nazistas. Paralelamente à discriminação racial, eles instauraram uma discriminação também detalhada em matéria de alimentação. Dividiram, assim, as populações submetidas a seu jugo em quatro categorias:

- *Grupos de população "bem alimentados"*: compostos por populações que assumiam, para a máquina de guerra alemã, uma função auxiliar;
- *Grupos de população "insuficientemente alimentados"*: englobando populações que, dadas as requisições de alimentos pelos nazistas, deveriam satisfazer-se com rações diárias de mil calorias por adulto;
- *Grupos de "famintos"*: constituídos por populações que os nazistas decidiram reduzir, mantendo o acesso à alimentação abaixo do nível de sobrevivência. Faziam parte desta rubrica os guetos judeus da Polônia, da Lituânia, da Ucrânia etc., mas também os povos ciganos da Romênia e dos Balcãs;
- *Grupos destinados a serem "exterminados pela fome":* em alguns campos de extermínio, a "dieta negra" era utilizada como arma de destruição.

Adolf Hitler investiu tanta energia criminosa para esfaimar os povos europeus quanto na afirmação da superioridade racial dos alemães. Sua estratégia da fome tinha um duplo objetivo: assegurar

---

3. A palavra alemã *Reich* é geralmente empregada para designar império. O Sacro Império Romano-Germânico (denominado posteriormente "I Reich") atravessou a Idade Média e dissolveu-se no início do século XIX; após a unificação da Alemanha, ergueu-se o "II Reich" (1871-1918). Hitler pretendia instaurar o "III Reich", que, segundo a retórica nazista, perduraria por "mil anos". (N.T.)

a autossuficiência alimentar da Alemanha e subjugar as populações ao *Reich*.

Hitler esteve obcecado pelo bloqueio alimentar que os britânicos tinham imposto à Alemanha durante a Primeira Guerra Mundial. Desde que chegou ao poder, em 1933, criou um organismo (*Reichsnährstand*) para organizar a batalha do abastecimento. Uma legislação especial colocou sob o controle desse organismo todos os camponeses, todos os industriais da alimentação, todos os criadores, todos os pescadores e todos os comerciantes de cereais.

Hitler queria a guerra. Preparou-a acumulando consideráveis estoques de alimentos. Um sistema de racionamento, através de cartões, foi imposto à população alemã já antes da agressão à Polônia.[4]

Entre 1933 e 1939, o III *Reich* absorveu 40% de todas as exportações alimentares da Iugoslávia, Grécia, Bulgária, Turquia, Romênia e Hungria. Antes de 1933, a cifra jamais fora além de 15%.

Um primeiro ato de banditismo ocorreu em 1938: em 29-30 de setembro, em Munique, reuniram-se Chamberlain, Daladier, Benesch e Hitler.[5] Através da chantagem, Hitler obteve a anexação ao *Reich* dos Sudetos, sob o pretexto de que a maioria da sua população era de origem alemã.[6] Abandonada pelos ocidentais, a Tchecoslováquia ficou, assim, à mercê de Hitler. Este obrigou finalmente o governo de Praga a vender-lhe — mediante um contrato comercial — 750.000 toneladas de cereais, que ele nunca pagou...

Uma vez declarada a guerra, Hitler organizou, sistematicamente, a pilhagem dos alimentos dos países ocupados. Estes foram saqueados, suas reservas roubadas e seu gado e seu pescado postos a serviço exclusivo do *Reich*. A experiência, acumulada em sete anos,

---

4. Realizada em 1º de setembro de 1939. (N.T.)

5. Neville Chamberlain (1869-1940), primeiro-ministro inglês; Édouard Daladier (1884-1970), primeiro-ministro francês; E. Benes [Benesch] (1884-1948), dirigente da Tchecoslováquia, e Adolf Hitler (1889-1945). (N.T.)

6. Os Sudetos, região fronteiriça entre a Alemanha, a Polônia e a Tchecoslováquia, envolvia, na época, dentre 3,5 milhões de habitantes, mais de um terço de origem alemã. A anexação arrancou cerca de 30.000 km² da Tchecolosváquia. (N.T.)

do *Reichsnährstand* revelou-se preciosa. Dispondo de milhares de vagões ferroviários e de milhares de agrônomos, o organismo explorou abusivamente as economias alimentares da França, Polônia, Tchecoslováquia, Noruega, Holanda, Lituânia etc.

Robert Ley era o ministro do Trabalho do III *Reich*. O *Reichsnährstand* estava subordinado a ele. Na época, Ley declarou: "Uma raça inferior precisa de menos espaço, menos roupas e menos alimentos que a raça alemã".[7]

A pilhagem dos países ocupados, segundo os nazistas, eram "requisições de guerra".

A Polônia foi invadida em setembro de 1939. Imediatamente, Hitler anexou as planícies cerealíferas do Oeste e as submeteu à administração direta do *Reichsnährstand*. Essa região foi retirada da jurisdição do governo geral da Polônia instituído pelos nazistas e incorporada ao *Reich* sob o nome de *Wartheland*.[8] No início do inverno de 1939, camponeses e criadores do *Wartheland* foram obrigados a entregar a seus novos senhores — sem qualquer retribuição — 480.000 toneladas de trigo, 50.000 toneladas de cevada, 160.000 toneladas de centeio, mais de 100.000 toneladas de aveia e dezenas de milhares de animais (vacas, porcos, cordeiros, cabras e galinhas).

Mas a pilhagem foi igualmente eficaz na jurisdição do governo geral da Polônia. Quem a organizou foi um antigo marginal do baixo mundo de Hamburgo, chamado Frank, magistralmente descrito por Curzio Malaparte em *Kaputt*.[9] Somente durante o ano de 1940, ele roubou à Polônia colonizada — enviando tudo ao *Reich* — 100.000

---

7. Em 1943, o Congresso Judaico Mundial editou, sob a direção de Boris Schub, uma rigorosa documentação intitulada *Starvation over Europa* — da qual se extraiu esta citação. [Robert Ley (1890-1945) foi levado ao Tribunal de Nuremberg como criminoso de guerra. Suicidou-se antes do final do julgamento. (N.T.)]

8. Em função do nome do rio que a atravessa, o Warthe.

9. Curzio Malaparte, *Kaputt* (Frankfurt: Fischer Verlag, 2007, p. 182 e ss). [Italiano filho de pai alemão, Curzio Malaparte (1898-1957), cujo verdadeiro nome era Kurt Erich Sükert, foi inicialmente um entusiasta do fascismo, do qual divergiu adjetivamente mais tarde. Seus dois romances mais conhecidos têm edição brasileira: *Kaputt* (1944), Rio de Janeiro, Civilização Brasileira, 1970, e *A pele* (1949), São Paulo, Abril, 1972. (N.T.)]

toneladas de trigo, cem milhões de ovos, dez milhões de quilos de manteiga e 100.000 porcos.

A fome se instalou no *Wartheland* e em toda a Polônia.

Dois países mostraram-se particularmente previdentes: a Noruega e os Países Baixos.

A Noruega conheceu uma espantosa fome no tempo de Napoleão, devida ao bloqueio continental. Mas, agora, possuía a terceira frota mercante do mundo. O governo de Oslo comprou alimentos em toda parte. Ao longo dos fiordes do extremo Norte, armazenou em depósitos dezenas de milhares de toneladas de pescado desidratado e salgado, arroz, trigo, café, chá, açúcar e milhares de hectolitros de azeite.

Os holandeses fizeram o mesmo. Logo que os nazistas invadiram a Polônia, o governo de Haia fez, no mundo inteiro, compras de urgência e, ademais, reservou 33 milhões de galinhas e aumentou em 1,8 milhão o número de cabeças do seu rebanho suíno.

Quando as tropas nazistas irromperam na Noruega e nos Países Baixos, os funcionários do *Reichsnährstand* para lá enviados não acreditaram no que viram: tinham estabelecido seus planos de pilhagem à base de números antigos. Agora, encantados, descobriam verdadeiros tesouros. Roubaram tudo.

Os nazistas invadiram a Noruega em 1940. Três anos depois, a economista norueguesa Else Margrete Roed fez um primeiro balanço:

> Eles [os alemães] lançaram-se sobre o país como uma praga de gafanhotos e devoraram tudo o que encontraram. Não tínhamos apenas que alimentar centenas de milhares de alemães glutões — além disso, os barcos que os traziam retornavam cheios de alimentos da Noruega. A partir de então, todos os produtos, uns após outros, desapareceram do mercado: primeiro os ovos, depois a carne, a farinha de trigo, o café, o leite, o chocolate, o chá, os peixes em conserva, as frutas e os legumes e, enfim, os queijos e o leite fresco — tudo isso desapareceu com a voracidade dos alemães.[10]

---

10. Else Margrete Roed, "The food situation in Norway", *in Journal of the American Dietetic Association*, dezembro de 1943.

Nos Países Baixos e na Noruega, dezenas de milhares de pessoas morreram de fome ou das suas consequências. O *kwashiorkor*, a anemia, a tuberculose e a noma grassaram entre as crianças.

Praticamente todos os países ocupados padeceram sofrimentos semelhantes. Em vários deles, as carências de proteínas animais cresceram vertiginosamente. Para o ocupante, a quantidade de proteínas necessária para o adulto variava — conforme o país, a categoria da população e o arbítrio do *Gauleiter*[11] local — de 10 a 15 gramas por dia. O consumo de gorduras caiu assombrosamente: na Bélgica, de 30 gramas por dia e por adulto para 2,5 gramas diários.

Na hierarquia das raças elaborada em Berlim, os eslavos ocupavam o nível mais baixo da escala, apenas acima dos judeus, dos ciganos e dos negros. O racionamento alimentar foi, portanto, mais cruel no Leste da Europa. A ração cotidiana de um adulto nos países ocupados do Leste caiu rapidamente abaixo de mil calorias (recorde-se a referência de 2.200 calorias). Logo ela se igualou à dos prisioneiros dos campos de concentração. Consistia basicamente de batatas apodrecidas e pão quase sempre embolorado.

Maria Babicka conseguiu contrabandear da Polônia ocupada um informe da situação em 1943. Foi publicado no *Journal of the American Dietetic Association*. Babicka escreveu: "O povo polonês come cães, gatos e ratos, e toma sopas feitas com couros e cascas de tronco de árvores".[12]

Durante o inverno de 1942, a ração cotidiana média de um polonês adulto baixou a 800 calorias. Os edemas da fome, a tuberculose, uma incapacidade quase total para trabalhar normalmente e uma letargia progressiva, devida à anemia, martirizaram então os poloneses.[13]

---

11. *Gauleiter*: designação alemã para líder ou dirigente de cidade ou região ocupada pelos nazistas. (N.T.)

12. Maria Babicka, "The current food situation inside Poland", *in Journal of the American Dietetic Association*, abril de 1943.

13. Ibid.

A estratégia nazista para debilitar ou destruir certas populações, ou certos grupos da população, mediante a fome envolveu numerosas variantes.

O *Reichssicherheitshauptamt*, de Heinrich Himmler,[14] por exemplo, concebera um plano científico de liquidar pela fome certos grupos populacionais "indignos de viver" (*unwertes Leben*): o *Hungerplan* ("Plano Fome").[15]

Os verdugos do *Reichssicherheitshauptamt* voltaram-se preferencialmente para os judeus e os ciganos. Todas as armas eram válidas: as câmaras de gás, os fuzilamentos em massa, mas também a arma da fome.

Foi assim que os guetos judeus, hermeticamente fechados por muros e "protegidos" por cordões das *SS*, albergando às vezes milhares de pessoas, distribuídos do Báltico ao mar Negro, foram submetidos à "dieta negra" e grande parte de seus habitantes acabaram por morrer de fome.[16]

Vem-me à memória uma visita ao antigo campo de concentração de Buchenwald, na Turíngia.

Os barracões dos prisioneiros, o lazareto, a câmara de execução (tiro de um *SS* na nuca do prisioneiro, amarrado a uma cadeira); as casernas da *SS*; os dois fornos crematórios; a chamada praça de contagem dos prisioneiros (onde, diariamente, enforcavam-se presos selecionados), a casa do comandante e sua família, as chaminés, as cozinhas. As valas comuns estão situadas numa idílica colina que se sobe a pé, em trilhas através de um bosque de faias, à saída da pe-

---

14. Escritório Central de Segurança do Estado, conhecido sob a sigla de RSHA, funcionou de 1939 até o fim da guerra — envolvia sete "gabinetes", um dos quais, o IV, era o da Gestapo, a polícia secreta. Foi dirigido por Heinrich Himmler (1900-1945), que se suicidou quando estava em poder das forças britânicas. (N.T.)

15. Soencke Neitzel e Harald Weizer, "Pardon wird nicht gegeben", *in Blaetter für deutsche und internationale Politik*, n. 6, 2011.

16. Adam Hochschild, *in Harpers Magazine* (Nova York, fevereiro de 2011). [*SS*: unidades de elite, uma das mais poderosas organizações repressivas da Alemanha nazista. (N.T.)]

quena cidade de Weimar, que fica abaixo, no vale — cidade onde, noutros tempos, viveu e trabalhou até sua morte, em 1832, Johann Wolfgang Goethe.[17]

Logo à entrada do campo, depois do portão de ferro cinza, atualmente oxidado, encontra-se um grande cercado, rodeado, numa altura de três metros, por arame farpado. O guia, um jovem alemão, cidadão da RDA,[18] explicou-nos com voz neutra: "É aqui que as autoridades [ele disse *as autoridades*, e não *os nazistas*] matavam os prisioneiros pela fome [...]. O cercado foi utilizado pela primeira vez em 1940, com a chegada de oficiais poloneses".

Muitas centenas de prisioneiros poloneses foram encerrados ali. Deviam dormir por turnos, porque o espaço só comportava a multidão se ficassem em pé. Passavam as noites apertados uns contra os outros. Eram privados de qualquer alimento e só bebiam a água salobra que gotejava dos canos de ferro. Careciam de toda proteção contra as intempéries — nem capas, nem cobertores. Foram trazidos a Buchenwald em novembro e, assim, apenas seus casacos os protegiam. A neve caía sobre suas cabeças. A agonia durou por duas ou três semanas. Depois, chegou um novo grupo de oficiais poloneses.

Em torno do cercado, os *SS* montaram ninhos de metralhadoras. A fuga era impossível.

O historiador Timothy Snyder explorou os arquivos dos países do Leste Europeu após a desintegração da União Soviética (1991). Ele descreve os sofrimentos dos prisioneiros de guerra soviéticos condenados pelos nazistas à morte pela fome.[19]

---

17. Goethe (1749-1832), o gênio do classicismo alemão, viveu inicialmente em Weimar (onde desempenhou cargos públicos) entre 1775 e 1786; depois, voltou a fixar-se na cidade, onde faleceu. Sua obra maior está publicada no Brasil: *Fausto* (São Paulo: Editora 34, I-II, 2004-2007). (N.T.)

18. República Democrática Alemã, parte leste do território alemão, que desapareceu em 1990, com a reunificação decorrente do colapso do "socialismo real". (N.T.)

19. Timothy Snyder, *Bloodlands, Europe between Hitler and Stalin* (Nova York: Basic Books, 2010). [Nascido em 1969, Snyder é professor da Universidade de Yale e especialista na temática do Holocausto. Cf., supra, nota 9 - Prólogo. (N.T.)]

Os verdugos nazistas eram contadores espantosos. Cada campo, fosse de trabalhos forçados, fosse de extermínio pelo gás ou de destruição pela fome, tinha o seu *Lagerbuch* (diário do campo). Em numerosos desses diários, os *SS* relatam detalhadamente casos de canibalismo que os entusiasmavam. Viam no canibalismo praticado por jovens soviéticos que morriam de fome a prova definitiva e conclusiva da natureza bárbara do homem eslavo.

Os arquivos revelam que, num dos campos em que se exercia a destruição pela fome, milhares de prisioneiros de guerra ucranianos, russos, lituanos e poloneses assinaram uma petição que enviaram ao comandante da *SS*.

Pediam para ser fuzilados.

A cegueira do alto-comando aliado, ao longo de toda a guerra, em face dessa estratégia nazista de controle e de destruição, mediante a fome, de populações de países ocupados deixa-me assombrado.

Em Buchenwald, o que me chocou foi a única ferrovia, esses trilhos cobertos por ervas e flores silvestres que, de forma quase bucólica, serpenteiam através da bela e atrativa paisagem da Turíngia. Nenhum bombardeiro americano, inglês ou francês jamais a destruiu. Os trens cheios de deportados continuaram — muito normalmente — a chegar ao pé da colina.

Alguns de meus amigos visitaram Auschwitz. Todos guardaram a mesma revolta no coração, o mesmo sentimento de incompreensão: a única ferrovia que abastecia cotidianamente — e até o começo de 1945 — essa fábrica de morte permaneceu perfeitamente intacta.

No outono de 1944, os exércitos aliados libertaram o Sul dos Países Baixos. Em seguida, rumaram para o leste e penetraram na Alemanha, deixando todo o Norte da Holanda — notadamente as cidades de Roterdã, Haia e Amsterdã — sob o garrote da *Gestapo*. Ali, os resistentes foram presos aos milhares. A fome devastava as famílias. O sistema ferroviário nacional estava paralisado. O inverno se anunciava. Quase nenhum alimento chegava dos campos às cidades.

Max Nord, no catálogo da exposição fotográfica *Amsterdã durante o inverno e a fome*, escreveu: "A parte ocidental da Holanda vivia num amargo desespero, na maior miséria, sem alimento e sem carvão [...]. Faltava madeira para fazer caixões e longas filas de cadáveres se amontoavam nas igrejas [...]. As forças aliadas marchavam para a Alemanha sem se importar conosco".[20]

Durante a Segunda Guerra Mundial, também Stalin destacou-se destruindo pela fome.

Adam Hochschild cita, a título de exemplo, aquela noite gelada de fevereiro de 1940, quando a polícia secreta soviética prendeu 139.794 poloneses. Tratava-se de famílias inteiras, pela seguinte razão: as tropas de ocupação soviéticas no Leste da Polônia permitiam aos soldados e oficiais poloneses presos manter correspondência com seus familiares — e, assim, a polícia secreta conheceu o endereço das famílias. No curso daquela noite de fevereiro de 1940, os assassinos da NKVD[21] prenderam filhos, mulheres e pais dos prisioneiros para deportá-los. Em vagões de gado, enviaram-nos à Sibéria. Como os campos do *Gulag*[22] já estavam superlotados, a polícia decidiu "libertar" essa multidão de famílias abandonando-as ao longo da ferrovia — sem alimento, sem água, sem abrigos. "Ao longo da ferrovia do Extremo Oriente soviético ao Pacífico, foram dispersados grupos humanos que morreram de fome."[23]

---

20. Max Nord, *Amsterdam tijdens den Hongerwinter* (Amsterdã, 1947). [O holandês Max Nord (1916-2008) foi poeta e jornalista e participou da resistência ao nazismo. (N.T.)]

21. A NKVD foi criada em 1934, incorporando a anterior polícia política (GPU) e substituída, em 1954, pela KGB, que existiu até 1991. (N.T.)

22. Gulag é a sigla que, em russo, designa a Administração dos Campos de Trabalho Educativo — órgão do sistema repressivo que, oficialmente, existiu entre 1930 e 1960; de fato, funcionou especialmente, assim como os "campos de reeducação" que lhe eram subordinados, entre finais da década de 1930 e a primeira metade dos anos 1950. (N.T.)

23. Cf. Adam Hochschild, artigo citado.

4

Uma luz na noite: as Nações Unidas

Na Europa, o calvário da fome não se encerrou com a capitulação do III *Reich*, em 8 de maio de 1945. A agricultura estava devastada, a economia em ruínas, a infraestrutura destruída. Em muitos países, continuava-se a padecer de fome, de má nutrição, das doenças causadas pela falta de alimento e favorecidas pelo colapso do sistema imunitário das populações.

Josué de Castro observa, a esse respeito:

> Um dos maiores problemas do pós-guerra foi o de oferecer alimentos a esta Europa dilacerada e abatida por seis anos de combates. Diversos fatores provocaram uma queda sensível na produção de alimentos e constituíam enormes obstáculos para a sua recuperação. Entre os fatores deste colapso da produção alimentar europeia estava, em primeiro lugar, a diminuição da produtividade da terra pela falta de insumos e fertilizantes, a redução das superfícies cultivadas, a relativa carência de mão de obra agrícola e a insuficiência de instrumentos e máquinas agrícolas. A ação geralmente conjugada destes fatores determinou, na produção agrícola, uma redução de 40% em relação aos níveis de pré-guerra. E esta redução foi tanto mais grave para o equilíbrio da economia alimentar europeia porquanto, apesar das

enormes perdas de vidas humanas provocadas pelo conflito, a população do continente crescera no período.[1]

A propósito da França, Castro escreve:

> O caso francês oferece um exemplo típico. A guerra, a ocupação e a Libertação fomentaram condições extremamente desfavoráveis para o abastecimento, a ponto de a França, bem depois da Libertação, continuar vitimada pela fome e dessangrada pela organização nefasta do mercado negro. [...] Sua recuperação agrícola chocou-se com sérios obstáculos, entre os quais se deve citar o deplorável estado em que se encontravam as suas terras cultiváveis e a sua maquinaria agrícola.[2]

Um dos problemas mais difíceis de serem solucionados, afetando diretamente a produção de alimentos, foi a falta de fertilizantes. Na França, a quantidade de fertilizantes minerais disponíveis alcançava 4.000.000 de toneladas em 1939; em 1945, caíra a 250.000 toneladas.

Outro problema consistiu na falta de mão de obra agrícola. Mais de 100.000 agricultores franceses abandonaram a terra entre 1939 e 1945 — seja porque sua propriedade foi destruída, seja porque o ocupante os arruinou financeiramente. E, durante a guerra, 400.000 agricultores foram aprisionados e 50.000 assassinados.

A recuperação foi lenta e dolorosa.[3]

Castro escreve:

> A terrível queda da produção e a falta absoluta de meios financeiros para comprar no exterior os alimentos de que necessitava obrigaram a França a suportar longos anos de penúria alimentar no pós-guerra.

---

1. Josué de Castro, *Géopolitique de la faim*, ed. cit., p. 350.

2. Ibid., p. 359.

3. Cf. o belo livro de Edgar Pisani, *Le vieil homme et la terre* (Paris: Seuil, 2004), e do mesmo autor, *Vive la révolte!* (Paris: Seuil, 2006). [Nascido em Túnis, em 1918, Pisani participou da Resistência Francesa e, gaullista de esquerda, ocupou cargos ministeriais. (N.T.)]

Foi apenas com a ajuda do Plano Marshall que ela pôde escapar lentamente desta asfixia econômica e que o seu povo esteve em condições de gradualmente regressar a um regime alimentar mais suportável.[4]

Os sofrimentos, as privações, a subalimentação e a fome experimentados pelos europeus durante os anos sombrios da ocupação nazista tornaram-nos mais receptivos às análises de Josué de Castro. Rejeitando a ideologia malthusiana da lei da necessidade, eles convictamente se engajaram, então, na campanha contra a fome e na construção de organizações internacionais encarregadas de conduzir esse combate.

O destino pessoal de Josué de Castro e sua luta contra a fome estão intimamente ligados às Nações Unidas.

Hoje, a ONU é um dinossauro burocrático, dirigido por um sul-coreano passivo e incolor,[5] incapaz de responder às necessidades, às expectativas e às esperanças dos povos. A organização, atualmente, não desperta nenhum entusiasmo popular. Mas não foi assim na sua criação, ao fim da guerra.

O comovedor nome de *Nações Unidas* surgiu pela primeira vez em 1941. E estava ligado à luta contra a fome.

Em 14 de agosto de 1941, o primeiro-ministro britânico, Winston Churchill, e o presidente norte-americano, Franklin D. Roosevelt, reuniram-se a bordo do encouraçado *USS-Augusta*, no Atlântico, ao largo da Terra Nova.[6] Roosevelt foi o inspirador do projeto.

Já antes, em 6 de janeiro do mesmo ano, Roosevelt, no seu "Discurso das quatro liberdades", enunciara aquelas cuja realização ele

---

4. Josué de Castro, op. cit., p. 361. [O Plano Marshall — atribuído a George Marshall (1880-1959), militar e secretário de Estado norte-americano que o anunciou —, implementado a partir de 1947, constituiu um importante instrumento de recuperação do capitalismo europeu, promovido pelos Estados Unidos, que o financiaram. (N.T.)]

5. O autor refere-se a Ban Ki-moon (diplomata sul-coreano nascido em 1944), desde 2007 o oitavo e atual secretário-geral da Organização das Nações Unidas. (N.T.)

6. Franklin D. Roosevelt (1882-1945), presidente democrata dos Estados Unidos (1933-1945) e Winston Churchill (1874-1965), líder conservador inglês, foram os governantes ocidentais que conduziram o combate contra o nazi-fascismo. (N.T.)

perseguia, segundo as suas próprias palavras: as liberdades de expressão, de culto, de viver ao abrigo da necessidade (*freedom from want*) e livre do medo (*freedom from fear*).[7]

Essas quatro liberdades estão no fundamento da *Carta do Atlântico*.[8] Releiamos os seus artigos 4º e 6º:

> Eles [nossos países] se esforçarão, respeitando as obrigações que lhes competem, para favorecer o acesso de todos os Estados, grandes ou pequenos, vencedores ou vencidos, e em condições de igualdade, aos mercados mundiais e às matérias-primas necessárias à sua prosperidade econômica [...]. Após a aniquilação final da tirania nazista, esperam [nossos países] que se instaure uma paz que permita a todos os países se desenvolverem em segurança no interior de suas fronteiras e que garanta que, em todos os países, os homens possam viver ao abrigo do medo e da necessidade.

A fome martirizava, então, as populações dos territórios ocupados e envolvidos na guerra. Uma vez alcançada a vitória militar, era evidente — aos olhos de Churchill e de Roosevelt — que as Nações Unidas deveriam mobilizar, prioritariamente, todos os seus recursos e todos os seus esforços no combate pela erradicação da fome.

O canadense John Boyd Orr, presente no *USS-Augusta*, escreveu:

> Quando as potências do Eixo estiverem completamente derrotadas, as Nações Unidas terão o controle do mundo. Mas será um mundo em ruínas. Em muitos países, as estruturas políticas, econômicas e sociais estão totalmente destruídas. Mesmo nos países menos afetados pela guerra, tais estruturas estão gravemente vulnerabilizadas. É evidente que será necessário reconstruir este mundo. [...] Essa tarefa só será levada a cabo se as nações livres, que se uniram diante do

---

7. Essas quatro liberdades já estavam no coração do programa — o *New Deal* — com o qual se elegera presidente pela primeira vez, em 1932.

8. Este documento, que precedeu a criação da ONU, resultou do encontro entre Roosevelt e Churchill referido pelo autor. (N.T.)

perigo da dominação do mundo pelos nazistas, se esforçarem para permanecer unidas a fim de cooperar na construção de um mundo novo e melhor.[9]

Alguns meses antes de sua morte, Franklin D. Roosevelt reafirmou magnificamente as decisões tomadas no encouraçado *USS-Augusta*:

> *We have come to a clear realization of the fact that true individual freedom cannot exist without economic security and independence. Necessitous men are not free men. People who are hungry and out of a job are the stuff of wich dictatorships are made. In our day these economic truths have become accepted as self-evident. We have accepted, so to speak, a second Bill of Rights under which a new basis of security and prosperity can be established for all — regardless of station, race or creed.*[10]

A campanha mundial contra a fome, inspirada em grande parte pela obra científica e pelo incansável combate militante de Josué de Castro e seus companheiros, foi conduzida com essa energia e com essa esperança.

Dois limites inerentes a esse projeto extraordinário devem ser mencionados aqui.

O primeiro concerne à organização política do mundo naquela época: as Nações Unidas de que falamos, na década de 1940, eram em sua imensa maioria ocidentais e brancas.

Ao fim da Segunda Guerra Mundial, dois terços do planeta viviam sob o jugo colonial. Apenas 43 nações participaram da sessão

---

9. John Boyd Orr, *The Role of Food in Postwar Reconstruction* (Montréal: Bureau International du Travail, 1943).

10. "Nenhuma liberdade individual verdadeira poderá existir sem segurança e independência econômicas. Os homens que são escravos da necessidade não são homens livres. Os povos famintos e sem trabalho são a matéria de que se fazem as ditaduras. Em nossos dias, estas verdades são aceitas como evidentes. Há a necessidade de uma segunda *Declaração dos direitos humanos*, em função da qual serão refundadas a segurança e a prosperidade para todos. Independentemente da sua classe, da sua raça e da sua crença". Franklin D. Roosevelt, discurso de 11 de janeiro de 1944 ao Congresso norte-americano.

fundadora das Nações Unidas em São Francisco, em junho de 1945. Para nela ser admitido então, era necessário que o governo interessado tivesse declarado a guerra ao Eixo antes de 8 de maio de 1945. E quando da Assembleia Geral da ONU em Paris, que em 10 de dezembro de 1948 adotou a *Declaração Universal dos Direitos do Homem*, estiveram representadas, como já observamos, apenas 64 nações.

O segundo limite resulta de uma contradição que a ONU carrega em seu interior desde a sua criação: sua legitimidade reside na livre adesão das nações aos princípios da sua *Carta*, expressa no preâmbulo: "Nós, os povos das Nações Unidas...". Mas a própria organização é uma organização de Estados, não de nações. Seu executivo é o Conselho de Segurança, composto (atualmente) por 15 Estados; a Assembleia Geral, composta (atualmente) por 193 Estados, constitui o seu parlamento.

O Conselho Econômico e Social supervisiona as organizações especializadas (FAO, OMS, OIT, OMM etc.) — é composto por embaixadores e embaixadoras, ou seja, de representantes dos Estados. Encarregado do controle da aplicação da *Declaração Universal dos Direitos do Homem*, o Conselho dos Direitos do Homem reúne 47 Estados.

Ora, como todo mundo sabe, as convicções morais, o entusiasmo, o espírito de justiça e de solidariedade não são próprios do Estado. Este tem a sua primeira motivação na razão de mesmo nome — a razão de Estado.

Esses limites continuam atualmente a produzir seus efeitos.

Contudo, é também certo que um formidável despertar da consciência ocidental se produziu imediatamente depois da guerra e rompeu o tabu da fome.

Os povos que suportaram a fome já não aceitavam a doxa da fatalidade. A fome, sabiam-no bem, fora uma arma utilizada pelo ocupante para submetê-los e destruí-los. Tinham feito a experiência. Resolutamente, engajavam-se agora na luta contra o flagelo, seguindo os passos de Josué de Castro e seus companheiros.

5

Josué de Castro, segunda época. Um caixão muito incômodo

No Brasil, João Goulart, eleito vice-presidente da República pelo Partido Trabalhista Brasileiro (PTB) em 1960, assumiu a presidência em setembro de 1961. Comprometeu-se logo com a implementação de uma série de reformas — e, prioritariamente, com a reforma agrária.

Ele nomeou Josué de Castro embaixador junto à sede europeia das Nações Unidas, em Genebra. Foi aí que o conheci.

À primeira vista, Castro apresentava todos os traços do burguês de Pernambuco, inclusive na elegância discreta de seus ternos. Por trás de seus óculos de lentes finas, brilhava um sorriso irônico. Tinha a voz suave. Era afetuoso e muito simpático, mas reservado. A retidão moral dirigia todos os seus atos.

Castro demonstrou-se um chefe de missão eficaz e consciencioso, mas pouco inclinado às mundanidades diplomáticas. Suas duas filhas, Ana Maria e Sônia, e seu filho, Josué, frequentavam a escola pública de Genebra.

Sua nomeação para a Suíça certamente lhe salvou a vida.

De fato, na sequência do 1º de abril de 1964, quando o general Castelo Branco, teleguiado pelo Pentágono, destruiu a democracia brasileira, a primeira lista de "inimigos da pátria" divulgada pelos golpistas no dia 9[1] era encabeçada pelos nomes de João Goulart, Leonel Brizola,[2] Francisco Julião, Miguel Arraes e Josué de Castro.

Na manhã de 1º de abril, o palácio do Governo de Pernambuco, em Recife, foi sitiado pelos paraquedistas. Miguel Arraes já se encontrava trabalhando. Foi sequestrado e por algum tempo desconheceu-se seu paradeiro — uma enorme vaga de solidariedade internacional obrigou seus verdugos a liberá-lo. Como Castro e Julião, Arraes se tornara, em toda a América Latina, um símbolo da luta contra a fome.

Seguiram-se 15 anos de exílio, primeiro na França, depois na Argélia. Revi Arraes em 1987. Desde o fim da ditadura, ele voltara, eleito pelo povo, ao governo de Pernambuco. Retomou o trabalho que seus inimigos quiseram interromper. Com sua voz rouca, quase inaudível, disse-me: "Reencontrei todos os velhos problemas... multiplicados por dez".

Quanto a Francisco Julião, entrou na clandestinidade na própria manhã do golpe. Denunciado, foi preso em Petrolina, na fronteira entre Pernambuco e a Bahia. Duramente torturado, sobreviveu e foi libertado. Morreu no exílio, no México.[3]

De 1964 a 1985, essa bárbara ditadura militar, cínica e eficiente, arrasou o Brasil. Uma sucessão de generais e marechais, sanguinários

---

1. A lista de "inimigos da pátria" era parte do primeiro dos "Atos Institucionais" da ditadura; este foi assinado pela "junta militar" (general de exército Artur da Costa e Silva, tenente-brigadeiro F. A. Corrêa de Melo e vice-almirante Augusto H. Rademaker Grunewald), que logo cederia o governo ao general Castelo Branco, "eleito" (indiretamente) por um Congresso mutilado e amordaçado para a Presidência da República. (N.T.)

2. Leonel Brizola era casado com a irmã de João Goulart. Também dirigente do PTB, fora governador do Rio Grande do Sul e, por ocasião do golpe, exercia o mandato de deputado federal.

3. Brizola e Goulart conseguiram escapar à prisão, asilando-se no Uruguai. [Sobre Arraes e Julião, cf., supra, a nota 19 - Segunda Parte, Cap. 2. João Goulart, líder trabalhista conhecido por Jango e de larga folha de serviços prestados ao povo brasileiro, faleceu (1976) no exílio uruguaio, aos 57 anos de idade. Seu cunhado, Leonel Brizola (1922-2004), outro combativo líder trabalhista de projeção nacional, retornou do exílio com a anistia (1979) e foi eleito, por duas vezes, governador do estado do Rio de Janeiro. (N.T.)]

e estúpidos — uns mais que outros —, governaram um povo maravilhoso e rebelde.

No Rio de Janeiro, os torturadores dos serviços secretos da força aérea atuavam na cidade, na base aérea do Galeão. Os dos serviços secretos da Marinha, operando no subsolo do estado-maior da arma — um grande prédio branco situado a poucas centenas de metros da praça 15 de Novembro e da Universidade Cândido Mendes —, martirizavam estudantes, professores e sindicalistas.

À noite, comandos militares trajados como civis, munidos de listas de suspeitos, circulavam pelos bairros do Flamengo, Botafogo e Copacabana, e também nos imensos e miseráveis bairros da zona norte, onde se situavam quarteirões operários e o mar de casebres das favelas.

Mas da foz do Amazonas à fronteira com o Uruguai, a resistência permanecia ativa.

As Ligas Camponesas, os sindicatos agrícolas e industriais, os partidos e os movimentos de esquerda foram, porém, destruídos pelos serviços secretos e pelos comandos da ditadura. Apenas subsistiram no combate clandestino pequenos grupos de resistência armada, como a *VAR-Palmares*, de que fazia parte a atual presidente do Brasil, Dilma Rousseff.[4]

Catorze países ofereceram-se a Josué de Castro para acolhê-lo. Ele optou pela França.

Em Paris, foi um dos fundadores do Centro Universitário Experimental de Vincennes, hoje a Universidade de Paris-VIII, em Saint-Denis. Ali, lecionou desde o outono de 1969.

Não reduziu sua atividade internacional. Apesar das pressões dos generais no poder em Brasília, as Nações Unidas continuaram a lhe oferecer sua tribuna.

---

4. Dilma Rousseff foi presa, torturada por semanas pelos agentes do Departamento de Ordem Política e Social (DOPS) e não denunciou nenhum de seus companheiros. Vanguarda Armada Revolucionária-Palmares (VAR-Palmares) — a denominação homenageia Palmares, um quilombo (república de escravos fugitivos) que existiu, no século XVIII, na serra da Barriga, região que hoje faz parte do estado de Alagoas.

Em 1972, Castro pronunciou o discurso inaugural da Primeira Conferência Mundial sobre o Meio Ambiente Natural, em Estocolmo. Suas teses sobre a agricultura familiar de víveres, a serviço exclusivo das necessidades da população, inspiraram fortemente a resolução final e o plano de ação deste pioneiro evento da ONU sobre o meio ambiente.

Josué de Castro morreu, vítima de uma parada cardíaca, em seu apartamento em Paris, na manhã de 24 de setembro de 1973, aos 65 anos de idade. A cerimônia fúnebre foi realizada na igreja da Madeleine.

Seus filhos negociaram — com enorme dificuldade — o retorno do corpo de seu pai às terras brasileiras. Quando o avião pousou no aeroporto de Guararapes, em Recife, uma imensa multidão o esperava nas imediações.

Mas ninguém pôde acercar-se do caixão. O aeroporto e seus arredores foram isolados por milhares de policiais, paraquedistas e soldados.

Tamanha era a ressonância do morto no coração dos brasileiros que os ditadores temiam seu caixão como se fosse uma peste.

Josué de Castro repousa, hoje, no cemitério de São João Batista, no Rio de Janeiro.

André Breton escreveu: "Tudo indica que existe um certo ponto do espírito no qual a vida e a morte, o real e o imaginário, o passado e o futuro, o comunicável e o incomunicável deixam de ser percebidos como contraditórios".[5]

A vida de Josué de Castro confirma essa hipótese.

Católico desde a infância, não era um praticante — mas era um crente. Um crente para além de dogmas.

---

5. André Breton (1896-1966), líder do surrealismo francês e homem de esquerda, tem publicados em português: *Poemas* (Lisboa: Assírio & Alvim, 1994), *Manifestos do surrealismo* (Rio de Janeiro: Nau, 2001), *O amor louco* (Lisboa: Estampa, 2006) e *Nadja* (São Paulo: Cosac Naify, 2007). (N.T.)

Uma relação tensa, mas mutuamente respeitosa, ligava Josué de Castro a Gilberto Freyre, senhor da "Casa Amarela",[6] autor do célebre *Casa-grande e senzala*.[7] Freyre, um conservador, encontrou algo de bom na ditadura... pelo menos até o Ato Institucional n. 5, baixado em dezembro de 1968, que suprimiu inteiramente os últimos resquícios de liberdades democráticas.

Freyre era o protetor de um dos mais reputados terreiros de umbanda do Recife, o "Terreiro do seu Antônio", no bairro do Galo.[8] A umbanda é um culto bastardo: mistura mitos, ritos e procissões herdados do candomblé nagô-ioruba com tradições espíritas de inspiração kardecista.[9]

Sociólogo apaixonado, Castro partilhava inteiramente do ponto de vista de Roger Bastide, segundo o qual cabe ao sociólogo "explorar todas as formas que os homens têm de ser homens". Ora, os cultos importados da África, que resistiram no período da escravatura, como a umbanda e o candomblé, eram objeto de grande desprezo (racista) por parte das classes dirigentes brancas. Castro se interessava intensamente pelas cosmogonias e pelos cultos populares. Guiado por Freyre, frequentou com assiduidade o terreiro do Galo.

Conheci esse terreiro no início dos anos 1970, graças a Roger Bastide.[10] A noite tropical enchia-se de todos os odores da terra. O som

---

6. Nome de sua casa no Recife.

7. Publicado em francês (Paris: Gallimard, 1963) sob o título *Maîtres et Esclaves*, em tradução de Roger Bastide e prefácio de Lucien Febvre. [Este clássico da bibliografia brasileira — uma edição recente, a 51ª, é de 2006, da Editora Global, São Paulo — foi publicado por Gilberto Freyre (1900-1987) em 1933. (N.T.)]

8. Trata-se, na verdade, do bairro São José, conhecido por "Galo" por sediar o famoso "Galo da madrugada", classificado pelo *Guiness* como "o maior bloco de carnaval do mundo". (N.T.)

9. Referência a Allan Kardec, fundador, na França, de uma escola espírita que chegou ao Brasil no século XIX. [Há fontes que asseguram que, atualmente, é no Brasil que mais se encontram seguidores de Allan Kardec — na verdade, H. L. Denizard Rivail, 1804-1869. (N.T.)]

10. Jean Ziegler, *Les Vivants et la Mort* (Paris: Seuil, 1975, e Points, 1978 e 2004). [Roger Bastide (1898-1974), cientista social francês, veio para o Brasil em 1938 para lecionar na nas-

distante dos tambores parecia um trovão sufocado no céu. Tivemos que caminhar muito, no enorme bairro do Galo, por pequenas ruas sem iluminação, agitadas por sombras.

O homem que cuidava do portão reconheceu Bastide. Chamou "seu" Antônio. Bastide trocou algumas palavras com ele. E eu pude entrar.

Diante do altar, mulheres e jovens negras, vestidas de branco, giravam interminavelmente em sua ronda obsessiva, até que um transe as tomasse e, no silêncio dos assistentes, ressoasse a voz de Xangô. O universo da umbanda exsuda mistérios, acasos estranhos, coincidências.

Será que podemos ver alguns de seus sinais no que se segue?

Em 17-18 de janeiro de 2009, a Universidade de Paris VIII celebrou seus quarenta anos de existência. A Universidade de Vincennes, em Saint-Denis, é, sem dúvida, depois da Sorbonne, a universidade francesa mais conhecida no exterior e a mais prestigiada nos países do Sul. Como disse seu reitor, Pascal Binczak, é uma "universidade-mundo". Nascida da revolta de maio de 1968, que encarnava o espírito de abertura e de crítica radical do movimento estudantil, Paris VIII, desde a sua fundação, outorgou mais de dois mil títulos de doutorado, metade dos quais a homens e mulheres procedentes da América Latina, da África e da Ásia. Nela estudaram ou ensinaram Álvaro García Linera, atual vice-presidente da Bolívia; Marco Aurélio Garcia, conselheiro de política externa da Presidência do Brasil; Fernando Henrique Cardoso, ex-presidente do Brasil, e sua mulher, Ruth Cardoso.

Paris VIII decidira celebrar seu quadragésimo aniversário com um colóquio internacional dedicado a Josué de Castro e à passagem do seu centenário de nascimento. Fui convidado a fazer uso da palavra e também recebi — por proposta de Alain Bué e sua colega Françoise Plet — um doutorado *honoris causa*.

---

cente Universidade de São Paulo, substituindo C. Lévi-Strauss (1908-2009). Permaneceu décadas em nosso país, formando gerações de pesquisadores — Florestan Fernandes, por exemplo. (N.T.)]

E mais: foi Olivier Bétourné, então jovem editor das Éditions du Seuil, que assegurou, no início dos anos 1980, a reedição francesa de *Géographie de la Faim*. Pois bem: precisamente Olivier Bétourné, hoje presidente das Éditions du Seuil, foi quem teve a ideia do livro que o leitor tem em mãos. Para reativar o combate.

TERCEIRA PARTE

Os inimigos do direito à alimentação

1

Os cruzados do neoliberalismo

Para os Estados Unidos e suas organizações mercenárias — a Organização Mundial do Comércio (OMC), o Fundo Monetário Internacional (FMI) e o Banco Mundial (BM) —, o direito à alimentação é uma aberração. Para eles, direitos humanos são apenas os civis e os políticos.

Atrás da OMC, do FMI e do BM, perfilam-se o governo de Washington e seus aliados tradicionais — em primeiro lugar, as gigantescas sociedades transcontinentais privadas. O controle crescente que essas sociedades exercem sobre vários setores da produção e do comércio alimentares tem, obviamente, repercussões consideráveis no exercício do direito à alimentação.

Atualmente, as duzentas maiores sociedades do ramo agroalimentar controlam cerca de um quarto dos recursos produtivos mundiais. Tais sociedades realizam lucros geralmente astronômicos e dispõem de recursos financeiros bem superiores aos dos governos da maioria dos países onde elas operam.[1] Exercem um monopólio de fato sobre o conjunto da cadeia alimentar, da produção à distribuição varejista, passando pela transformação e a comercialização

1. Andrew Clapham, *Human Rights Obligations of Non-State Actors* (Oxford: Oxford University Press, 2006).

dos produtos, do que resulta a restrição das escolhas de agricultores e consumidores.

Desde a publicação do livro de Dan Morgan, *Merchants of Grain*, que se tornou um clássico, a mídia norte-americana utiliza correntemente a expressão "mercadores de grãos" para designar as principais sociedades transcontinentais agroalimentares.[2] A expressão é inadequada: os gigantes do negócio agroalimentar controlam não apenas a formação dos preços e o comércio dos alimentos, mas também os setores essenciais da agroindústria, notadamente as sementes, os adubos, os pesticidas, a estocagem, os transportes etc.

Apenas dez sociedades — entre as quais a Aventis, a Monsanto, a Pioneer e a Syngenta — controlam um terço do mercado mundial de sementes, cujo volume é estimado em 23 bilhões de dólares por ano, e 80% do mercado mundial de pesticidas, estimado em 28 bilhões de dólares.[3] Dez outras sociedades, entre as quais a Cargill, controlam 57% das vendas dos 30 maiores varejistas do mundo e representam 37% das receitas das 100 maiores sociedades fabricantes de produtos alimentícios e de bebidas.[4] E seis empresas controlam 77% do mercado de adubos: Bayer, Syngenta, BASF, Cargill, DuPont e Monsanto.

Em alguns setores da transformação e da comercialização de produtos agrícolas, mais de 80% do comércio de um determinado produto se encontram nas mãos de uns poucos oligopólios. Como informa Denis Horman, "seis sociedades concentram cerca de 85% do comércio mundial de cereais; oito dividem cerca de 60% das vendas mundiais de café; três controlam mais de 80% das vendas

---

2. Dan Morgan, *Merchants of Grain. The Power and Profits for the Five Giant Companies at the Center of the World's Food Supply* (Nova York: Viking Press, 1979).

3. Dados referentes ao ano de 2010.

4. Essas análises foram extraídas de meu relatório ao Conselho dos Direitos Humanos, intitulado: "Promotion et protection de tous les droits de l'homme, civils, politiques, économiques, sociaux et culturels, y compris le droit au développement", Rapport du Rapporteur spécial sur le droit à l'alimentation, Jean Ziegler, A/HRC/7/5.

mundiais de cacau e três dividem entre si 80% do comércio mundial de bananas".[5]

Os mesmos senhores oligarcas controlam o essencial do transporte, dos seguros e da distribuição dos bens alimentares. Nas bolsas das matérias-primas agrícolas, os seus operadores fixam os preços dos principais alimentos.

Doan Bui constata: "Das sementes aos insumos, da estocagem à transformação e à distribuição final [...], eles ditam a lei para milhões de camponeses do nosso planeta, sejam agricultores na Beauce ou pequenos proprietários no Punjab. Essas empresas controlam a alimentação do mundo."[6]

Em seu livro pioneiro, publicado há cinquenta anos, *Modern Commodity, Futures Trading*, Gerald Gold[7] usou, para designar essas empresas, conforme os setores de atividade examinados, as palavras "cartel" ou "monopólio". Atualmente, as Nações Unidas falam de "oligopólios" para melhor caracterizar o funcionamento dos mercados em que um número muito pequeno (*oligo*, em grego) de ofertantes (vendedores) se contrapõe a um grande número de demandantes (compradores).

Sobre os polvos da agroindústria, João Pedro Stédile afirma: "O seu objetivo não é produzir alimentos, mas mercadorias para ganhar dinheiro".[8]

---

5. Denis Horman, "Pouvoir et estratégie des multinationales de l'agroalimentaire", *in* Gresea (Groupe de Recherche pour une Stratégie Économique Alternative), <http://www.gresea.be/EP_06-DH_Agrobusiness_STN.html//_ed, 2006>.

6. Doan Bui, *Les Affameurs. Voyage au coeur de la planète faim* (Paris: Éditions Privé, 2009, p. 13).

7. Publicado pela primeira vez em 1959, em Nova York, graças aos esforços do Commodity Research Bureau. Esse organismo, criado em 1934, pesquisa o movimento dos preços, da produção, da distribuição e do consumo de matérias-primas agrícolas.

8. João Pedro Stédile e Coline Serreau, *Solutions locales pour un désordre global* (Arles: Actes Sud, 2010). Stédile é um dos principais dirigentes do Movimento dos Trabalhadores Rurais Sem Terra (MST) do Brasil; cf. igualmente Jamil Chade, *O mundo não é plano. A tragédia silenciosa de 1 bilhão de famintos* (São Paulo: Saraiva, 2010).

* * *

Examinemos mais de perto o exemplo paradigmático da Cargill.

A Cargill está presente em 66 países, com 1.100 sucursais e 131.000 empregados. Em 2007, a empresa operou negócios envolvendo 88 bilhões de dólares e obteve um lucro líquido de 2,4 bilhões — lucro líquido 55% maior que o do ano anterior. Em 2008, ano da grande crise alimentar mundial, a Cargill operou negócios na casa de 120 bilhões de dólares, com um lucro líquido de 3,6 bilhões.

Fundada em Minneapolis em 1865, a Cargill é hoje o mais poderoso comerciante de grãos do mundo. A empresa possui milhares de silos e milhares de instalações portuárias, ligadas por uma frota mercante própria. Ela lidera, no mundo, o processamento e a transformação de oleaginosas, de milho e de trigo.

A Cargill é uma das empresas mais cuidadosamente observadas pelas ONGs, especialmente as norte-americanas. Aqui, vou referir-me à pesquisa da ONG Food and Water Watch: "*Cargill, a threat to food and farming* [*Cargill, uma ameaça à alimentação e ao campesinato*]".[9]

Graças notadamente à sua companhia Mozaïc, a Cargill é — entre outras — o maior produtor de adubos minerais do mundo. Em razão do seu quase monopólio, essa companhia operou para aumentar consideravelmente os preços em 2009: os dos adubos à base de nitroglicerina, por exemplo, subiram mais de 34% e os dos adubos à base de fosfato e potássio duplicaram.

Em 2007 (últimos dados disponíveis), a Cargill era, no mundo, o mais poderoso *meat packer* (comerciante de carne), o segundo maior proprietário de *feed lots* (estabelecimentos de pecuária vacum intensiva),[10] o segundo maior *pork packer* (comerciante de carne

---

9. *Food and Water Watch*, Washington, D.C., 2009. Evidentemente, a Cargill rechaça todas as imputações que lhe são feitas nesse relatório.

10. Os *feed lots* americanos da Cargill podem abrigar, somente eles, até 700.000 cabeças de gado (dado de 2010).

suína), o terceiro maior produtor de peru e o segundo maior produtor de alimentos para animais. Do Brasil ao Canadá, passando pelos Estados Unidos, a Cargill possui numerosos matadouros — com três outras empresas, controla 80% dos abatedouros dos Estados Unidos.

No que toca a seu processamento da carne, a Food and Water Watch constata:

> Entre as práticas duvidosas das quais a Cargill é acusada, inclui-se a injeção de monóxido de carbono nas embalagens da carne, para que esta conserve sua cor vermelha mesmo depois que esteja ultrapassada a data-limite para o seu consumo. Essa operação impede, pretensamente, o desenvolvimento da bactéria *E. Coli* (ainda que não haja provas de que a operação possa inibir o crescimento da bactéria). O procedimento frauda o consumidor, que não pode confiar no aspecto visual da carne para determinar se é fresca ou não.

De acordo com a mesma pesquisa, a Cargill também utilizaria o muito controverso método de irradiação nos alimentos para matar as bactérias — método que poderia, segundo alguns especialistas, ser muito perigoso para a saúde.

A Food and Water Watch verifica, ainda: "Entre janeiro de 2006 e junho de 2008, o preço do arroz triplicou, os do milho e da soja aumentaram mais de 150% e o do trigo duplicou". Graças às suas instalações portuárias, a Cargill tem condições para armazenar enormes quantidades de milho, trigo, soja e arroz — e esperar pela elevação dos preços. Num movimento inverso, graças à frota dos seus navios e a seus aviões de carga, a Cargill pode entregar a sua mercadoria em tempo recorde.

A Cargill é um dos mais poderosos comerciantes mundiais de algodão. Sua principal fonte fornecedora é a Ásia Central — mais precisamente, o Uzbequistão. A Cargill/Grã-Bretanha mantém um departamento de compras em Tachkent que, anualmente, adquire uma cota de algodão que varia entre 50 e 60 milhões de dólares. Pois bem: o State Department de Washington (*Human Rights Report*, 2008) denuncia naquele país a exploração do trabalho infantil: em 2007, 250.000 crianças foram obrigadas a trabalhar nos campos de algodão do Uzbequistão.[11]

A Cargill mantém, por outra parte, uma organização denominada Financial Services and Commodity-Trading Subsidiary, que opera nas principais bolsas de matérias-primas agrícolas. Através dela, a Cargill desempenha, como outras empresas, em certos momentos, um papel determinante na explosão dos preços dos alimentos. Dan Morgan exemplifica: "Em alto-mar, os navios trocam de mãos vinte ou trinta vezes antes da entrega efetiva da sua carga. [...] A Cargill pode vender [a carga] à Tradax, que a vende a um comerciante alemão, que a venderá a um especulador italiano, que a repassará a outro italiano, que a entregará finalmente à Continental".[12]

Um dos grandes recursos desses potentados dos negócios é o controle vertical que exercem sobre os mercados.

Porta-voz do truste, Jim Prokopanko descreve, tomando como exemplo o "setor dos frangos", o que chama de controle total da cadeia alimentar.[13] Em Tampa, na Flórida, a Cargill produz adubos à base de fosfato. Com esse adubo, ela fertiliza as suas plantações de soja nos Estados Unidos e na Flórida — os grãos do cereal são transformados em farinha nas fábricas da Cargill. Em navios da Cargill, essa farinha é enviada à Tailândia, onde alimenta os frangos criados em granjas da Cargill. Engordados, os frangos são abatidos e eviscerados em instalações quase inteiramente automatizadas da Cargill.

---

11. O State Department denuncia também os salários miseráveis das crianças: cinco centavos de dólar por cada quilo de algodão colhido; as crianças que não conseguem cumprir as cotas diárias são severamente punidas.

12. Dan Morgan, *Merchants of Grain, op. cit.* Depois da publicação do livro, a Tradax foi recomprada pela Cargill e a Continental vendeu à Cargill a sua divisão *trading*. Um navio que opera em alto-mar — chamado *float*, na gíria dos comerciantes — transporta geralmente uma carga de 20.000 toneladas.

13. Jim Prokopanko, entrevista a Benjamin Beutler, "Konzentrierte Macht", *in Die Junge Welt* (Berlim, 23 nov. 2009).

A Cargill embala os frangos, que a sua frota transporta para o Japão, as Américas e a Europa. Finalmente, caminhões da Cargill os distribuem aos supermercados, muitos dos quais pertencem às famílias MacMillan e/ou Cargill, acionistas que detêm 85% do controle do truste transcontinental.

No mercado mundial, os oligopólios jogam todo o seu peso para impor os preços dos alimentos — em seu próprio benefício, claro: o preço mais elevado possível! Mas quando se trata de conquistar um mercado local, eliminar concorrentes, os senhores dos cereais praticam sem problemas o *dumping*.[14] Exemplo: a liquidação da avicultura autóctone em Camarões — ali, as maciças importações de frangos baratos jogaram na miséria dezenas de milhares de famílias que criavam frangos e abasteciam o mercado interno com sua carne e ovos. Uma vez destruída a produção local, os senhores dos alimentos aumentam seus preços.

A influência das sociedades transcontinentais privadas da agroindústria nas estratégias das organizações internacionais — como, ademais, da quase totalidade dos governos ocidentais — é frequentemente decisiva.

Essas sociedades atuam como inimigos jurados do direito à alimentação.

Sua argumentação é a seguinte: a fome constitui, de fato, uma tragédia escandalosa; ela se deve à produtividade insuficiente da agricultura mundial — os bens disponíveis não atendem às necessidades existentes —; assim, para combater a fome, é preciso incrementar a produtividade, o que só é possível sob duas condições: primeira, uma industrialização levada ao limite, mobilizando um máximo de capital e as tecnologias mais avançadas (sementes trans-

---

14. *Dumping*: termo empregado para designar a prática mediante a qual, com o objetivo de eliminar concorrentes, as empresas reduzem, temporária e excessivamente, o preço de bens ou serviços destinados à exportação. (N.T.)

gênicas, pesticidas eficazes[15] etc.) e eliminando, como corolário, a miríade de pequenas explorações reputadas "improdutivas" da agricultura familiar e de víveres; segunda, a liberalização tão completa quanto possível do mercado agrícola mundial.

Este é o credo: somente um mercado totalmente livre é capaz de extrair o máximo das forças econômicas produtivas. Qualquer intervenção normativa sobre o livre jogo das forças do mercado — seja de Estados, seja de organizações interestatais — serve apenas para travar o desenvolvimento daquelas forças.

A postura dos Estados Unidos e das organizações interestatais que sustentam a sua estratégia constitui um puro e simples questionamento do direito à alimentação. Contudo, devo admitir que ela não procede nem da cegueira nem do cinismo.

Nos Estados Unidos, tem-se uma informação perfeita dos danos causados pela fome nos países do Sul. Como todos os Estados civilizados, os Estados Unidos pretendem combatê-la. Mas, segundo o seu ponto de vista, somente o livre mercado poderá vencer o flagelo. Potencializada ao máximo a produtividade da agricultura mundial pela liberalização e pela privatização, o acesso a uma alimentação adequada, suficiente e regular para todos ocorrerá automaticamente. O mercado enfim liberado derramará, como uma chuva de ouro, seus favores sobre a humanidade.

Admite-se que o mercado pode funcionar mal. Sempre podem ocorrer catástrofes: uma guerra, uma perturbação climática; por exemplo: a fome que, desde o verão de 2011, devasta cinco países do Corno da África e ameaça a sobrevivência de 12 milhões de seres humanos. Mas, nesses casos, a ajuda alimentar internacional de urgência atenderá aos afligidos.

Atualmente, a OMC, o FMI e o Banco Mundial determinam as relações econômicas entre o mundo dos dominantes e os povos do Sul. Mas, em matéria de política agrícola, esses organismos se sub-

15. Anualmente, em média, 76.000 toneladas de pesticidas são utilizadas na França.

metem, de fato, aos interesses das sociedades transcontinentais privadas. É assim que, originariamente encarregados da luta contra a extrema pobreza e a fome, a FAO e o PAM não desempenham, em relação àqueles organismos, mais que um papel residual.

Para dar a medida do abismo que separa os inimigos e os defensores do direito à alimentação, consideremos as posições tomadas pelos Estados diante do Pacto n. 1 das Nações Unidas relativo aos direitos econômicos, sociais e culturais e às obrigações deles decorrentes.

Os Estados Unidos sempre se negaram a ratificá-lo. A OMC e o FMI o combatem.

Os Estados signatários estão sujeitos a três obrigações distintas. Em primeiro lugar, devem "respeitar" o direito à alimentação dos habitantes do seu território — vale dizer: nada devem fazer para travar o exercício desse direito.

Tomemos o exemplo da Índia. Sua economia depende, ainda hoje, largamente da agricultura — 70% de sua população vivem no campo. De acordo com o *Relatório sobre o desenvolvimento humano* do PNUD, publicado em 2010, a Índia abriga (proporcionalmente à sua população, mas também em números absolutos) o maior contingente de crianças mal nutridas do mundo, maior que todos os países da África Subsaariana juntos. Um terço das crianças que nascem na Índia tem peso insuficiente, o que significa que suas mães são, elas também, subalimentadas. A cada ano, no país, milhões de bebês sofrem danos cerebrais irreversíveis, em razão da subalimentação, e milhões de crianças com menos de dois anos morrem de fome.

Segundo confissão do próprio ministro indiano da Agricultura, Sharad Pawar, mais de 150.000 sitiantes pobres se suicidaram entre 1997 e 2005 para escapar ao garrote das dívidas. Em 2010, mais de 11.000 camponeses superendividados se suicidaram — quase sempre ingerindo pesticidas — somente nos estados de Orissa, Madhya Pradesh, Bihar e Uttar-Pradesh.[16]

Em agosto de 2005, no exercício de meu mandato como relator especial das Nações Unidas para o direito à alimentação, realizei, com minha pequena equipe de pesquisadores, uma missão de trabalho em Shivpur, no estado de Madhya Pradesh. Shivpur é o nome de uma cidade e de um distrito formado por cerca de mil aldeias, cada qual com uma população de 300 a 2.000 famílias.

No distrito de Shivpur, a terra é muito fértil e os bosques são exuberantes. Mas a pobreza é extrema e as desigualdades são particularmente chocantes.

Situada no vale do Ganges, Shivpur foi, até a independência da Índia, a residência de verão dos marajás de Gwalior. Subsiste ainda, do esplendor da dinastia real dos Shindia, um suntuoso palácio em ladrilhos vermelhos, um campo de polo e, sobretudo, um parque natural de 900 quilômetros quadrados, onde vivem em liberdade pavões reais e cervos. Também se pode observar ali uma colônia de crocodilos em um lago artificial e tigres enjaulados.

Mas o distrito, ainda hoje, é dominado por uma casta de grandes proprietários especialmente brutais.

O *District Controller*, cujas atribuições são semelhantes às de um subprefeito na França, é uma bela e jovem mulher de trinta e quatro anos, de pele cor de mate e cabelos muito negros, natural de Kerala — a Sra. Gheeta. Ela veste um sári amarelo, com pequenas franjas vermelhas.

Imediatamente sinto que essa mulher não tem nada a ver com os funcionários que encontramos na véspera em Bophal, a capital. Ela está rodeada pelos seus principais chefes de serviço, todos ho-

---

16. Cf. o dossiê sobre a servidão da dívida no meio rural elaborado pela organização camponesa Ekta Parishad (Nova Délhi, 2011). A Ekta Parishad assinala o gesto misterioso: o camponês se mata com a substância que é a responsável pelo seu superendividamento.

mens e com impressionantes bigodes. Atrás da sua mesa de trabalho, vejo, na parede, a célebre fotografia de Mahatma Gandhi orando, feita dois dias antes de seu assassinato, a 28 de janeiro de 1948; abaixo dela, leio:

His legacy is courage,
His bound truth
His weapon love.[17]

A *District Controller* responde às nossas perguntas com extrema prudência, como se desconfiasse dos seus colaboradores bigodudos.

Como sempre, o programa é intenso. Despedimo-nos logo. Nos três dias seguintes, visitaremos as aldeias e os campos do distrito e agora nos esperam em Gwalior. Mas quando é tarde da noite, já estando todos em suas camas, o recepcionista do hotel me chama: uma visitante me aguarda no salão — é a *District Controller*.

Desperto Christophe Golay e Sally-Ann Way.

Até a manhã seguinte, a Sra. Gheeta nos contará, então, a verdadeira história do seu distrito.

O governo de Nova Délhi solicitou-lhe que aplicasse a nova lei da reforma agrária, distribuindo aos jornaleiros agrícolas as terras deixadas sem cultivo pelos grandes proprietários. Ela devia também lutar contra o trabalho forçado e a escravidão, instaurar investigações e multar os proprietários infratores.

Periodicamente, em atos solenes, ela entrega títulos de propriedade a trabalhadores sem terra. Porém, quando um *dalit* (um pária), um pobre dentre os pobres, pertencente ao grupo social mais desprezado na Índia, tenta tomar posse da sua parcela (1 hectare de terra arável por família), é com frequência expulso dela pelos esbirros dos grandes proprietários, quando não assassinado — e os assassinos não vacilam em liquidar famílias inteiras, incendiar casebres e envenenar a água dos poços.

17. "Sua herança é a coragem, seu horizonte a verdade, sua arma o amor."

Como sempre, as investigações instauradas pela *District Controller* se perdem, na sua maioria, nas areias movediças da administração. Muitos dos grandes proprietários mantêm lucrativas relações com tal ou qual dirigente de Madhya Pradesh, em Bhopal, ou com ministros federais de Nova Délhi.

A *District Controller* estava à beira das lágrimas.

No contexto da Índia, a luta pela legitimação do direito humano à alimentação adquire, evidentemente, uma importância capital.

A Índia inscreveu na sua Constituição o direito à vida. Na sua jurisprudência, a Corte Suprema considera que o direito à vida inclui o direito à alimentação. No curso dos últimos dez anos, vários julgamentos confirmaram essa interpretação.[18]

Na sequência de uma seca de mais de cinco anos, uma fome assolou, em 2001, o estado semidesértico de Rajasthan. Uma sociedade estatal, a Food Corporation of India, foi encarregada de oferecer a ajuda alimentar de urgência. Para tanto, ela estocara em seus depósitos de Rajasthan dezenas de milhares de sacos de trigo. Mas em Rajasthan, como se sabe, muitos representantes da Food Corporation of India são corruptos. Assim, com o objetivo de facilitar aos comerciantes locais a venda de seu trigo pelo preço mais alto possível, a sociedade estatal decidiu reter seus estoques. Então, a Corte Suprema interveio. Ordenou a imediata abertura dos depósitos estatais e a distribuição do trigo às famílias esfaimadas. É interessante a exposição de motivos do seu veredito, de 20 de agosto de 2001:

> A preocupação da Corte é que os pobres, os desfavorecidos [*destitutes*] e todas as categorias mais vulneráveis da população não padeçam de subalimentação nem morram de fome. [...] É a primeira responsabilidade do governo central, ou do estado-membro, impedir que isso ocorra. [...] Tudo o que a Corte exige é que os cereais que sobram nos

---

18. Christophe Golay, *Droit à l'alimentation et accès à la justice* (Genebra: Institut Universitaire des Hautes Études Internationales et du Développement, 2009, tese de doutorado, publicada pelas Éditions Bruylart, 2011).

depósitos, e que são abundantes, não sejam jogados no mar ou roídos pelos ratos. [...] Qualquer outra política é condenável. Tudo o que importa é que o alimento chegue aos famintos.[19]

O estado de Orissa é um dos mais corruptos da União Indiana. Seu governo expropriou, nos anos 1990, milhares de hectares de terras aráveis para aumentar a capacidade hidrelétrica do rio Mahanadi mediante uma série de barragens e lagos de retenção. Assim, a polícia expulsou — sem nenhuma indenização — de suas terras milhares de famílias camponesas.

A ONG Right to Food Campaign [Campanha pelo direito à alimentação], animada por notáveis advogados e sindicalistas camponeses, apresentou então uma denúncia à Corte Suprema, em Nova Délhi. Os juízes condenaram o estado de Orissa a conceder aos camponeses espoliados uma "compensação adequada" — e definiu o que entendia por isto: uma vez que a moeda indiana estava submetida à intensa inflação, a compensação não poderia ser em dinheiro. O estado de Orissa deveria indenizar os camponeses espoliados atribuindo-lhes uma área igual em terras aráveis, com grau de fertilidade, composição e acessibilidade aos mercados equivalentes aos das terras expropriadas.

Em geral, a Corte Suprema pronuncia vereditos extremamente circunstanciados. Desse modo, especifica detalhadamente as medidas que o estado condenado deve tomar para reparar tal ou qual violação do direito à alimentação de que foram vítimas seus habitantes. Para monitorar a aplicação de tais medidas, a Corte recorre a funcionários especializados, que não são nem juízes nem servidores judiciários, mas juramentados: os *Commissioners* (Comissários). Pode ocorrer que estes acompanhem durante anos a execução das medidas de reparação e indenização por parte do estado condenado.

Insistamos sobre esta realidade: mais de um terço de todas as pessoas grave e permanentemente subalimentadas do mundo vivem

19. *Supreme Court of India, Civil Original Juridiction, Writ.* Petição, n. 196, 2001.

na Índia. Os camponeses espoliados — analfabetos, pobres entre os mais pobres — obviamente não têm nem o dinheiro nem a cultura jurídica necessários para se constituírem como demandantes e levar a cabo, durante anos (mesmo que assistidos por advogados designados por ofício), procedimentos complicados contra poderosas sociedades multinacionais.

Por essa razão, a Corte Suprema admite as *Class Actions* — as "denúncias coletivas". Aos camponeses querelantes se unem movimentos surgidos da sociedade civil, comunidades religiosas e sindicatos que, eles mesmos, não se contam entre os prejudicados. Esses movimentos têm os recursos, a experiência e o peso políticos para conduzir os embates judiciais.

Outra arma jurídica específica, peculiar ao aparelho judiciário indiano, permite a ação de tais movimentos: a *Public Interest Litigation*[20] — o "processo de interesse público". Através deste, "qualquer pessoa [...] tem o direito de se apresentar a uma Corte competente quando tem conhecimento de que um direito fundamental reconhecido pela Constituição foi violado ou está ameaçado de sê-lo. A Corte pode, então, resolver o problema". Na Índia, por ser o direito à alimentação um direito constitucionalmente reconhecido, qualquer pessoa — mesmo não sendo diretamente prejudicada — pode denunciar a violação desse direito. Sua legitimidade reconhecida é a do "interesse público". Em resumo: qualquer habitante da Índia pode estar "interessado" em que todos os direitos do homem — aí incluído o direito à alimentação — sejam respeitados em todas as partes e permanentemente pelo poder público.[21]

Fundada no interesse público, essa denúncia se reveste de grande importância prática. Em estados como Bihar, Orissa ou Madhya Pradesh, as castas superiores controlam efetivamente todo o poder

---

20. Cf. Christophe Golay, tese citada.

21. Colin Gonsalves, "Reflections on the Indian Experience", in Squires et al., *The Road to a Remedy. Current Issues in the Litigation of Economic, Social and Cultural Human Rights* (Sidney: Australia Human Rights Center, 2005).

administrativo e judiciário. Grande parte de seus representantes está corrompida até a medula e manifesta um infinito desprezo para com os *dalits* e o *tribal people*, as pessoas que pertencem às tribos dos bosques. Ministros, oficiais da polícia e juízes locais aterrorizam os camponeses espoliados.

Colin Gonsalves, um dos principais dirigentes da Right to Food Campaign, relata a enorme dificuldade que encontra, nessas condições, para persuadir os pais de família que foram ilegalmente expropriados de seus casebres, de seus poços e de suas glebas a fazer denúncias e a se apresentar diante de um juiz local[22] — é que os camponeses tremem diante dos brâmanes.

Pois bem: a *Public Interest Litigation* permite agora enfrentar o estado espoliador sem o consentimento dos camponeses prejudicados.

A Corte Suprema é mais ativa em relação ao estado de Madhya Pradesh. 11.000 famílias camponesas foram expulsas de suas terras em 2000 pelo governo local, para a construção de barragens hidrelétricas ou para a exploração mineral. Em Hazaribagh, milhares de famílias foram expropriadas pelo estado e suas terras destinadas à exploração de carvão. A construção da gigantesca barragem de Narmada fez com que vários milhares de famílias perdessem seus meios de subsistência. Suas demandas de indenização e de compensação em espécie estão atualmente na Corte.

A recordação dos campos de Madhya Pradesh me traz à memória aquelas crianças esqueléticas de grandes olhos atônitos, "atônitos com tanto sofrimento" — como dizia, com algum sarcasmo, Edmond Kaiser.[23] Para o povo tão hospitaleiro, tão afetuoso de Madhya Pradesh (um dos estados mais desfavorecidos da Índia), a procura de um punhado de arroz, de uma cebola ou de uma bolacha consome, a cada dia, toda a sua energia.

22. Colin Gonsalves et al., *Right to food. Human Rights Law Network* (Nova Délhi, 2005). Antes de ser autorizada a buscar a Corte Suprema, a vítima deve esgotar todos os recursos locais.

23. Kaiser (1914-2000) fundou, além da ONG Terre des Hommes (1966), a ONG Sentinelles. (N.T.)

* * *

O Pacto relativo aos direitos econômicos, sociais e culturais da ONU atribui aos Estados-membros uma segunda obrigação: o Estado não deve apenas "respeitar" o direito à alimentação de seus habitantes, mas deve também "proteger" esse direito contra violações infligidas por terceiros. Se uma terceira parte atenta contra o direito à alimentação, o Estado deve intervir para proteger seus habitantes e reparar o direito violado.

Tomemos o exemplo da África do Sul. Inscrito na Constituição, ali o direito à alimentação desfruta de ampla proteção.

Na África do Sul, há uma Comissão Nacional dos Direitos Humanos, composta paritariamente por representantes do Estado e de organizações da sociedade civil (sindicatos, igrejas, movimentos de mulheres etc.). Essa Comissão pode recorrer à Corte Constitucional de Pretória contra qualquer lei votada no parlamento, qualquer medida decretada pelo governo, qualquer decisão tomada por um funcionário ou qualquer ação imposta por uma empresa privada que viole o direito à alimentação de um grupo de cidadãos. A jurisprudência sul-africana é exemplar.

O direito à água potável insere-se no direito à alimentação.

A cidade de Johanesburgo concedeu a uma sociedade multinacional o seu abastecimento de água potável. Essa sociedade logo aumentou abusivamente a tarifa da água. Muitos moradores de bairros pobres, impossibilitados de pagar os preços exorbitantes, tiveram a água cortada pela empresa exploradora. Esta, por outra parte, exigindo o pré-pagamento pelo fornecimento de água acima de 25 litros, obrigou numerosas famílias modestas a extrair sua água de córregos, arroios contaminados ou pântanos.

Com o apoio da Comissão Nacional, cinco moradores da favela de Phiri, em Soweto, recorreram à Corte Constitucional. E ganharam a causa.

A cidade de Johanesburgo foi obrigada a restabelecer o antigo sistema público de abastecimento de água potável a baixo preço.[24]

O artigo 11º do Pacto relativo aos direitos econômicos, sociais e culturais estipula, para o Estado signatário, uma terceira obrigação: quando a fome afeta uma população e seu Estado não tem meios próprios para combatê-la, ele deve apelar à ajuda internacional — se não o fizer ou o fizer com um atraso intencional, viola o direito à alimentação de seus habitantes.

Em 2006, uma fome terrível — devida a gafanhotos e à seca — abateu-se sobre o Centro e o Sul do Níger.

Muitos comerciantes de cereais se negaram rotundamente a lançar seus estoques no mercado. Esperavam o agravamento da miséria e o aumento dos preços. Em julho de 2006, encontrei-me, pois, em missão junto ao presidente da República.

Mamadou Tandja negava a evidência. Foi preciso que a cadeia de televisão CNN, os Médicos sem Fronteiras e a Ação contra a Fome alertassem a opinião mundial, e que Kofi Annan, pessoalmente, fizesse uma viagem de três dias a Maradi e a Zinder para que o governo nigerino, enfim, apelasse formalmente ao PAM.

Dezenas de milhares de mulheres, homens e crianças já estavam mortos quando os primeiros caminhões da ajuda internacional, carregados de arroz e farinha e contêineres de água chegaram finalmente a Niamey.

Tandja, evidentemente, jamais se inquietou — os sobreviventes não tinham meios para questionar as razões da sua passividade ou para levantar uma ação judicial contra ele.

Para a OMC, o governo norte-americano (australiano, canadense, inglês etc.), o FMI e o Banco Mundial, todas as intervenções normativas previstas pelo Pacto inconveniente são objeto de anáte-

---

24. Sobre o julgamento, cf. *High Court of South Africa*, Lindiwe Mazibujo et al., contra a cidade de Johanesburgo, 30 de abril de 2008.

ma. Na opinião dos defensores do *Consenso de Washington*,[25] elas constituem um intolerável atentado à liberdade de mercado.

E aqueles que, no Sul, são chamados de "abutres do FMI" chegam mesmo a considerar que os argumentos empregados pelos partidários do direito à alimentação derivam da pura ideologia, da cegueira doutrinária ou, pior, da dogmática comunista.

Há um desenho de Plantu[26] em que se vê um menino africano em farrapos, de pé atrás de um gordo homem branco que usa gravata e óculos e está sentado a uma mesa que exibe uma opípara refeição. O menino diz: "Tenho fome". O branco gordo volta-se para ele e replica: "Não me venha falar de política!".

---

25. Denomina-se Consenso de Washington um conjunto de acordos informais, concluídos entre 1980 e 1990 pelas sociedades transcontinentais ocidentais, os banqueiros de Wall Street, o Federal Reserve norte-americano, o Banco Mundial e o FMI, objetivando liquidar qualquer instância reguladora, liberalizar os mercados e instaurar uma *stateless global governance* — em outros termos, um mercado mundial unificado e autorregulado. Os princípios do "consenso" foram teorizados em 1989 por John Williamson, então economista-chefe e vice-presidente do Banco Mundial.

26. Jean Plantureux (Plantu), nascido em Paris, em 1951, é um dos mais conhecidos desenhistas franceses contemporâneos — inclusive no Brasil, onde expõe desde os anos 1980. Caricaturista do *Le Monde*, notabilizou-se pelo traço singular a serviço de arguta crítica social e política. (N.T.)

2

Os cavaleiros do apocalipse

Os três cavaleiros do apocalipse da fome organizada são a OMC, o FMI e, em menor medida, o Banco Mundial.[1]

O Banco Mundial é atualmente dirigido pelo antigo delegado para acordos comerciais do presidente George W. Bush, Robert Zoellnick; o FMI, por Christine Lagarde, e a OMC, por Pascal Lamy.[2] As três pessoas têm em comum uma invulgar competência profissional, uma inteligência brilhante e a fé liberal colada ao corpo.

Uma curiosidade: Pascal Lamy é membro do Partido Socialista Francês.

Esses três dirigentes são tecnocratas de altíssimo voo e realistas desprovidos de estados de alma. Juntos, dispõem de excepcionais poderes sobre as economias dos países mais fracos do planeta. Con-

1. Em 2010, a International Finance Corporation, uma filial do Banco Mundial, liberou 2,4 bilhões de dólares em favor da agricultura de víveres de trinta e três países da África, da Ásia e da América Latina. Retomo a expressão "cavaleiros do apocalipse" de um dos meus livros precedentes, *Les Nouveaux Maîtres du Monde* (Paris: Fayard, 2002; Points-Seuil, 2007).

2. Zoellnick (norte-americano nascido em 1953) foi presidente do Banco Mundial de 2007 a 2012; em 1º de julho deste ano, substituiu-o Jim Yong Kim, nascido (1959) na Coreia do Sul, mas residente nos Estados Unidos desde os cinco anos de idade. A francesa Christine Lagarde, nascida em 1956, antes de assumir a direção do FMI, já ocupara postos ministeriais em seu país. O francês Pascal Lamy (nascido em 1947) será objeto de comentários de Ziegler mais adiante. (N.T.)

trariamente ao que preconiza a Carta da ONU, que confiou essa tarefa ao Conselho Econômico e Social, são esses três dirigentes que determinam as políticas de desenvolvimento da organização.

O FMI e o Banco Mundial nasceram em 1944, na pequena cidade de Bretton Woods, no Nordeste dos Estados Unidos. São parte integrante do sistema da ONU. A OMC, em troca, é uma organização autônoma, que não depende da ONU, mas que reúne um pouco mais que 150 Estados e funciona por consenso negociado.

A OMC surgiu em 1995. Sucedeu o GATT (General Agreement on Tariff and Trade [Acordos Gerais sobre Tarifas Aduaneiras e Comércio]) foi instaurado pelos Estados industriais à saída da Segunda Guerra Mundial para harmonizar e reduzir gradualmente suas tarifas aduaneiras.

O sucessor de René Dumont[3] na cátedra de Agricultura Internacional, Marcel Mazoyer, é atualmente professor no Instituto de Agronomia de Paris (Agro-Paris-Tech). Diante das embaixadoras e dos embaixadores acreditados junto à ONU, em Genebra, reunidos pela CNUCED em 30 de junho de 2009, submeteu a política da OMC a uma crítica impiedosa: "A liberalização do comércio agrícola, reforçando a concorrência entre agriculturas extremamente desiguais, assim como a instabilidade dos preços, não faz mais que agravar a crise alimentar, a crise econômica e a crise financeira".[4]

O que a OMC pretende quando luta pela liberalização total dos fluxos de mercadorias, de patentes, de capitais e de serviços? Antigo secretário-geral da CNUCED e ex-ministro da Fazenda do Brasil, Rubens Ricupero[5] tem uma resposta clara e nítida para essa pergunta: "O desarmamento unilateral dos países do Sul".

---

3. Cf., supra, a nota 13 - Prólogo. (N.T.)

4. Marcel Mazoyer, colóquio internacional "Crise alimentaire et crise financière", CNUCED, junho de 2009; cf., do mesmo autor, "Mondialisation libérale et pauvreté", *in Alternative Sud*, n. 4, 2003, e, em colaboração com Laurence Roudart, *La fracture agricole et alimentaire mondiale* (Paris, 2005).

5. Rubens Ricupero (1937), diplomata de carreira, ocupou altos cargos no governo da República e em importantes missões no exterior. (N.T.)

O FMI e a OMC foram, desde sempre, os inimigos mais determinados dos direitos econômicos, sociais e culturais — notadamente do direito à alimentação. Os 2.000 funcionários e os 750 burocratas da OMC se horrorizam com qualquer intervenção normativa sobre o livre jogo do mercado — como já tive oportunidade de dizer. Fundamentalmente, sua política é a mesma desde sua fundação, ainda que Dominique Strauss-Kahn, diretor de 2007 até sua demissão, em maio de 2011,[6] tenha aberto um espaço maior aos países emergentes na governança do FMI e tenha se esforçado para definir uma política de empréstimos mais favorável aos países pobres... de qualquer forma, mais cedo ou mais tarde, condenados à falência.

Pois bem: uma imagem simples permite avaliar a justeza das concepções de Mazoyer e de Ricupero. Sobre um mesmo ringue de boxe reúnem-se Mike Tyson, campeão mundial dos pesos-pesados, e um desempregado bengali subalimentado. O que argumentam os aiatolás do dogma neoliberal? A justiça está garantida, uma vez que as luvas de ambos são iguais, que o tempo de combate é o mesmo para ambos, que o espaço para o confronto é único, que as regras do jogo são as mesmas. Então, que ganhe o melhor! O árbitro, imparcial, é o mercado.

O absurdo do dogma neoliberal salta à vista.

Durante meus dois mandatos como relator especial das Nações Unidas sobre o direito à alimentação, conheci quatro embaixadores norte-americanos sucessivos na sede europeia das Nações Unidas, em Genebra — e todos os quatro, sem exceção, combateram vigorosamente cada um dos meus informes e todas as minhas recomendações. Por duas vezes, pediram (em vão) a Kofi Annan minha exoneração e, evidentemente, votaram contra a renovação do meu mandato.

---

6. Dominique Strauss-Kahn (1949), conhecida figura do Partido Socialista francês, diretor do FMI e protagonista de um escândalo (em Nova York, maio de 2011) que acabou por inviabilizar sua candidatura à presidência da República, para suceder a Nicolas Sarkozy em 2012. (N.T.)

Dois entre tais embaixadores — notadamente um nababo da indústria farmacêutica do Arizona, enviado especial de George W. Bush — me devotaram um ódio pessoal. Outro dedicou-se à estrita aplicação das diretrizes do State Department: a recusa em reconhecer a existência dos direitos econômicos, sociais e culturais, o reconhecimento apenas dos direitos civis e políticos.

Com um dos quatro mantive relações amistosas. George Moose era o embaixador do presidente Clinton — um afro-americano sutil e cultivado, acompanhado por sua mulher, Judith, uma intelectual obviamente de esquerda, divertida e simpática, igualmente ativa no State Department.

Antes de ser designado para Genebra, George Moose ocupara o cargo de secretário-adjunto de Estado para a África. Coube-lhe escolher, em 1996, Laurent Kabila — um obscuro combatente da resistência e traficante de ouro então entrincheirado nas montanhas de Maniema[7] — para a chefia da Alliance des Forces Démocratiques de Libération [Aliança das Forças Democráticas de Libertação] (AFDL) do Zaire, a atual República Democrática do Congo.

Apaixonado por história, Moose sabia que Kabila era o único dos chefes sobreviventes da rebelião lumumbista de 1964 que jamais se aliou a Mobutu e que dispunha, junto à juventude do Congo, de sólida credibilidade. Os acontecimentos provariam a correção da escolha de Moose.[8]

Mas a nossa paixão comum pela África não teve outros efeitos: durante o tempo em que permaneceu em Genebra, George Moose,

---

7. Cf. Jean Ziegler, *L'Or du Maniema* [romance] (Paris: Éditions Du Seuil, 1996; Points-Seuil, 2011).

8. Imediatamente após a independência do Congo, em 1960, Patrice Lumumba (1925-1961), líder indiscutível do processo, elege-se primeiro-ministro. Fomentada pelas potências imperialistas, abre-se uma guerra civil, na qual Mobutu (Joseph-Desiré, que depois assumiu o nome de Mobutu Sese Seko, 1930-1997), servindo aos interesses ocidentais, trai Lumumba e acaba por instaurar, em 1965, uma ditadura extremamente corrupta. Ficará no poder até 1997, contestado pelos resistentes — entre os quais se destacava Laurent Kabila (1939-2001) —, que enfim o depõem. Durante a cleptocracia de Mobutu, transformou-se o Congo em Zaire; só em 1997, restaurou-se o Congo, hoje designado República Democrática do Congo. (N.T.)

também ele, combateu todas as minhas recomendações ou iniciativas e todos os meus relatórios sobre o direito à alimentação. Nunca pude descobrir qual seu verdadeiro sentimento a esse respeito.[9]

Há mais de duas décadas, as privatizações, a liberalização dos movimentos das mercadorias, serviços, capitais e patentes avançaram assombrosamente. Os Estados pobres do Sul, repentinamente, viram-se despojados de suas prerrogativas em termos de soberania. As fronteiras desapareceram, os setores públicos — inclusive hospitais e escolas — foram privatizados. E, em todo o mundo, as vítimas da subalimentação e da fome aumentaram.

Um estudo do Oxford Commitee for Famine Relief (Oxfam),[10] que logo se tornou célebre, demonstrou que, em todos os lugares em que, ao longo da década de 1990-2000, o FMI aplicou um plano de ajustamento estrutural, novos milhões de seres humanos foram lançados no abismo da fome.[11]

A razão é simples: o FMI está justamente encarregado da administração da dívida externa dos 122 países ditos do Terceiro Mundo. Esta ascendia, em 31 de dezembro de 2010, a 2,1 trilhões de dólares.

Para servir aos interesses e aos pagamentos da amortização da sua dívida para com os bancos credores ou o FMI, o país devedor tem necessidade de divisas. Os grandes bancos, evidentemente, negam-se a receber em gurdes haitianos, bolivianos ou *tugriks* mongóis.

Como um país pobre da Ásia do Sul, dos Andes ou da África Negra pode obter as divisas necessárias? Exportando bens manufaturados ou matérias-primas que lhe serão pagos em divisas.

---

9. George Moose deixou o serviço diplomático com a chegada dos neoconservadores à Casa Branca.

10. Criado em 1942 para lutar contra a pobreza e a fome.

11. "Impact of Trade Liberalisation on the Poor, Deregulation and the Denial of Human Rights", Oxfam/IDS Research Project, 2000.

Dos 54 países da África, 37 são quase inteiramente agrícolas.

Periodicamente, o FMI concede aos países superendividados uma moratória temporária ou um refinanciamento de sua dívida — desde que o país aceite submeter-se aos planos ditos de ajustamento estrutural. Todos esses planos implicam a redução, no orçamento dos países envolvidos, das despesas relativas à saúde e à educação, e a eliminação dos subsídios aos alimentos de base e à ajuda às famílias necessitadas.

Os serviços públicos são as primeiras vítimas dos planos de ajustamento estrutural. Milhares de funcionários — enfermeiras, professores e outros empregados dos serviços públicos — foram despedidos nos países submetidos a um ajustamento estrutural do FMI.

No Níger, como vimos, o FMI exigiu a privatização do Departamento Nacional de Veterinária. A partir daí, os criadores tiveram de pagar às sociedades transcontinentais privadas preços exorbitantes pelas vacinas, vitaminas e antiparasitas de que necessitam para tratar seus animais. Consequência: dezenas de milhares de famílias perderam seus rebanhos. Elas vegetam hoje nas favelas das grandes cidades costeiras — Cotonou, Dakar, Lomé, Abidjan.

Ali onde o FMI intervém, as culturas de mandioca, arroz e milho se reduzem. A agricultura de víveres morre. O FMI exige a ampliação das culturas coloniais, cujos produtos — algodão, amendoim, café, chá, cacau etc. — poderão ser exportados ao mercado mundial e trazer divisas, que serão destinadas ao serviço da dívida.

A segunda tarefa do FMI é abrir os mercados do Sul às sociedades transcontinentais privadas da alimentação. Por isso, no hemisfério sul, o livre-comércio carrega o rosto repugnante da fome e da morte. Examinemos alguns exemplos.

O Haiti é hoje o país mais miserável da América Latina e o terceiro país mais pobre do mundo. Ali, o alimento de base é o arroz.

Ora, no início dos anos 1980, o Haiti era autossuficiente em arroz. Trabalhando sobre planaltos ou nas planícies úmidas, os camponeses autóctones estavam protegidos do *dumping* estrangeiro por um muro invisível: uma tarifa aduaneira de 30% incidia sobre o arroz importado.

Durante os anos 1980, porém, o Haiti passou por dois planos de ajustamento estrutural.

Sob o *diktat* do FMI, a tarifa protetora foi reduzida de 30% para 3%. Fortemente subsidiado por Washington, o arroz norte-americano invadiu então as cidades e aldeias haitianas, destruiu a produção nacional e, por consequência, as condições de vida de centenas de milhares de rizicultores.

Entre 1985 e 2004, as importações haitianas de arroz — essencialmente norte-americano, cuja produção é largamente subsidiada pelo governo — saltaram de 15.000 a 350.000 toneladas por ano. Simultaneamente, a produção local de arroz desabou: caiu de 124.000 para 73.000 toneladas.[12]

Desde inícios dos anos 2000, o governo haitiano teve de gastar um pouco mais de 80% dos seus escassos recursos para pagar suas importações de alimentos. E a destruição da rizicultura provocou um êxodo rural em massa, com o superpovoamento de Porto Príncipe e de outras grandes cidades do país, acarretando a desintegração dos serviços públicos.

Logo a sociedade haitiana se viu abalada, debilitada e mais vulnerável que antes sob o efeito dessa política neoliberal. E o Haiti tornou-se um Estado mendicante, submetido à lei do estrangeiro.

Golpes de Estado e crises sociais sucederam-se ao longo dos últimos vinte anos.

Em tempos normais, os nove milhões de haitianos consomem 320.000 toneladas de arroz por ano. Quando, em 2008, os preços mundiais do arroz triplicaram, o governo não pôde mais realizar importações suficientes. Então, a fome sitiou a Cidade Sol.[13]

---

12. Cf. Jean Feyder, *Mordshunger*, ed. cit., p. 17 e ss.

13. Uma das maiores favelas da América Latina, situada ao pé da colina de Porto Príncipe, à beira do Caribe.

* * *

Desde os anos 1990, a Zâmbia sofreu toda uma série de planos de ajuste estrutural. As consequências sociais e alimentares foram, para a população, evidentemente catastróficas.

A Zâmbia é um país magnífico, banhado pelo rio Zambeze e caracterizado por verdejantes colinas, graças a um clima favorável. O milho é o alimento básico do seu povo.

No começo da década de 1980, o Estado zambiano subsidiava o consumo de milho em cerca de 70%. Também os produtores recebiam subvenções. A venda no mercado interno e as exportações para a Europa — nos melhores anos — eram reguladas por um órgão estatal, o Marketing Board. Somados os subsídios, aos consumidores e aos produtores, eles absorviam pouco mais de 20% do orçamento do Estado.

Todos tinham o que comer.

O FMI impôs a redução e, logo a seguir, a supressão dos subsídios. Suprimiu, igualmente, as subvenções estatais para a compra de adubos, sementes e pesticidas. Escolas e hospitais — até então gratuitos — passaram a ser pagos. Quais foram as consequências?

No campo e nos bairros urbanos mais pobres, as famílias viram-se obrigadas a fazer somente uma refeição por dia. A agricultura de víveres, privada de adubos e sementes selecionadas, começou a declinar.

Para sobreviver, os camponeses venderam seus animais de tração — o que implicou uma nova queda da produtividade. Muitos deles tiveram que deixar sua terra e vender sua força de trabalho como jornaleiros agrícolas mal pagos nas grandes plantações de algodão, de propriedade de sociedades estrangeiras.

Entre 1990 e 1997, o consumo de milho caiu cerca de 25%. Resultado: explodiu a taxa de mortalidade infantil.

Em 2010, 86% da população zambiana viviam abaixo da *National poverty line*, a referência nacional da pobreza, do mínimo vital. 72,6% da população, em 2010, sobreviviam com menos de um dólar por dia. 45% dos zambianos estavam grave e permanentemente subnutridos. Quanto às crianças com menos de cinco anos, o peso de 42% delas era 24% inferior ao peso "normal" definido pelo Unicef.

A mentalidade estadunidense domina o edifício de vidro do n. 700 da rua 19, North-West, em Washington, D.C., sede do FMI. Os relatórios anuais dão provas de uma alegre candura. O de 1998 confessa: "A longo prazo, o plano vai melhorar o acesso aos recursos e aumentar a renda das populações. Mas, a curto prazo, reduz o consumo de alimentos".

No nível do próprio Estado, os sucessivos planos de ajustamento estrutural tiveram consequências desastrosas. Foram suprimidas as tarifas aduaneiras protetoras da indústria nacional, privatizados em sua maioria os setores públicos. A revisão do *Employment and Land Act*[14] provocou a dissolução dos serviços de proteção social, da liberdade sindical e do direito ao salário-mínimo garantido.

Seguiu-se a expulsão em massa dos habitantes de suas casas, o desemprego em larga escala, o aumento considerável dos preços dos alimentos básicos.

Mas não falta senso de humor aos burocratas do FMI. Nas conclusões do seu relatório, celebram o fato de a desigualdade entre as condições de vida da população urbana e da população rural ter diminuído fortemente no período 1991-1997. Por quê? Porque a miséria no meio urbano aumentou dramaticamente, equiparando-se à dos campos.[15]

Tirante a Etiópia, Gana foi o primeiro país da África Subsaariana a conquistar a independência. Depois de reiteradas greves gerais, de movimentos de massas e uma feroz repressão inglesa, a República da Gana, herdeira do mítico reino de Kaya-Maga,[16] veio à luz em 1957. Sua bandeira: tricolor, com uma estrela negra sobre um fundo

---

14. A revisão desta *Lei de emprego e terras* ocorreu em 1995, sob inspiração do Banco Mundial e do FMI. (N.T.)

15. "Overall inequality [...] has decreased because poverty increased dramatically in urban areas."

16. Kaya-Maga, em soninquê, significa "rei do ouro".

amarelo. Profeta da unificação pan-africana, seu primeiro presidente, Kwame Nkrumah,[17] foi, em 1960, em Addis-Abeba, um dos fundadores — com Gamal Abdel Nasser, Modibo Keita e Ahmed Ben Bella[18] — da Organização da Unidade Africana (OUA).

Os ganenses — sem distinção das suas várias etnias — são homens e mulheres orgulhosos, visceralmente apegados à sua soberania. No entanto, também eles tiveram de dobrar-se ao FMI e às sociedades multinacionais da alimentação. E Gana experimentou um destino inteiramente similar ao da Zâmbia.

Em 1970, cerca de 800.000 produtores locais forneciam a totalidade do arroz consumido no país. Em 1980, o FMI golpeou pela primeira vez: a tarifa aduaneira, protetora do arroz, reduziu-se a 20% e, em seguida, diminuiu ainda mais.

O FMI exigiu, então, que o Estado suprimisse todos os subsídios aos camponeses para a compra de pesticidas, adubos minerais e sementes.

Atualmente, Gana importa mais de 70% do arroz que consome. O Marketing Board, organismo nacional de comercialização dos produtos agrícolas (cacau etc.), foi extinto. Sociedades privadas agora operam as exportações.

Gana é uma democracia viva, com legisladores animados por um forte sentimento de orgulho nacional. Com o objetivo de ressuscitar

17. Kwame Nkrumah (1909-1972), intelectual e político, foi o primeiro presidente de Gana (antes da independência, em 1957, a colônia inglesa chamava-se Costa do Ouro). Teórico do pan-africanismo, derrubou-o, em fevereiro de 1966, um golpe de Estado apoiado pelos Estados Unidos. Duas de suas obras estão traduzidas ao português: *Neocolonialismo. Último estágio do imperialismo* (Rio de Janeiro: Civilização Brasileira, 1967) e *A África deve unir-se* (Lisboa: Ulmeiro, 1977). (N.T.)

18. Gamal Abdel Nasser (1918-1970), oficial egípcio, liderou o movimento militar que pôs fim à monarquia (1952) e presidiu o país entre 1954 e 1970; foi destacada personalidade do Movimento dos Não Alinhados. Ahmed Ben Bella (1916-2012), líder do movimento de libertação da Argélia e primeiro presidente do país após a independência (1962); governou entre 1963 e 1965. Modibo Keita (1915-1977), histórico dirigente da luta anticolonialista na África francesa, foi presidente do Mali da independência (1960) até 1968, quando um golpe de Estado o depôs e levou-o à prisão, onde morreu. (N.T.)

a rizicultura nacional, o parlamento de Acra decidiu, em 2003, introduzir uma tarifa aduaneira de 25% para o arroz importado. O FMI reagiu energicamente e obrigou o governo ganense a anular a lei.

Em 2010, Gana pagou mais de quatrocentos milhões de dólares por suas importações alimentares. No mesmo ano, toda a África gastou 24 bilhões de dólares para financiar a importação de alimentos.

No momento em que escrevo este livro, em 2011, a especulação bursátil faz explodir os preços mundiais dos alimentos básicos. Com toda certeza, a África não poderá, neste ano, importar mais que uma quantidade muito insuficiente de alimentos.

Sempre e em todas as partes, a violência e o arbítrio do mercado, liberado de qualquer constrição normativa, de qualquer controle social, matam — por meio de miséria e da fome.

3

Quando o livre-comércio mata

Em Hong-Kong, em dezembro de 2005, durante uma conferência ministerial que se propunha retomar o ciclo de negociações iniciado em Doha, em 2001, e desde então bloqueado, a OMC atacou a gratuidade da ajuda alimentar. Ela declarou ser inaceitável que o PAM e outras organizações distribuíssem gratuitamente — nos campos de refugiados, nas aldeias devastadas pelos gafanhotos, nos hospitais onde agonizam crianças subalimentadas — arroz, farinha, bolachas, leite... graças aos excedentes agrícolas fornecidos ao PAM pelos Estados doadores.

De acordo com a OMC, essa prática perverte o mercado. Qualquer transferência comercial de um bem deve ter um preço. Assim, a OMC solicitou que a ajuda em espécie que os doadores forneciam ao PAM fosse taxada em seu justo valor. Logo, o PAM não deveria mais aceitar ofertas em espécie provindas da superprodução agrícola dos países doadores e só deveria, a partir de então, distribuir alimentos comprados no mercado.

Graças especialmente a Daly Belgasmi, diretor do escritório genebrino do PAM, e a Jean-Jacques Graisse, diretor de operações, a reação do PAM foi enérgica:

> Uma viúva da Aids na Zâmbia, com seus seis filhos pequenos, não se preocupa em saber se a ajuda alimentar que recebe provém de uma

> oferta em espécie de um doador do PAM ou de uma contribuição monetária desse mesmo doador. Tudo o que deseja é que seus filhos vivam e não precisem mendigar seu alimento. [...] A Organização Mundial da Saúde nos ensina que, sobre a nossa Terra, a subalimentação e a fome constituem os riscos mais importantes para a saúde. A cada ano, a fome mata mais seres humanos que a Aids, a tuberculose, a malária e todas as outras epidemias em conjunto. [...] A OMC é um clube de ricos [...]. O debate que ela conduz não é um debate sobre a fome, mas um debate sobre vantagens comerciais. [...] Pode-se tolerar a redução da ajuda alimentar a mães e crianças esfaimadas, que não têm nenhum papel no mercado mundial, em nome do liberalismo econômico?[1]

E o PAM conclui: "Queremos que o comércio mundial tenha alguma consciência".

Em Hong-Kong, os países do hemisfério sul se sublevaram contra as potências dominantes da OMC. A proposta de taxação da ajuda alimentar foi rechaçada. Pascal Lamy e sua gente sofreram uma derrota esmagadora.

A OMC sofreu outra derrota. Desta vez, foi pela ação da Índia — onde a OMC pretendia a supressão de um organismo público, o Public Distribution Service [Serviço de distribuição pública] (PDS).

A jurisprudência da Corte Suprema indiana, que protege o direito à alimentação, está fora do alcance da OMC. A Índia é, de fato, membro da OMC. Porém, os estatutos dessa organização só determinam obrigações ao poder executivo do Estado-membro, não a seu poder judiciário. Ora, a Índia é uma grande e viva democracia: ela vive sob o regime da separação dos poderes. Mas, por outra parte, o PDS indiano depende do poder executivo. Vejamos do que se tratou.

Em 1943, uma terrível fome fizera mais de três milhões de mortos em Bengala. O ocupante inglês esvaziara os depósitos e requisi-

---

1. Memorando do PAM, 8 de dezembro de 2005.

tara as colheitas para enviar o alimento confiscado aos exércitos britânicos que combatiam as tropas japonesas na Birmânia e noutras frentes da Ásia.[2]

A partir de então, o Mahatma Gandhi fez da luta contra a fome a prioridade absoluta do seu combate. Jawaharlal Nehru,[3] primeiro-ministro da Índia independente, retomou esse combate.

Atualmente, se em um dos 6.000 distritos do país uma pessoa morre de fome, o *District Controller* é imediatamente revocado.

Isso me traz à lembrança uma noite de agosto de 2005, em Bhubaneswar, a magnífica capital do estado de Orissa, à beira do golfo de Bengala. Cada uma das minhas missões previa, imperativamente, encontros com representantes de movimentos sociais, de comunidades religiosas, de sindicatos e de movimentos de mulheres. Em Bhubaneswar, Pravesh Sharma, em nome do International Fund for Agricultural Development [Fundo Internacional para o Desenvolvimento Agrícola] (IFAD) na Índia, era o encarregado de organizar tais encontros.[4]

Mais de 40% dos camponeses indianos são camponeses sem terra, os *sharecroppers*, trabalhadores migrantes que se movimentam entre uma e outra colheita. O IFAD trabalha sobretudo com esses *sharecroppers*. A miséria que os acompanha é um poço sem fundo.

Sharma nos apresentou a duas mulheres que vestiam saris de um marrom descolorido, de olhar triste, mas com uma força de vontade intacta — cada uma perdera um filho pela fome.

Eu e meus colaboradores as escutamos longamente, tomando notas e fazendo perguntas. O encontro realizava-se numa periferia, longe de nosso hotel e longe dos escritórios locais da ONU.

---

2. Jean Drèze, Amartya Sen e Athar Hussain, *Political Economy of Hunger* (Oxford: Claredon Press, 1995).

3. Jawaharlal Nehru (1889-1964), herdeiro político de Gandhi (1869-1948), foi primeiro-ministro da Índia de 1947, data da independência, até sua morte. Estadista de projeção mundial, foi um dos fundadores do Movimento dos Não Alinhados. (N.T.)

4. O IFAD tem sede em Roma.

Três dias depois, no corredor das partidas do aeroporto de Bhubaneswar, um oficial da polícia me aborda. Enviada pelo primeiro-ministro, uma delegação — chefiada por P. K. Mohapatra, diretor local da Food Corporation of India (FCI) — me esperava na sala para a qual me conduziram.

Durante três horas, os cinco homens e as três mulheres que compunham a delegação tentaram me convencer (valendo-se de documentos e atestados médicos) que as duas crianças tinham morrido não de fome, mas de uma infecção. Obviamente, alguns desses funcionários estavam pondo em risco as suas cabeças.

A Food Corporation of India administra o Public Distribution System (PDS). Mantém enormes depósitos em cada estado-membro da União Indiana. Compra trigo no Punjab e o armazena nos quatro cantos da Índia.

Em todo o território nacional, ela gerencia mais de 500.000 armazéns. As assembleias das aldeias e dos bairros urbanos elaboram as listas de beneficiários. Cada família beneficiária recebe um cartão identificador.

Há três categorias de beneficiários: APL, BPL e *Anto*. APL significa *Above the Poverty Line* (exatamente na linha de pobreza, do mínimo vital); BPL, *Below the Poverty Line* (abaixo da linha de pobreza), e *Anto*, termo indiano, designa as vítimas da fome aguda.

Para cada uma das três categorias existem preços de venda específicos. E uma família de seis pessoas tem direito, mensalmente, a 35 quilos de trigo e trinta quilos de arroz. Em 2005, para uma família BPL, os preços eram os seguintes: cinco rúpias por quilo de cebola, sete rúpias por quilo de batatas, dez rúpias por quilo de cereais.[5]

É preciso assinalar que, em 2005, o salário mínimo urbano era de 58 rúpias por dia.

É verdade que cerca de 20% dos estoques do PDS são regularmente vendidos no mercado livre. Alguns ministros e funcionários fazem fortunas com essas operações ilícitas. A corrupção é endêmica.

---

5. Ao câmbio de 2005: uma rúpia = dez centavos de euro.

Mas é igualmente verdade que centenas de milhões de pessoas extremamente pobres se beneficiam com o PDS. Os preços pagos nas *foods stores* (armazéns) da Food Corporation of India (FCI) são — conforme as categorias de beneficiários — várias dezenas de vezes inferiores aos do mercado. Graças a isso, as grandes fomes foram erradicadas na Índia.

Ademais, o sistema PDS melhora a sorte das crianças.

Existem na Índia, de fato, mais de 900.000 centros especializados para a alimentação infantil — os Integrated Child Development-Centers [Centros Integrados do Desenvolvimento Infantil] (ICD). Segundo o Unicef, mais de quarenta dos 160 milhões de crianças indianas menores de cinco anos estão grave e permanentemente subalimentados. Os ICD fornecem a uma parte delas uma alimentação terapêutica, vacinas e cuidados sanitários.

Pois bem: os ICD são abastecidos pela FCI. Portanto, na luta contra o flagelo da fome, o PDS desempenha um papel crucial.

Se a OMC propôs a supressão do PDS, é porque sua existência e seu funcionamento são efetivamente contrários aos estatutos da organização.

Um *sikh*[6] que usa um imponente turbante negro e cuja energia é inesgotável, Hardeep Singh Puri, embaixador indiano em Genebra, combateu incansavelmente esse projeto de supressão. Contava com dois aliados, em Nova Délhi, tão determinados quanto ele: seu próprio irmão, Manjeev Singh Puri, secretário de Estado para Negócios Exteriores, e o ministro da Agricultura, Sharad Pawar. Juntos, eles salvaram o PDS e levaram ao fracasso o projeto da OMC.

6. Os *sikhs* constituem uma seita religiosa que, na Índia, opõe-se ao bramanismo dominante. (N.T.)

4

Savonarola às margens do Léman

Pascal Lamy é o Savonarola do livre-comércio.[1]

O homem impressiona por sua determinação e por sua inteligência analítica. Sua posição atual e sua carreira anterior lhe conferem uma influência e um prestígio de que poucos dirigentes internacionais desfrutam nos dias correntes.

A OMC conta, atualmente, com 153 Estados-membros. Sua secretaria, em Genebra — na rua de Lausanne — dispõe de 750 funcionários.

Lamy é um homem austero, um asceta, que vive em maratonas. Segundo suas próprias declarações, a cada ano percorre, em avião, 450.000 quilômetros, suportando, ao que parece sem problema, os transtornos que as diferenças de fusos horários provocam no organismo humano... e também as intermináveis e costumeiras sessões noturnas da OMC.

Pascal carece de estados de ânimo. À pergunta de uma jornalista, declara: "Não sou otimista nem pessimista. Sou um ativista".[2]

---

1. A ironia de Ziegler é ferina: Girolano Savonarola (1452-1498), frade dominicano, tornou-se famoso pelo terror inquisitorial que impôs a todos os que, em Florença, discrepavam minimamente de suas ideias. (N.T.)

2. Sonia Arnal, *Le Matin-Dimanche* (Lausanne, 12 dez. 2010).

Lamy é um homem do poder. Interessam-lhe apenas as relações de forças.

Intervenção da jornalista: "Como o FMI, o senhor é acusado, por parte da opinião pública, de asfixiar os cidadãos mais pobres dos países pobres..."

Réplica do diretor-geral da OMC: "Um acordo sempre reflete as relações de forças no momento em que é firmado".

Antigo comissário europeu para o Comércio Exterior, ele conferiu forma à OMC desde seus primeiros passos. Um de seus livros, *L'Europe en première ligne* [*A Europa na primeira linha*] — particularmente o capítulo intitulado "As cem horas de Doha" —, dá conta de seu incansável combate contra qualquer forma de controle normativo ou social dos mercados.[3]

Ele exerce um evidente fascínio sobre embaixadoras e embaixadores acreditados junto à OMC e, igualmente, sobre suas colaboradoras e colaboradores. E, como a Savonarola na Florença do século XV, a Lamy nada escapa. Está infatigavelmente alerta, acossando sem piedade os transviados do dogma livre-cambista. Seus informantes estão em toda parte.

Eu mesmo o comprovei. A cada setembro, animado pelo extraordinário Jean-François Noblet, celebra-se na pequena cidade de L'Albenc, a algumas dezenas de quilômetros de Grenoble, o Festival da Vida, que reúne movimentos sociais, sindicatos e comunidades religiosas da região. Em setembro de 2009, ali fiz uso da palavra.

Critiquei, então, embora comedidamente, a estratégia da OMC em matéria de comércio alimentar.

No céu, resplandecia a lua cheia. O espaço utilizado estava cheio de gente. O debate durou para além da meia-noite. Foi apaixonante.

Mas, na plateia, estava um homem (ou uma mulher) de Pascal Lamy.

---

3. Pascal Lamy, *L'Europe en première ligne*, com prefácio de Éric Orsenna (Paris: Éditions du Seuil, 2002, esp. p. 147ss).

Em 29 de setembro, recebi dele a seguinte carta:

> Caro Jean:
>
> Tomei conhecimento, mais uma vez consternado, das suas palavras numa conferência em L'Albenc, lançando-me acusações difamatórias; minha ação, segundo você, seria "totalmente contrária aos interesses das vítimas da fome". Nada menos que isso! A OMC procura concluir o ciclo de Doha... equivaleria isso a matar mais gente...? [...]
>
> Trata-se evidentemente de um absurdo! Os membros da OMC negociam há oito anos um mandato que lhes foi concedido, por solicitação dos países em vias de desenvolvimento, para abrir mais os mercados agrícolas, prioritariamente os dos países desenvolvidos, aos quais aqueles querem ter acesso. [...]
>
> Para você fazer-se uma ideia da realidade, o mais simples seria perguntar ao representante desses países o que pensam disso. Foi, ademais, o que fez o seu sucessor, Olivier De Schutter, no curso de uma discussão no comitê agrícola da OMC, e cujo resultado deixou poucas dúvidas quanto à posição dos países em questão. [...]
>
> Esperando que este apelo a algumas realidades políticas lhe evitará, no futuro, proclamações tão mentirosas, saúdo-o, meu caro Jean" etc.

É claro que não preciso que me seja sugerido "consultar" os representantes dos Estados do Sul. Dadas as minhas atribuições, frequento-os cotidianamente. Alguns são meus amigos.

Mas Lamy está certo num ponto: poucos dentre eles contestam abertamente a estratégia da OMC em matéria de comércio agrícola. A razão é evidente: numerosos governos do hemisfério sul dependem, para a sua sobrevivência, das ajudas ao desenvolvimento, dos capitais e dos créditos para infraestruturas dos Estados ocidentais. Sem os aportes regulares do Fundo Europeu para o Desenvolvimento (FED), vários governos da África Negra, do Caribe e da América Central seriam incapazes de pagar os salários de seus ministros, funcionários e soldados doze meses por ano.

A OMC é um clube de Estados dominadores e ricos. Essa realidade incita a prudência.

Pascal Lamy menciona a abertura dos mercados dos países industrializados aos produtos dos camponeses do Sul. Vê aí a prova da vontade da OMC em ajudar os agricultores do Terceiro Mundo.

Mas essa prova é inócua: quando da conferência ministerial de Cancún, em 2003, deveria formalizar-se o acordo internacional sobre a agricultura, prevendo, entre outras medidas, a abertura dos mercados agrícolas do Sul às sociedades multinacionais da alimentação como contrapartida do acesso aos mercados do Norte para alguns produtos do Sul.

Em Cancún, o embaixador brasileiro, Luiz Felipe de Seixas Corrêa, organizou a resistência. Os países do Sul rechaçaram a abertura de seus mercados às sociedades transcontinentais privadas e aos fundos de Estados soberanos estrangeiros.

Cancún foi um completo fiasco. E, até agora, o acordo internacional sobre a agricultura — peça central do ciclo de negociações iniciado em Doha — não foi firmado.

Porque todo mundo sabe muito bem, no Sul, que invocar, como o faz Lamy, a abertura dos mercados agrícolas do Norte aos produtos do Sul é pura ilusão.[4]

Na filípica que me endereçou, Lamy fala da eliminação de subsídios à exportação pagos pelos Estados ricos a seus camponeses. A Declaração ministerial de Hong-Kong diz, em seu parágrafo 6: "Concordamos em assegurar a eliminação paralela de todas as formas de subvenções à exportação e das disciplinas concernentes a todas as medidas relativas à exportação que tenham efeito equivalente [...]. Isso se alcançará de maneira progressiva e paralela".

O problema é que as negociações para a eliminação dos subsídios à exportação jamais foram além do estágio das declarações de intenção.

As negociações com vistas a um acordo internacional sobre a agricultura estão em ponto morto. E os Estados ricos continuam a

---

4. Uma ressalva importante: para os cinquenta países menos desenvolvidos, há acessos excepcionais para alguns produtos aos mercados do Norte.

subsidiar maciçamente seus agricultores. Não importa em qual mercado africano — em Dakar, Ouagadougou, Niamey ou Bamako —, uma dona de casa pode comprar legumes, frutas ou frangos vindos da França. Bélgica, Alemanha, Espanha, Grécia... pela metade ou por um terço do preço do produto africano similar. Alguns quilômetros mais longe, os agricultores wolof, bambara, mossi,[5] suas mulheres e suas crianças se extenuam doze horas por dia, sob um sol escaldante, sem ter a menor chance de assegurar-se um mínimo vital.

Quanto a Olivier De Schutter, meu excelente sucessor, Lamy sem dúvida não leu o relatório que ele escreveu depois de sua missão na OMC.

Esse relatório trata essencialmente do acordo internacional sobre a agricultura que a OMC não consegue concluir desde o fracasso da conferência de Cancún, em 2003. Pois bem: nele, Olivier De Schutter critica severamente a estratégia da OMC. Ele escreve: "Se queremos que o comércio seja favorável ao desenvolvimento e que contribua para a realização do direito a uma alimentação suficiente, é preciso reconhecer a especificidade dos produtos agrícolas, em vez de assimilá-los a uma mercadoria como qualquer outra."[6]

A quase totalidade das ONGs e dos sindicatos camponeses, mas também de numerosos Estados do Sul, exige que o acordo sobre o comércio dos bens agrícolas seja excluído da competência da OMC e, portanto, do ciclo de Doha.[7]

O alimento — dizem eles — deve ser considerado como um bem público.

Olivier De Schutter aderiu a esta posição. Eu também.

---

5. Etnias africanas que habitam especialmente o Mali, Costa do Marfim, Burkina Faso, Senegal e Mauritânia. (N.T.)

6. Olivier De Schutter, "Mission auprès de l'Organisation Mondiale du Commerce", Document ONU A/HRC/10/005/Add 2.

7. Cf. especialmente a "Note conceptuelle pour le Forum Social Mondial (FSM) de février 2011" (Dakar), redigida pelo comitê científico presidido por Samir Amin, bem como o documento apresentado pela Via Campesina e adotado pela assembleia plena do FSM.

QUARTA PARTE

A ruína do PAM e a impotência da FAO

1

A SURPRESA DE UM MILIARDÁRIO

A FAO e o Programa Alimentar Mundial (PAM) são grandes e belos legados de Josué de Castro. Essas duas instituições, todavia, estão ameaçadas — podem arruinar-se.

Ambas, recordemos, nasceram do formidável despertar que se apoderou da consciência europeia que saía da noite do fascismo: a FAO em 1945, o PAM em 1963.

O PAM se instala menos luxuosamente que a FAO. Seu quartel-general mundial situa-se numa triste periferia de Roma, entre um cemitério, terrenos vagos e uma fábrica de louças. No entanto, o PAM é a organização humanitária mais poderosa do mundo. E também uma das mais eficientes.

Sua tarefa é a ajuda humanitária de urgência.

Em 2010, a lista de beneficiários do PAM contava cerca de noventa milhões de homens, mulheres e crianças esfaimados.

Atualmente, o PAM emprega cerca de 10.000 pessoas, das quais 92% trabalham em campo, junto às vítimas.

No quadro do sistema da ONU, ele goza de grande independência. É dirigido por um conselho de administração composto por representantes de 36 Estados-membros.

Os Estados Unidos fornecem cerca de 60% das contribuições ao PAM. Durante décadas, as contribuições norte-americanas foram sobretudo em espécie: os Estados Unidos doavam seus enormes excedentes agrícolas ao PAM. Hoje, porém, os tempos mudaram. Os excedentes norte-americanos reduziram-se muito rapidamente, especialmente em função da produção em larguíssima escala de agrocarburantes, atividade sustentada por bilhões de dólares de subsídios públicos.

Assim, desde 2005, as contribuições em espécie oferecidas pelo governo de Washington ao PAM reduziram-se em cerca de 80%. Mas os Estados Unidos continuam sendo — e, de longe — o primeiro contribuinte do PAM em termos monetários.

A contribuição europeia é mais reduzida: em 2006, a Grã-Bretanha ofereceu 835 milhões de dólares; a Alemanha, 340 milhões. E a francesa continua pequena: 67 milhões de dólares em 2005, 82 milhões em 2006.

Para diminuir ao máximo os custos de transporte, mas também para não penalizar os produtores do Sul, o PAM se empenha em comprar alimentos nas regiões mais próximas das catástrofes. Em 2010, o PAM adquiriu alimentos no valor de 1,5 bilhão de dólares.

Em 2009-2010, a ajuda beneficiou prioritariamente três populações específicas: as vítimas das inundações no Paquistão, da seca no Sahel e do terremoto do Haiti. Os alimentos foram comprados, em sua maioria, na Etiópia, no Vietnã e na Guatemala.

Também em 2010, milhares de toneladas de milho, arroz, trigo e alimentos especiais para crianças de menos de dois anos e mulheres grávidas e lactentes foram compradas na Argentina, no México e na Tailândia, mas igualmente na Europa (especialmente a alimentação terapêutica a ser administrada por via intravenosa).

Em 11 de fevereiro de 2011, quando de uma entrevista coletiva em Roma, Josette Sheeran, atual diretora-executiva do PAM, pôde afirmar que, em 2011, pela primeira vez, o PAM efetuara mais de 80% de suas compras de alimentos nos países do hemisfério sul.

Na primeira parte deste livro, recordei a clara distinção estabelecida pela ONU entre a fome estrutural, que a FAO tem a missão de combater, e a fome conjuntural, que o PAM procura amenizar. Agora, devemos matizar essa distinção.

Definida pela Assembleia Geral da ONU, a atribuição do PAM é, muito precisamente, "eliminar a fome e a pobreza no mundo, respondendo às necessidades de urgência e apoiando o desenvolvimento econômico e social. O PAM deve visar particularmente a reduzir a taxa de mortalidade infantil, a melhorar a saúde das mulheres grávidas e a lutar contra as carências de micronutrientes". Assim, mais além da ajuda alimentar de urgência, o PAM garantiu — até 2009 — as refeições escolares de 22 milhões de crianças dos países mais pobres. Recentemente, a maioria dessas refeições foi suprimida, por razões que abordarei mais adiante.

O PAM, também, se tornou o pioneiro de um método de intervenção aplicado no seu programa *Food for Work* [*Comida em troca de trabalho*]. As vítimas que têm condições de trabalhar são engajadas pelo PAM na reconstrução de estradas e pontes destruídas, na reparação de canais de irrigação, na recuperação de terras, na reconstrução de silos, no conserto de escolas e hospitais. Por seu trabalho, pais e mães de família são pagos em espécie — tantos dias de trabalho valem tantos sacos de arroz.

E todas as obras do *Comida em troca de trabalho* são decididas pelas próprias populações. São estas que definem as prioridades.

A primeira vez que observei uma dessas obras foi no Cáucaso do Sul, na Geórgia. Esse magnífico e antiquíssimo país foi recentemente dilacerado por duas guerras civis. Na sequência do desmantelamento da URSS, em 1992, duas regiões georgianas separatistas, a Ossétia do Sul e a Abkhasia, insurgiram-se por sua independência. O governo de Tbilissi tentou dominar os rebeldes. Fugindo dos combates, centenas de milhares de refugiados, entre os quais se encontrava a maioria georgiana que habitava essas zonas, chegaram à Geórgia. No marasmo que se sucedeu ao colapso da economia soviética, a Geórgia não tinha meios para acolhê-los e alimentá-los. O PAM encarregou-se de fazê-lo, tanto quanto possível.

As duas regiões autonomizadas[1] estavam arrasadas. Nelas, o PAM financiou a limpeza dos campos de cultivo e a recuperação das plantações de chá abandonadas pelos camponeses que fugiram dos combates. Na Geórgia, os camponeses refugiados foram conduzidos pelo PAM para trabalhar em grandes obras em troca de arroz, farinha e leite em pó.

Graças ao PAM, no curso destas duas décadas, milhares de famílias de perseguidos, vítimas das grandes "limpezas" étnicas ocorridas durante aquelas guerras, puderam ter uma alimentação quase normal.

Desde então, acompanhei a implementação desse mesmo programa nas planícies áridas de Mekele, em Tigray, no Norte da Etiópia, onde não nascem mais que miseráveis gramíneas, mas também na serra de Jocotán, na Guatemala, e ainda na planície de Selenge, na Mongólia, no limite da vasta taiga siberiana. Em todas as partes, fiquei impressionado com o entusiasmo com que famílias inteiras se engajavam no programa.

Comida em troca de trabalho converte essas vítimas em atores de seu futuro, resgata sua dignidade, ajuda a reconstruir sociedades destruídas e, para retomar a expressão do PAM, "transforma a fome em esperança".[2]

O PAM, ainda, conduz embates diplomáticos exemplares. Assim como o Comitê Internacional da Cruz Vermelha (CICV), a organização duvida da eficácia dos "corredores humanitários" — zonas consideradas "neutras", propostas pela ONU para permitir levar, a partir de um depósito central, alimentos para acampamentos de pessoas deslocadas que devem ser socorridas.

---

1. Em 2008, a Ossétia do Sul e a Abkhasia proclamaram sua independência, logo reconhecida pela Federação Russa e alguns outros Estados aliados.

2. *Turn hunger into hope* — foi o que li numa faixa junto a um canteiro de obras do PAM em Rajshadi, Bangladesh.

A ideia era, no entanto, sedutora: em plena guerra, os "corredores humanitários" não garantiriam a livre circulação dos caminhões de socorro? Sim, mas ela também sugeria aos beligerantes que, fora desse perímetro, tudo estava permitido — incluindo o envenenamento de poços e solos, a matança de gado, o incêndio de colheitas, a devastação de cultivos, e tudo isso ao arrepio das Convenções de Genebra e das demais normas internacionais relativas à proteção de civis e do meio ambiente em caso de guerra.

No Sudão Ocidental, no Norte do Quênia, no Paquistão Ocidental, no Afeganistão, na Somália, bandos armados ou beligerantes atacam periodicamente os caminhões do PAM (como todos aqueles de outras organizações que prestam ajuda de urgência). As cargas são pilhadas, os caminhões incendiados, os motoristas frequentemente assassinados. Todos os homens e todas as mulheres engajadas no serviço ao PAM (do CICV, da ACF, do Oxfam e de outras ONGs que fazem trabalho idêntico) merecem, decididamente, o mais profundo respeito. Porque também eles põem em risco sua vida a cada viagem.

O PAM é uma organização extremamente complexa. Gerencia, nos cinco continentes, depósitos de emergência. Quando os preços dos alimentos básicos estão baixos no mercado mundial, o PAM constitui estoques de milhares de toneladas.

Possui uma frota própria de 5.000 caminhões, com motoristas cuidadosamente selecionados.

Em muitos países, ele é obrigado a subcontratar veículos, como, por exemplo, na Coreia do Norte, onde o exército detém o monopólio (e, por consequência, o controle) do transporte. Em outros países, somente os transportadores locais conhecem suficientemente as estradas — cheias de armadilhas, esburacadas e com muitos atalhos — para levar o socorro com eficiência (este é, claramente, o caso do Afeganistão).

O departamento de transporte do PAM, em Roma, possui também uma frota de aviões. No Sul do Sudão, centenas de milhares de famélicos são inacessíveis através de estradas ou vias fluviais. É assim que, no Sudão Ocidental, dezenas de milhares de soldados e policiais dos países membros da União Africana (particularmente de Ruanda e da Nigéria) garantem, bem ou mal, a segurança dos dezessete campos de pessoas deslocadas das três províncias do Darfur em chamas. Sua ação é coordenada pelo Department of Peace Keeping Operation [Departamento de Operações de Manutenção da Paz] (DPKO), sediado em Nova Iorque. É com os aviões do PAM que o DPKO transporta os soldados e policiais africanos para o Darfur.

Na Ásia Central e do Sul, no Caribe e na África Oriental e Central, pude acompanhar as intervenções de urgência do PAM. Multipliquei os encontros com seus dirigentes e com as pessoas que trabalham ali — geralmente, de uma qualidade humana excepcional. Minha admiração pelo PAM tem raízes nesses encontros.

Daly Belgasmi vem de uma tribo iemenita imigrada há séculos na Tunísia Central. Nasceu em Sidi Bouzid,[3] é um homem de temperamento vulcânico, com uma contagiante alegria de viver e dotado de uma notável combatividade. Nutricionista de formação, alto dirigente do PAM, luta há quase trinta anos contra o monstro da fome. Em 2002, era o diretor de operações em Islamabad. Então, a fome assolava o Sul e o Centro do Afeganistão — crianças, mulheres e homens morriam ali aos milhares.

Por essa época, o alto-comando norte-americano bombardeou e incendiou, por duas vezes, o principal depósito de alimentos do PAM em Kandahar — depósito claramente protegido pela bandeira da ONU e devidamente assinalado por Roma ao quartel-general da US Air Force instalado em suas cavernas do Colorado. Como a região meridional do Afeganistão — especialmente Kandahar — estava "infestada" de talibãs, os generais americanos temiam que esse depósito caísse em mãos inimigas.

---

3. Cidade onde irrompeu a revolução tunisiana, em 17 de dezembro de 2010.

A fome tornava-se dia a dia mais mortífera no Afeganistão e o bloqueio alimentar de fato imposto pelas tropas norte-americanas era cada vez mais rigoroso. Daly Belgasmi tomou uma decisão: reuniu em Peshawar uma coluna de cerca de três dezenas de caminhões "27 toneladas" do PAM lotados de arroz e trigo, caixas de leite em pó e contêineres com água. Ao coronel americano que era seu contato habitual no quartel-general operacional em Cabul, enviou a seguinte mensagem: "Nossos caminhões entrarão em território afegão amanhã, por volta das sete horas, vindos do Khyber Pass e tomando a estrada de Jalalabad. Solicito informar ao comandante operacional da aviação. Peço o cessar total dos bombardeios amanhã, até a noite, sobre a estrada, cujas coordenadas estão em anexo".

Na manhã do dia assinalado, Belgasmi deu o sinal para a partida. A resposta do coronel americano alcançou-o pouco além da Torkham Gate, quando a coluna já percorria território afegão. O coronel exigia a suspensão imediata da viagem.

Os caminhões continuaram a descer as curvas sinuosas do desfiladeiro em direção a Jalalabad. Belgasmi estava na cabine do primeiro caminhão.

Soube deste episódio anos depois, pelos lábios de Jean-Jacques Graisse, eminência parda e diretor-geral adjunto do PAM. Exclamei: "Mas Daly poderia ter morrido!". Sorrindo, Graisse me replicou: "Pior seria se perdesse um só caminhão... Nós o demitiríamos imediatamente do seu cargo".

Em 2011, Daly Belgasmi é o diretor regional do PAM para o Oriente Próximo e o Norte da África, sediado no Cairo. Como um leão, luta diariamente contra os oficiais israelenses em Karni, ponto de passagem dos caminhões do PAM na fronteira entre Israel e Gaza. Cada caminhão de ajuda que passa e chega às crianças, às mulheres e aos homens desnutridos de Gaza constitui para ele uma vitória pessoal.

Outro personagem surpreendente que conheci no PAM é Jim Morris. Figura totalmente atípica de norte-americano... Daquelas de que gostamos. Grande, cabelos brancos, corpulento, esse gigante simpático, filho do Meio Oeste, caiu de paraquedas, graças a seu velho amigo, o presidente George W. Bush, na direção executiva do PAM.

Miliardário, James T. Morris possui prósperas empresas em Indianápolis. Exerceu cargos públicos, trabalhou em organizações de beneficência e foi um grande contribuinte da campanha presidencial de George W. Bush. A Casa Branca devia-lhe um lugar de destaque.

Um ministério? Morris não o desejava. Queria viajar. Uma embaixada? Pouco importante para o seu gosto. Restava a direção de uma grande organização internacional. E aí entra o PAM.

Avô tranquilo, cheio de curiosidade e com extraordinária vontade de fazer bem as coisas, Morris desembarcou em Roma como que pisando na lua. Ignorava tudo sobre a fome no mundo e sobre a luta conduzida pelo PAM.

Logo que nomeado, Morris deu a volta ao mundo. Visitou todos os oitenta países nos quais o PAM atuava. Conheceu dezenas de frentes do programa *Comida em troca de trabalho* e centenas de centros nutricionais de urgência, nos quais as crianças são atendidas com sondas intravenosas e devolvidas — muitas delas — lentamente à vida. Passou por escolas e cozinhas de refeições escolares. Estudou as estatísticas sobre as vítimas. Viu crianças agonizantes, mães desesperadas e pais de olhar ausente.

Ele foi tomado pela surpresa. Recordo-me de uma de suas expressões mais recorrentes: "*This can not be...*" [Isto é intolerável].

Mobilizando sua formidável energia, apoiada em sua larga experiência de homem de negócios que ergueu um império, ele mergulhou no trabalho.

Morris é um cristão de confissão episcopaliana. Em meio a alguns de seus relatos, pude perceber seus olhos cheios de lágrimas. Releio algumas das cartas que me enviou e que resumem perfeitamente suas motivações: "Querido Senhor Ziegler: Quero agradecer-

-lhe por todo o bem que faz. Admiro seu engajamento em favor dos pobres e dos famintos do mundo. [...] Tanta gente precisa de nós [...], é muito triste [...], especialmente os pequeninos. Boa sorte. Jim". E noutra missiva: "Cada um de nós deve fazer tudo o que for possível, todos os dias, pelos outros, estejam eles próximos ou distantes de nós. Tudo o que sei é que o que nos une é nossa humanidade [...]. É impossível compreender o grande mistério da vida [...]. Tantas coisas deveriam ser feitas e tão poucos esforços o fazem!".

Uma relação amistosa estabeleceu-se entre nós — com algumas consequências cômicas.

Foi Jean-Jacques Graisse quem nos apresentou, durante um almoço no restaurante Port Gitana, em Bellevue, junto ao lago, perto de Genebra. Então, Morris me convidara, na condição de *special guest*,[4] à conferência quadri-anual do PAM, em junho de 2004, em Dublin. Com efeito, a cada quatro anos o PAM reunia todos os seus diretores e diretoras regionais para uma discussão sobre as estratégias propostas pela organização.

Decênios tinham corrido desde a época de Josué de Castro e mais ninguém no PAM se lembrava do direito à alimentação. No interior do sistema das Nações Unidas, os direitos humanos eram incumbência do Conselho de Direitos Humanos, e não das organizações especializadas. O próprio PAM se considerava uma organização de ajuda humanitária — e nada mais.

Em Dublin, defendi um enfoque normativo e, portanto, mudanças econômicas e sociais estruturais. Belgasmi, Graisse e Morris me apoiaram.

No último dia da conferência, 10 de junho, Morris fez votar uma resolução que estipulava que, a partir desse dia, a realização do direito à alimentação constituía o objetivo estratégico do PAM.

Informei-o, logo de imediato, que, no Conselho de Direitos Humanos, em Genebra, e na III Comissão da Assembleia Geral da

---

4. Convidado especial. (N.T.)

ONU, em Nova Iorque (em que, duas vezes por ano, eu apresentava meus relatórios e formulava minhas recomendações), os diferentes embaixadores e embaixadoras norte-americanos continuavam a me atacar com virulência. Eles negavam a própria existência de qualquer direito humano à alimentação.

Mobilizando toda a sua energia e a sua habilidade diplomática, Morris, ao contrário, defendia agora esse direito. E, como diretor-executivo do PAM, era regularmente convidado pelo Conselho de Segurança para informar sobre a situação alimentar do mundo.

Por duas vezes, durante as suas intervenções, citou-me nos seguintes termos: "Meu amigo Jean Ziegler, com quem não compartilho nenhuma das suas opiniões políticas...".

Essa situação, de fato, perturbava especialmente o embaixador Warren W. Tichenor, enviado especial do presidente Bush a Genebra — logo, este não se atreveu a comparecer ao Conselho de Direitos Humanos: enviou seu adjunto, um sinistro ítalo-americano, de nome Mark Storella, que, naturalmente, continuou a me atacar. Aos olhos dos diplomatas norte-americanos em Genebra (assim como aos de seus colegas de Nova Iorque), eu permanecia o criptocomunista que abusava de seu mandato na ONU e que eles pretendiam ter desmascarado. "O senhor tem um plano oculto", "O senhor está envolvido numa cruzada secreta contra a política do nosso presidente!" — quantas vezes fui obrigado a ouvir estas censuras idiotas?

Inúmeras vezes exigiram minha demissão. Mas a amizade do secretário-geral da ONU, Kofi Annan, e a habilidade diplomática do alto comissário para os direitos humanos, Sérgio Vieira de Mello,[5] salvaram enfim o meu mandato. Ainda que, na última vez, por um triz...

---

5. O brasileiro Sérgio Vieira de Mello (1948-2003), doutor em Ciências Humanas pela Sorbonne (Paris), era filho de um diplomata cassado pelo regime ditatorial em 1969, mesmo ano em que começou a servir a ONU como funcionário internacional. Vinculado ao Alto Comissariado das Nações Unidas para os Refugiados (Acnur), desempenhou missões em vários países. Morreu em trabalho, num atentado terrorista em Bagdá. (N.T.)

Mas Jim Morris estava fora do alcance do embaixador Tichenor. Peso-pesado do Partido Republicano, homem de negócios livre de qualquer dependência em face da administração, Morris podia a qualquer momento recorrer à Casa Branca pelo telefone. Ignoro se algum dia ele falou do direito à alimentação a seu amigo George W. Bush.

Esgotado, no limite de suas forças, Jim Morris deixou Roma na primavera de 2007.[6]

---

6. Atualmente, ele é o presidente geral da IWC Resources Corporation e da Indianapolis Water Company, que fornece água à sua cidade. É, ainda, proprietário de um dos times de basquete mais prestigiados dos Estados Unidos — Indiana Pacers.

2

A grande vitória dos predadores

Ao longo de todos os meus anos como relator especial sobre o direito à alimentação, os momentos mais belos — os mais intensos e os mais emocionantes —, eu os vivi nas cantinas e nas cozinhas das escolas da Etiópia, de Bangladesh, da Mongólia...

Ali, sentia-me orgulhoso de ser um homem.

O alimento variava conforme os países. As refeições eram preparadas com produtos locais: na África, mandioca, painço, sementes de gramíneas; na Ásia, arroz, frango e molhos; nos altiplanos andinos, quinoa e batatas-doces. Em todos os continentes, o PAM incluía legumes na comida. Como sobremesa, sempre frutas locais, conforme os países: mangas, tâmaras, uvas.

Uma refeição cotidiana oferecida na cantina podia estimular os pais a mandar as crianças à escola e mantê-las nela. Essa refeição, evidentemente, favorecia o aprendizado e permitia que as crianças se concentrassem no estudo.

Com somente 25 centavos de dólar, o PAM podia oferecer um prato de sopa, batatas, arroz ou leguminosas e entregar aos escolares uma ração mensal para levar à casa. Bastavam cinquenta dólares para alimentar, durante um ano, uma criança na escola.

Na maioria dos casos, as crianças recebiam na escola o café da manhã e/ou um almoço — refeições preparadas na própria escola, pela comunidade, ou em cozinhas centrais. Alguns programas de cantina escolar ofereciam refeições completas, enquanto outros forneciam biscoitos com alto teor energético ou comidas leves. As famosas rações para levar à casa completavam os programas alimentares das cantinas. Graças a elas, famílias inteiras recebiam víveres quando suas crianças iam à escola. A distribuição das rações dependia da inscrição e da frequência escolar das crianças.

Na medida do possível, os alimentos eram comprados no mercado local. A proximidade beneficiava os pequenos produtores agrícolas.

As refeições fornecidas na cantina eram, ademais, enriquecidas com micronutrientes. Assim, oferecendo um alimento vital nas regiões mais pobres, a alimentação escolar conseguia, às vezes, romper o ciclo da fome, da pobreza e da exploração infantil.

A alimentação escolar era também distribuída às crianças atingidas pela Aids, aos órfãos, às crianças com deficiências e aos meninos-soldados desmobilizados.

Antes de 2009, o PAM fornecia, assim, refeições escolares a — em média — 22 milhões de crianças, em setenta países, ao custo total de 460 milhões de dólares. Em 2008, o PAM forneceu rações para levar à casa a 2,7 milhões de meninas e a 1,6 milhão de meninos. O PAM também alimentou 730.000 crianças que frequentavam creches em quinze países: Haiti, República Centro-Africana, Guiné, Guiné-Bissau, Serra Leoa, Senegal, Benim, Libéria, Gana, Quênia, Moçambique, Paquistão, Tadjiquistão e nos territórios palestinos ocupados.

Um dia, em uma escola em Jessore, em Bangladesh, observei, no fundo da sala de aula, um menino de cerca de sete anos que tinha, sobre sua carteira, sem tocá-lo, um prato de sopa de aveia e feijão. Ele permanecia imóvel, a cabeça abaixada. Perguntei o que se passava a S. M. Mushid, o diretor regional do PAM. Este deu-me uma resposta evasiva. Estava, claramente, aborrecido. Enfim, falou:

"Sempre há problemas... Aqui, em Jessore, não temos meios para oferecer aos estudantes rações familiares para levarem para casa. Por isso, o menino deixa de comer... Quer levar a sua parte para a família".

Manifestei-lhe minha estranheza. "Mas, então, deixe-o levar... Ele ama a sua família." E Mushid: "Ele está com fome. Tem que comer. O regulamento não deixa que se leve comida para fora da escola".

Esse é um problema recorrente nos locais em que o PAM mantém cantinas escolares. Quando seu orçamento (e o das ONGs que colaboram) não permite oferecer aos estudantes alimentação suplementar para levar à casa, aplicam-se regras estritas.

Em Sidamo, no Sul da Etiópia, por exemplo, o responsável fecha a cantina à chave logo que a refeição está servida, para forçar os alunos a comerem no seu interior. Quando os meninos saem, para lavar os dentes ou as mãos, o professor verifica se todas as refeições foram consumidas e para que não se deixem, escondidos, pratos cheios ou pela metade...

Esses meninos são muito amorosos com suas famílias. Vivem conflitos de lealdade e solidariedade, sabendo que em casa se passa fome enquanto eles comem. Alguns, atormentados pelo remorso, preferem jejuar a almoçar...

Esse problema, por razões trágicas, colocou-se há pouco tempo.

De fato, em 22 de outubro de 2008, os dezessete chefes de Estado e de governo dos países da zona do euro reuniram-se no palais de l'Élysée, em Paris. Às 18 horas, Angela Merkel e Nicolas Sarkozy apresentaram-se à imprensa na escadaria principal do palácio. Declararam aos jornalistas: "Decidimos liberar 1,7 trilhão de dólares para desbloquear o crédito interbancário e elevar o percentual mínimo de autofinanciamento dos bancos de três para 5%".

Antes do final de 2008, as contribuições dos países da zona do euro para a ajuda alimentar de urgência reduziram-se praticamente à metade. O orçamento habitual do PAM alcançava cerca de seis bilhões de dólares; em 2009, caiu para 3,2 bilhões. E o PAM viu-se na contingência de praticamente suspender a oferta de refeições escolares em todo o mundo, particularmente em Bangladesh.

Cerca de um milhão de crianças de Bangladesh, desde então, encontram-se privadas de receber essa comida. Mais adiante, tratarei de minha missão no país, em 2005. Visitei muitas escolas em Dacca, Chittagong e outros lugares. Era evidente que aquelas crianças de grandes olhos negros, de corpos tão frágeis, recebiam na escola a sua única refeição diária mais substantiva.

Recordo-me também de uma reunião, que durou várias horas, no gabinete do ministro da Educação, em Dacca. Eu e meus colaboradores, apoiados pelo representante local do PNUD, empenhamo-nos para que as escolas de Bangladesh se mantivessem abertas durante as férias — vale dizer, para que as crianças fossem alimentadas durante todo o ano. O ministro recusou nossa proposta.

Hoje, o problema já nem mais se apresenta. Porque, país a país, o PAM foi suspendendo a maioria das refeições escolares.

Para 2011, o PAM estimou suas necessidades inadiáveis em sete bilhões de dólares. Até inícios de dezembro de 2010, não recebera mais que 2,7 bilhões. A queda de recursos teve consequências dramáticas.

Observei de perto o caso de Bangladesh.

Em 2009, neste país particularmente populoso, pobre e exposto às variações climáticas, oito milhões de homens, mulheres e crianças tinham perdido todo tipo de renda e se encontravam, conforme os termos próprios do PAM, "no limiar da aniquilação pela fome" (*on the edge of starvation*). Somaram-se duas catástrofes: terras devastadas por uma monção extremamente violenta e o fechamento de um grande número de indústrias têxteis, diretamente afetadas pela crise financeira mundial.

Naquele ano, a direção do PAM asiática solicitou, para ajudar Bangladesh, 257 milhões de dólares. Recebeu 76 milhões.

A situação foi pior em 2010: a direção asiática recebeu apenas, para ajudar Bangladesh, sessenta milhões de dólares. Para 2011, ela esperava uma redução ainda mais forte da contribuição dos Estados doadores — vale dizer: um número maior de pessoas condenadas a morrer de fome.

A situação é igualmente trágica em outras regiões do mundo.

Em 31 de julho de 2011, a ONU divulgou a seguinte informação:

> 12,4 milhões de pessoas se encontram ameaçadas pela fome no Corno da África. Essa região do Leste do continente envolve cinco países, dos quais os mais afetados são a Etiópia e a Somália [...]. 1,2 milhão de crianças estão ameaçadas no Sul da Somália. Muito debilitadas, correm o risco de morrer porque lhes faltam forças para resistir às enfermidades.

O PAM solicitou 1,6 bilhão de dólares. Recebeu menos de um terço.

No campo de Dadaab, no território queniano, comprimiam-se 450.000 pessoas. Centenas de milhares de outras tentavam chegar aos acampamentos estabelecidos pela ONU em Ogaden. A cada dia, milhares de novas famílias aparecem do meio da bruma matinal, depois de marchas de cem, cento e cinquenta quilômetros. Em Dadaab, para registrá-las, o tempo necessário gira em torno de quarenta dias — faltam funcionários para fazê-lo. Há carência de alimentos compostos enriquecidos (tabletes alimentares, biscoitos fortificados)[1] e de ampolas terapêuticas. Grande número de crianças agoniza nos acampamentos e nos seus arredores.

Por dias e noites, frequentemente por semanas, famílias que deixaram suas aldeias assoladas pela seca caminham sob um sol

---

1. Compostos de cereais, soja, feijão, leguminosas, grãos oleaginosos e leite em pó, enriquecidos com minerais e vitaminas. Preparados especialmente para o PAM, são misturados à água e servidos como papas ou sopas.

abrasador, asfixiadas pela poeira da estepe, para chegar a um acampamento. Muitos morrem pelo caminho. Mães são obrigadas a deixar para trás seus filhos mais débeis. À beira das estradas, nos acampamentos, sob abrigos improvisados nos arredores, dezenas de milhares de seres humanos já morreram de fome.

Em inícios de agosto de 2011, a Unicef estimava em 570.000 as crianças com menos de dez anos vítimas de subalimentação extrema e sob risco de morte iminente.

O apelo do Unicef, de 18 de agosto de 2011, chama também a atenção para a invalidez que ameaça, segundo suas estimativas, cerca de 2,2 milhões de crianças que poderão sobreviver, mas que arrastarão pela vida as sequelas da subalimentação. Recordemos que uma criança privada de nutrição adequada entre zero e dois anos, período crucial para o desenvolvimento das células do cérebro, será um mutilado por toda a vida.

Seria evidentemente injusto censurar a madame Merkel, os senhores N. Sarkozy, Zapatero ou Berlusconi — e os outros chefes de Estado e de governo — pela decisão, tomada em 2008, de oferecer 1,7 trilhão de euros a seus bancos, em detrimento dos subsídios destinados ao PAM.[2]

Madame Merkel e o senhor Sarkozy foram eleitos para sustentar — e, em caso de necessidade, recolocar em ordem — as economias alemã e francesa. Não foram eleitos para combater a fome no mundo. Ademais, as crianças mutiladas de Chittagong, Oulan-Bator e Tegucigalpa não votam. E tampouco morrem na avenida Champs-Élysées, em Paris, na Kurfürstendamm, em Berlim, ou na plaza de Armas, em Madri.

Os verdadeiros responsáveis por essa situação são os especuladores — gestores dos *hedge funds*, grandes e distintos banqueiros e outros predadores do capital financeiro globalizado — que, obceca-

---

2. Cf. "When feeding the hungry is political", *in The Economist*, 20 mar. 2010.

dos pelo lucro e pelos ganhos pessoais, e também cínicos, arruinaram o sistema financeiro mundial e destruíram centenas de bilhões de euros de bens patrimoniais.

Esses predadores deveriam ser levados a um tribunal por crimes contra a humanidade. Mas seu poder é tal — e tal é a debilidade dos Estados — que eles, obviamente, não correm nenhum risco.

Bem ao contrário: desde 2009, como se nada tivesse acontecido, eles retomaram, quase alegremente, suas práticas deletérias, pouco obstaculizadas por algumas tímidas novas normas decretadas pelo Comitê de Basileia, instância coordenadora dos bancos centrais dos países ricos: mínimo de autofinanciamento, vigilância minimamente aumentada dos produtos derivados[3] etc. O Comitê de Basileia não adotou nenhuma decisão referente à remuneração e aos bônus dos banqueiros — assim, Brady Dougan, presidente do conselho do Crédit Suisse, recebeu, em 2010, a título de bônus pessoal, a modesta soma de 71 milhões de francos suíços (65 milhões de euros)...

3. Trata-se aqui de "produtos" oferecidos pelo sistema bancário, entre os quais se incluem os "derivativos", basicamente títulos derivados originalmente de ações e que especulam com alterações de preços no futuro. (N.T.)

3

A nova seleção

No sóbrio edifício do PAM, em Roma, encontram-se duas salas onde se decide, cotidianamente, o destino — ou, mais concretamente, a vida ou a morte — de centenas de milhares de pessoas.

A primeira dessas salas, a "sala da situação" (*situation room*) abriga o banco de dados da organização.

A força principal do PAM consiste em sua capacidade de reagir com a maior rapidez às catástofres e de mobilizar, num lapso de tempo mínimo, navios, caminhões e aviões para levar o alimento e a água indispensáveis à sobrevivência das vítimas. O tempo médio de resposta do PAM gira em torno de quarenta e oito horas.

As paredes da "sala da situação" são cobertas por imensas cartas geográficas e monitores. Sobre as mesas, compridas e negras, espalham-se cartas meteorológicas, fotos tiradas por satélites etc.

Todas as colheitas, no mundo inteiro, são monitoradas diariamente. A movimentação de gafanhotos, as tarifas dos fretes marítimos, as cotações do arroz, do milho, do óleo de palma, do painço, do trigo e da cevada no Chicago Commodity Stock Exchange[1] e noutras bolsas mundiais de matérias-primas agrícolas, bem como

---

1. Bolsa de Matérias-Primas Agrícolas de Chicago, que diariamente fixa os preços agrícolas para o mercado mundial. (N.T.)

outras variáveis econômicas, são examinadas e analisadas constantemente.

Entre o Vietnã e o porto de Dakar, por exemplo, o arroz permanece viajando pelo mar por seis semanas. A evolução dos custos de transporte desempenha um papel crucial. As variações previsíveis do preço do barril de petróleo constituem outro elemento cuja evolução é atentamente seguida pelos economistas e especialistas em transportes e seguros que trabalham na "sala da situação". Esses profissionais são muito competentes e sempre estão prontos a oferecer rapidamente a informação necessária.

A outra sala estratégica do quartel-general do PAM em Roma, embora menos impressionante à primeira vista e menos frequentada por especialistas de todos os tipos, é a da Vulnerability Analisys and Mapping Unit [Unidade de Análise e Mapeamento de Vulnerabilidade] (VAM). Atualmente, dirige-a uma mulher enérgica, Joyce Luma. Daí saem pesquisas minuciosas que, nos cinco continentes, identificam os grupos vulneráveis. Joyce Luma é a encarregada, digamos, de estabelecer a hierarquia da miséria.

Ela trabalha com todas as outras organizações da ONU, com as ONGs, as Igrejas, os ministérios da Saúde e Assuntos Sociais dos Estados e, sobretudo, com as direções regionais locais do PAM.

No Camboja, no Peru, em Bangladesh, no Paquistão, no Malawi, no Tchade, em Sri Lanka, na Nicarágua, no Paquistão, no Laos etc., ela subcontrata com ONGs locais as pesquisas de campo. Munidos com questionários detalhados, os pesquisadores (mais frequentemente, pesquisadoras) vão de cidade em cidade, de favela em favela, de casebre em casebre, interrogando chefes de famílias, pessoas isoladas e mães solteiras sobre sua renda, seu emprego, sua situação alimentar, as doenças mais frequentes em casa, abastecimento de água etc. Geralmente, os questionários se compõem de trinta a cinquenta questões — todas elaboradas em Roma. Preenchidos, eles são enviados a Roma e analisados por Joyce Luma e sua equipe.

Elie Wiesel[2] é certamente um dos maiores escritores do nosso tempo. Também é um sobrevivente dos campos de concentração de Auschwitz-Birkenau e Buchenwald. Ele evidenciou com especial argúcia a contradição quase insuperável que marca todo o discurso sobre os campos de extermínio. De um lado, os campos nazistas remetem a um crime tão monstruoso que nenhuma palavra humana é realmente capaz de exprimi-lo — falar de Auschwitz é banalizar o indizível. Mas, por outro lado, impõe-se o dever da memória: tudo, inclusive o crime mais monstruoso, pode a qualquer momento se repetir — por isso, é necessário falar, advertir, alertar do perigo da repetição às gerações que não conheceram o indizível.

No coração da barbárie nazista esteve a seleção. A rampa de Auschwitz era o lugar onde, num piscar de olhos, decidia-se o destino de cada recém-chegado: para a direita, os que iam morrer; para a esquerda, aqueles que, por um tempo incerto, desfrutariam da sobrevivência.

Também no coração do trabalho de Joyce Luma está a seleção. Como os recursos do PAM se reduziram tanto e como a atual disponibilidade de alimentos é insuficiente para responder aos milhões de braços que se estendem, é preciso escolher.

Joyce Luma procura ser justa. Com todos os meios técnicos à disposição da maior organização humanitária do mundo, ela se esforça para identificar, em cada um dos países assolados pela fome, as pessoas mais vulneráveis, mais imediatamente em risco de perecer. Ficarão fora da sua intervenção as pessoas e os grupos que, por desgraça, não se inserem na categoria das "extremamente vulneráveis", mas que também fazem parte da população afetada por grave subalimentação e, consequentemente, estão condenadas a uma morte próxima, ainda que adiada.

---

2. Escritor judeu, nascido em 1928, prêmio Nobel da Paz (1986), sobrevivente de campos de concentração. Entre seus muitos livros traduzidos ao português, cite-se *Holocausto. Canto de uma geração perdida* (Rio de Janeiro: Documentário, 1978), *O dia* (Rio de Janeiro: Ediouro, 2001) e *O caso Sonderberg* (Rio de Janeiro: Bertrand-Brasil, 2010). (N.T.)

Joyce Luma, mulher de humanidade irradiante e de irradiante compaixão, tem que decidir quem vai viver e quem vai morrer. Também ela pratica a seleção, embora o faça — e isso impede qualquer comparação com o horror nazista — em função de uma necessidade objetiva imposta ao PAM.

4

Jalil Jilani e suas crianças

Bangladesh é um imenso e verdejante delta de 143.000 quilômetros quadrados, povoado por 160 milhões de seres humanos. É o país mais densamente habitado do planeta. Discretos, sorridentes, constantemente em movimento, os bengalis estão por todas as partes. Antes de minha primeira missão no país, Ali Tufik Ali, seu sutil embaixador em Genebra, me disse: "Você jamais estará sozinho, verá pessoas por todos os lados".

De fato, por onde fui, do Norte ao Sul, em Jessore ou em Jamalpur, ou nos manguezais junto ao golfo de Bengala, sempre estive rodeado por homens, mulheres e crianças sorridentes, vestidos pobremente, mas com roupas impecavelmente limpas e passadas.

Mas Bangladesh é também um dos países mais corrompidos do mundo. Durante todo o meu mandato de relator especial, apenas uma vez fui objeto de uma tentativa de corrupção — em Dacca, precisamente em 2005. Acompanhado por Christophe Golay e minhas colaboradoras, Sally-Anne Way e Dutima Bagwali, duas mulheres jovens e brilhantes, eu estava sentado, no salão de honra do Ministério de Negócios Exteriores, diante do ministro e de seu assessor parlamentar.

Ao cabo de pelo menos uma hora, eu tentava falar ao ministro — um homem gordo, de olhos astutos, molhado de suor, apesar do ventilador que pendia do teto, e homem que era um dos principais barões da indústria têxtil do país — sobre a questão dos enormes criadouros de camarão que empresas multinacionais indianas tinham sido autorizadas a instalar nos manguezais das margens do golfo.

Eu recebera as queixas dos pescadores. Suas atividades artesanais estavam — argumentavam eles — sendo arruinadas. Os criadouros instalados pelos indianos os impediam de chegar aos manguezais e os afastavam da costa ao longo de centenas de quilômetros. Tratava-se de uma evidente violação do direito à alimentação dos pescadores bengalis, bancada pelo seu próprio governo. Queria obter do ministro uma cópia dos contratos firmados entre o seu governo e as multinacionais indianas envolvidas.

Eu só obtinha evasivas. Em vez de responder as questões que lhe eram colocadas, o ministro se obstinava em cortejar — grosseiramente — as minhas jovens e belas colaboradoras, o que, obviamente, as exasperava.

De repente, diante de seu assessor parlamentar, o ministro exibiu um sorriso meloso:

> Minha sociedade oferece a seus clientes internacionais, periodicamente, conferências de alto nível. Convido cientistas, acadêmicos do mundo inteiro, sobretudo dos Estados Unidos e da Europa. Nossos clientes gostam muito... e nossos conferencistas também. Pagamos honorários apreciáveis... O senhor dispõe de algum espaço aberto em sua agenda? Eu ficaria feliz em convidá-lo.

Jovem guianense de temperamento vulcânico, Dutima levantou-se. Sally-Anne e Christophe também se prepararam para sair batendo a porta. Eu os contive.

O assessor parlamentar sorriu devotamente. E o ministro não entendeu por que, de forma abrupta, despedi-me e pus fim à nossa conversa.

* * *

Dacca...[1] O calor úmido colava a roupa ao corpo.

Reencontrei, no Ministério da Cooperação, Waliur Rahman, secretário de Estado. Em 1971, quando jovem estudante, fora o enviado de Mujibur Rahman a Genebra, durante a guerra de libertação de Bangladesh (então Paquistão Oriental) contra as forças armadas do ocupante paquistanês.[2]

Muammar Murshid e Rane Saravanamuttu, do escritório local do PAM, juntaram-se a Waliur e me acompanharam na visita à favela de Golshan, onde vivem 800.000 pessoas em casebres e choças de madeira e barro às margens lamacentas do rio.[3]

Todos os povos do imenso "país dos mil rios" — como os bengalis chamam à sua esplêndida pátria — estão reunidos ali: milhares de famílias refugiadas de Jamalpur, onde, um ano antes, uma monção provocara mais de 12.000 mortes; famílias de Shaotal, Dhangor e Oxão, vindas das florestas, e nativos das "tribos" animistas, a população mais desprotegida e a mais desprezada pelos muçulmanos. Em Golshan vivem também centenas de milhares de subproletários urbanos, desempregados permanentes ou recentemente despedidos das gigantescas fábricas de subcontratação têxtil.

Todas as religiões se misturam na favela: os muçulmanos, largamente majoritários, os hindus do Norte, os católicos, inúmeras tribos outrora animistas convertidas por missionários durante a colonização.

Pedi para visitar algumas áreas. Waliur chamou a delegada municipal, responsável pela favela.

---

1. Em 1950, Dacca tinha 500.000 habitantes; atualmente, tem quinze milhões. [Os números fornecidos por Ziegler dizem respeito à região metropolitana de Dacca. (N.T.)]

2. Entre 1947 e 1971, Bangladesh constituiu parte do Paquistão (como Paquistão Oriental). Em 1971, depois de uma guerra de nove meses, com apoio indiano, tornou-se Estado autônomo. Mujibur Rahman (1920-1971), destacado militante nacionalista, assumiu a direção do novo Estado; foi assassinado por um grupo de militares. (N.T.)

3. O rio que banha Dacca é o Buriganga. (N.T.)

Poucos barracos têm portas. Uma simples cortina fecha a entrada.

A delegada abriu uma cortina. No espaço pouco iluminado por uma vela, descubro, sentada sobre a única cama, uma jovem — vestida com um sári muito usado — e quatro crianças pequenas. Estavam pálidas e esquálidas. Mudas, contemplam-nos fixamente com seus grandes olhos negros. Somente a jovem mãe esboça um tímido sorriso.

Ela se chama Jalil Jilani. Seus filhos, duas meninas e dois meninos. O marido — um condutor de *rikshaw*[4] — morrera meses antes, vítima de tuberculose.

Bangladesh é um dos principais países da Ásia do Sul e do Sudeste onde as empresas multinacionais têxteis do Ocidente fabricam, em especial empregando mulheres — em zonas chamadas de "produção livre" —, seus *blue jeans*, roupas desportivas etc. Os custos de produção são imbatíveis. As empresas subcontratadas pertencem sobretudo a sul-coreanos e tailandeses. As zonas de produção livre ocupam quase toda a periferia ao sul de Dacca, onde se erguem imensas instalações de concreto de sete a dez andares.

Aí não têm vigência quaisquer regulamentos sanitários, não existe nenhuma legislação salarial. Os sindicatos são proibidos. A contratação e o despedimento de trabalhadores se fazem de acordo com a flutuação das encomendas de Nova Iorque, Londres, Hong-Kong ou Paris.

Jalil fora empregada como costureira pela empresa Spectrum Sweater, em Savar, junto de Dacca. Mais de 5.000 pessoas, das quais 90% mulheres, cortavam, cosiam e embalavam camisetas (*t-shirts*), calças desportivas e *jeans* por conta de grandes marcas estadunidenses, europeias e australianas.

O salário-mínimo mensal legal para o meio urbano é de 930 *takas*. A Spectrum Sweater pagava a seus operários e operárias setecentas *takas* por mês — o equivalente a doze euros.[5]

A Clean-Close Campaign — campanha lançada em defesa do trabalho têxtil executado em condições aceitáveis, por iniciativa de um

4. Veículo leve motorizado, espécie de jinriquixá. (N.T.)

5. Ao câmbio de 2005. [Taka é a moeda oficial de Bangladesh. N. do T)]

consórcio de ONGs suíças — calculou que, de um *blue-jean* da Spectrum Sweater vendido em Genebra por cerca de 57 dólares (66 francos suíços), cabiam às costureiras 25 centavos de euro.[6]

Entre a noite de um domingo e a manhã de uma segunda-feira, 10-11 de abril de 2005, o prédio de nove andares em concreto armado da Spectrum Sweater desabou. Causas: erros de cálculo na construção e falta de manutenção e controle.[7]

Nas zonas de "produção livre", as fábricas operam 24 horas por dia. Por isso, no momento da catástrofe, todos os postos de trabalho estavam ocupados. O desabamento arrastou e enterrou sob seus escombros centenas de operários e operárias.

O governo negou-se a informar o número exato de vítimas. A Spectrum Sweater, por seu turno, despediu o conjunto dos sobreviventes — sem pagar nenhuma indenização.

A subalimentação extrema de Jalil Jilani e suas crianças saltava à vista.

Voltei-me para Muammar Murshid. Ele meneou a cabeça. Não, a jovem mãe e seus filhos não estavam na lista de beneficiários do PAM.

Por qual razão? Era inapelável: Jalil fora despedida em abril.

Murshid estava desolado. Representante do PAM em Bangladesh, tinha que aplicar as diretivas de Roma. Jalil Jilani tivera um emprego regular durante mais de três meses no ano em curso, o que a excluía *de facto* da lista de beneficiários do PAM.

Na contabilidade da miséria dirigida em Roma por Joyce Luma, Jalil Jilani e suas crianças roídas pela fome não entravam na categoria dos que tinham direito à ajuda.

Murshid murmurou um rápido "Adeus" em bengali. Eu deixei todos os *takas* que tinha na beirada da cama.

Waliur fechou a cortina.

---

6. Ao câmbio de 2005.

7. Boletim da ONG Déclaration de Berne. Berna, n. 3, 2005.

5

A derrota de Diouf

A FAO tem instalações suntuosas. Rodeado de jardins perfumados e protegidos do sol por pinheiros, seu palácio, na Viale delle Terme di Caracalla, abrigara outrora, nos tempos de Mussolini, o Ministério das Colônias. Até recentemente, uma raridade adornava a praça em frente do palácio: o obelisco de Axum, devolvido à Etiópia em 2005.[1]

Fundada em outubro de 1946, como vimos, com o estímulo de Josué de Castro e seus companheiros — isto é, um ano e meio depois da criação das Nações Unidas —, a FAO tinha atribuições ambiciosas. Cito o artigo 1º de seu ato constitutivo:

> 1. A Organização reúne, analisa, interpreta e difunde todas as informações relativas à nutrição, à alimentação e à agricultura. No presente Ato, a palavra *agricultura* engloba a pesca, os produtos do mar, as florestas e os produtos brutos da exploração florestal;
> 2. A Organização estimula e, se necessário, recomenda toda ação de caráter nacional e internacional que interesse: à pesquisa científica, tecnológica, social e econômica em matéria de nutrição, alimentação e agricultura; à melhoria do ensino e da administração, em matéria

---

1. Obra do século IV, o obelisco foi levado para Roma (1937) como um troféu pelas tropas fascistas de Mussolini, que invadiram a Etiópia (ou Abissínia) em 1935. (N.T.)

> de nutrição, alimentação e agricultura, bem como a divulgação de conhecimentos teóricos e práticos relativos à nutrição e à agricultura; à conservação dos recursos naturais e à adoção de métodos aperfeiçoados de produção agrícola; à melhoria das técnicas de transformação, comercialização e distribuição de produtos alimentares e agrícolas; à instituição de sistemas eficazes de crédito agrícola no plano nacional e internacional; à adoção de uma política internacional, no que toca a acordos sobre produtos agrícolas.

No amplo vestíbulo do palácio romano, adornado com mármore branco, a sigla FAO está fixada na parede da direita. Acima de um ramo de trigo sobre fundo azul, há a divisa: *Fiat panis* (*Que se faça o pão* [subentendido: *para todos*]).

São membros da FAO 191 Estados.

Qual é, atualmente, a situação da FAO?

A política agrícola mundial, em particular a questão da segurança alimentar, é determinada pelo Banco Mundial, pelo FMI e pela OMC. A FAO está muito ausente do campo de batalha — por uma simples razão: ela está exangue.

A FAO é uma instituição interestatal. Ora, as sociedades transcontinentais privadas que controlam o essencial do mercado mundial agroalimentar a combatem. E essas sociedades desfrutam de uma influência inquestionável sobre a política dos principais governos ocidentais.

Resultado: esses governos se desinteressam pela FAO, reduzem seu orçamento e boicotam as conferências mundiais sobre segurança alimentar organizadas em Roma.

Cerca de 70% dos poucos recursos da FAO destinam-se, hoje, ao pagamento de funcionários.[2] Dos 30% restantes, 15% financiam os honorários de uma miríade de "consultores" externos. Apenas 15% do orçamento destinam-se à cooperação técnica, ao desenvolvimento agrícola do Sul e à luta contra a fome.[3]

---

2. Um pouco mais de 1.800, a maior parte trabalhando na sede (Roma).
3. A FAO recebe contribuições extraorçamentárias para financiar alguns programas.

Desde alguns anos, a organização tem sido objeto de críticas virulentas, mas totalmente injustas — uma vez que são os Estados industriais que a privam dos seus meios de ação.

Em 1989, o escritor inglês Graham Hancock publicou um livro, reeditado várias vezes desde então, intitulado *Lords of Poverty* [*Os senhores da pobreza*]. A FAO seria tão somente uma gigantesca e morna burocracia que, através de uma interminável sucessão de congressos, reuniões, comitês e caríssimas manifestações de todo tipo, apenas administraria a pobreza, a subalimentação e a fome. Na sua prática cotidiana, os burocratas das Termas de Caracala encarnariam exatamente o contrário do projeto original concebido por Josué de Castro. A conclusão de Hancock é inapelável: "O que resta da FAO é uma instituição que se perdeu no caminho. Ela traiu seu projeto inicial. Não tem mais que uma ideia muito confusa de sua função no mundo e já não sabe o que faz nem por que o faz".[4]

A revista *The Ecologist* mostra-se ainda mais implacável. Em um número especial, publicado em 1991, ela reuniu uma coleção de ensaios de prestigiados especialistas internacionais (como Vandana Shiva, Edward Goldsmith, Helena Norberg-Hodge, Barbara Dinham, Miguel Altiera) sob o título *World UN Food and Agricultural Organization. Promoting World Hunger* [*A Organização Mundial das Nações Unidas para a Alimentação e a Agricultura. Promovendo a fome no mundo*]. Estratégias erradas, desperdício de recursos colossais engolidos por planos de ação inúteis e algumas análises econômicas equivocadas teriam tido como resultado não a redução, mas o crescimento do drama da fome no mundo...[5]

Quanto à BBC de Londres, seu veredito sobre as grandes conferências periodicamente organizadas pela FAO é também inape-

4. Graham Hancock, *Lords of Poverty. The Prestige and Corruption of the International Aide Business* (Londres: Macmillan, 1989).

5. *The Ecologist*, março-abril de 1991. [Fundada em 1970 pelo polêmico Edward Goldsmith (1928-2009), de quem se pode ler em português *O desafio ecológico* (Lisboa: Instituto Piaget, 1995) e, com outros colaboradores, *Como vamos sobreviver* (Lisboa: Seara Nova, 1977) e *Economia global. Economia Local — a controvérsia* (Lisboa: Instituto Piaget, 1997). (N.T.)]

lável: estas são uma *wast of time* — uma pura perda de tempo... e de dinheiro.[6]

A meu juízo, ainda que algumas dessas críticas sejam aceitáveis, a FAO deve ser defendida contra ventos e marés. Sobretudo contra os polvos do negócio agroalimentar e seus cúmplices nos governos ocidentais.

Em 2010, os Estados industriais reunidos na Organização para a Cooperação e o Desenvolvimento Econômico (OCDE) ofertaram a seus camponeses — a título de subsídios à produção e à exportação — 349 bilhões de dólares. As ajudas à exportação, em particular, são responsáveis pelo *dumping* agrícola praticado pelos Estados ricos nos mercados dos Estados pobres. No hemisfério sul, eles produzem a miséria e a fome.

O orçamento anual ordinário da FAO, por seu lado, chega a 349 milhões de dólares — isto é, uma soma mil vezes inferior aos subsídios dispensados pelos países poderosos a seus agricultores. Como pode a organização atender, pelo menos parcialmente, aos seus encargos?

O termo *monitoring* designa, na FAO, uma estratégia de transparência, de comunicação e avaliação permanente e detalhada da evolução mundial da subalimentação e da fome. Nos cinco continentes, os grupos vulneráveis são, mês a mês, recenseados e classificados; as diferentes deficiências micronutritivas (vitaminas, minerais, oligoelementos) são registradas elemento por elemento, região por região.

Um fluxo ininterrupto de estatísticas, gráficos e informes circula pelo palácio romano; ninguém que faz parte do imenso exército dos esfaimados sofre ou morre sem deixar sua marca num gráfico da FAO.

Os adversários declarados da FAO também criticam o *monitoring*. Em vez de elaborar estatísticas minuciosas sobre os famintos

6. Emissão da BBC, Londres, junho de 2002, quando da II Conferência Mundial sobre a Alimentação.

— dizem eles —, de construir modelos matemáticos do sofrimento e de elaborar gráficos coloridos para representar os mortos, a FAO faria melhor utilizando seu dinheiro, conhecimento e energia para reduzir o número de vítimas...

Essa censura também me parece injusta. O *monitoring* forma a consciência antecipadora. Prepara a insurreição das consciências do amanhã. Ademais, este livro não poderia ter sido escrito sem as estatísticas, os censos, os gráficos e outros dados produzidos pela FAO.

A FAO deve seu sistema de *monitoring* a um homem em particular: Jacques Diouf, diretor-geral da organização entre 2000 e 2011.[7] Diouf é um socialista senegalês, nutricionista de profissão. Ministro de vários governos de Léopold Sédar Senghor,[8] já fora antes um eficiente diretor do Instituto Senegalês do Arroz.

Risonho, sutil, inteligente, dotado de uma formidável vitalidade, Diouf despertou e sacudiu os burocratas das Termas de Caracala.

Sua maneira agressiva, às vezes brutal, de falar aos chefes de Estado, suas intervenções em jornais, rádios e televisões do mundo para alertar a opinião pública dos países dominantes irritam profundamente alguns ministros e chefes de Estado ocidentais. Vários deles procuram quaisquer pretextos para desacreditá-lo.

Tomo o exemplo da II Conferência Mundial sobre a Alimentação, realizada em Roma em 2002.

No último andar do edifício da FAO, o diretor-geral dispõe de uma sala de refeições privada, onde recebe — como o fazem todos

---

7. Jacques Diouf acaba de ser substituído por um brasileiro competente e caloroso, José Graziano — ministro no primeiro governo (2002) de Lula, foi um dos autores do programa *Fome Zero*. [Diouf, nascido em 1938, parlamentar e diplomata senegalês, atua em organizações internacionais desde 1963. José Graziano da Silva, nascido em 1949 e eleito para a direção da FAO, com mandato até 2015, foi o responsável pelo Ministério Extraordinário de Segurança Alimentar e Combate à Fome. (N.T.)]

8. Léopold Sédar Senghor (1906-2001), presidente do Senegal entre 1960 (data da independência) e 1980. Brilhante escritor e poeta, animou com o antilhano Aimé Césaire (1913-2008) o pensamento da negritude. Dele, pode-se ler em português a conferência *Lusitanidade e negritude* (Rio de Janeiro: Nova Fronteira, 1975) e *Poemas* (Lisboa: Arcádia, 1977). (N.T.)

os dirigentes de todas as organizações especializadas da ONU — chefes de Estado e de governo que o visitam.

No terceiro dia da conferência, dia seguinte a um discurso particularmente duro de Diouf em relação às sociedades transcontinentais privadas do negócio agroalimentar, a imprensa inglesa publicou em primeira página o cardápio detalhado do jantar oferecido na véspera pelo diretor-geral aos chefes de Estado e de governo.

O cardápio, evidentemente, fora generoso.

O chefe da delegação britânica — ele mesmo um conviva da véspera — aproveitou o pretexto dessa "revelação" para lançar, em plena assembleia, uma diatribe incendiária contra esse diretor-geral "que, em público, fala da fome e, em privado, farta-se largamente às custas das contribuições dos países membros da FAO".

Admiro Jacques Diouf. Testemunhei sua prática em muitas ocasiões.

Por exemplo, em 2008. Em julho daquele ano, na sequência de uma primeira explosão dos preços dos alimentos básicos no mercado mundial, comoções em razão da fome faziam estragos em trinta e sete países, como já vimos.

A Assembleia Geral da ONU seria aberta em setembro. Diouf estava convencido de que devia aproveitar-se a oportunidade para lançar uma campanha internacional maciça para travar a ação dos especuladores.

Para tanto, mobilizou seus amigos da Internacional Socialista.[9] O governo espanhol de José Luiz Zapatero dispôs-se a ser o porta-estandarte da campanha — a resolução a ser apresentada no primeiro dia da Assembleia seria espanhola.

Prevendo o combate que se anunciava, Diouf, por outra parte, convocou todos os líderes de organismos internacionais ligados à luta contra a fome que eram vinculados a um dos 123 partidos integrantes da Internacional Socialista.

---

9. Trata-se da organização criada pelos social-democratas na Alemanha, em 1951. (N.T.)

A reunião realizou-se na sede do governo espanhol, o palácio Moncloa, em Madri.

No grande salão branco, iluminado pela luz de Castela, estavam sentados, em torno de uma mesa negra: António Guterres, ex-presidente da Internacional Socialista, ex-primeiro-ministro de Portugal e então alto-comissário da ONU para os refugiados; o socialista francês Pascal Lamy, diretor-geral da OMC; dirigentes do Partido dos Trabalhadores, do Brasil, um ministro do governo trabalhista britânico e, evidentemente, José Luiz Zapatero, seu ministro de Negócios Estrangeiros, Miguel Ángel Moratinos, seu eficiente chefe de gabinete, Bernardino León e, enfim, eu mesmo, como vice-presidente do Comitê Consultivo do Conselho dos Direitos do Homem.

Diouf, como um furacão, nos sacudiu a todos.

Vinculando toda uma série de medidas precisas contra os especuladores a uma convocação aos Estados signatários do Pacto Internacional de Direitos Econômicos, Sociais e Culturais para que respeitassem as suas obrigações em matéria de direito à alimentação, seu projeto de resolução provocou intensas discussões entre os presentes.

Diouf se manteve firme. Chegou-se a um acordo por volta das duas horas da madrugada.

Em setembro, na Assembleia Geral da ONU, em Nova Iorque, com o apoio do Brasil e da França, a Espanha apresentou sua resolução.

Mas ela foi derrotada por uma coalizão dirigida pelo representante dos Estados Unidos e um certo número de embaixadores teleguiados por algumas sociedades transcontinentais privadas da alimentação.

Pós-escrito: A morte das crianças iraquianas

Nem o PAM nem a FAO, evidentemente, podem ser responsabilizados pelas dificuldades e fracassos que experimentam.

Mas há um caso, pelo menos, em que as próprias Nações Unidas provocaram a morte de centenas de milhares de seres humanos pela fome. Esse crime foi perpetrado no quadro do programa *Oil for Food* [*Petróleo por Alimentos*], imposto por mais de onze anos — entre as duas Guerras do Golfo, de 1991 a 2003 — ao povo iraquiano.

É necessária, aqui, uma breve evocação histórica.

Em 2 de agosto de 1990, Saddam Hussein enviou seus exércitos para invadir o emirado do Kuwait, que ele anexou, proclamando-o a vigésima-sétima província do Iraque.

A ONU começou por decretar um bloqueio econômico contra o Iraque, exigindo a imediata retirada das tropas invasoras, e logo emitiu um ultimato, que devia expirar em 15 de janeiro de 1991.

Sob a direção dos Estados Unidos, constituiu-se uma coalizão de países ocidentais e árabes, cujas forças atacaram as tropas de ocupação do Iraque no Kuwait logo que expirou o prazo dado pelo ultimato. Morreram ali 120.000 soldados e 25.000 civis iraquianos.

Mas os blindados do comandante em chefe da coalizão, o general Schwarzkopf, detiveram-se a cem quilômetros de Bagdá, deixando intacta a guarda republicana, tropa de elite do ditador.[10]

A ONU acentuou o bloqueio, mas, paralelamente, inaugurou o programa *Oil for Food*, permitindo a Saddam Hussein vender no mercado mundial, a cada seis meses, certa quantidade de seu petróleo.[11] Os pagamentos seriam consignados numa conta bloqueada no banco BNP-Paribas, em Nova Iorque — eles permitiriam ao Iraque comprar, no mercado mundial, os bens indispensáveis à sobrevivência de sua população.

Concretamente, uma empresa que dispusesse de um contrato de compra do governo iraquiano submeteria, em Nova Iorque, à

---

10. A queda de Saddam Hussein teria significado a instalação, em Bagdá, de um governo representativo da maioria xiita do país. Mas os ocidentais temiam como a peste os xiitas iraquianos, que suspeitavam estar subordinados ao regime tirânico de Teerã.

11. Com 112 bilhões de barris (1 barril = 159 litros), o Iraque dispõe da segunda maior reserva de petróleo do planeta, atrás da Arábia Saudita (220 bilhões) e à frente do Irã (80 bilhões).

demanda de "liberação". Caberia à ONU aprová-la ou não, aplicando o critério da *dual use function* (*função de duplo uso*): se a ONU temesse que um bem — um aparelho, uma peça de reposição, uma substância química, um material de construção etc. — pudesse servir a fins militares, a demanda seria recusada.

O coordenador do programa residia em Bagdá, com o posto de secretário-geral adjunto da ONU, e dispunha de 800 funcionários da organização e mais 1.200 colaboradores locais. Acima dele, em Nova Iorque, operava o escritório do programa, encarregado de examinar as demandas apresentadas pelas empresas. Dirigia-o o cipriota Benon Sevan, ex-chefe dos serviços de segurança da ONU, promovido a subsecretário geral por pressão dos Estados Unidos e que, segundo alguns, era um corrupto. Sevan foi indiciado pela District Court de Nova Iorque, antes de refugiar-se em Chipre... onde desfruta de uma vida feliz.

E, acima do escritório, um comitê de sanções do Conselho de Segurança se encarregava da estratégia geral do programa.

No papel, o programa *Oil for Food* inspirava-se nos princípios ordinários dos embargos tal como os aplica a ONU. Mas, de fato, ele foi deliberadamente desviado de seus fins e revelou-se mortal para a população civil.[12] Muito rapidamente, o comitê de sanções tratou de recusar cada vez mais frequentemente as solicitações de importação de alimentos, remédios e outros bens vitais a pretexto de que os alimentos poderiam servir ao exército de Saddam, de que os remédios continham substâncias químicas utilizáveis pelos militares, de que certos componentes de equipamentos médicos poderiam também servir à fabricação de armas etc.

Segundo as estimativas mais comedidas, 550.000 crianças iraquianas de baixa idade morreram por subalimentação entre 1996 e 2000. E, nos hospitais do Iraque, os doentes começaram a morrer à míngua de medicamentos, de instrumentos cirúrgicos, de material de esterilização.

---

12. Hans-Christof von Sponeck, *Another Kind of War. The UN-Sanction Regime in Irak* (Londres: Berghahn, 2007).

Assim, gradualmente, o programa *Oil for Food* desviou-se de seus objetivos e funcionou como arma de punição coletiva da população, através da privação de alimentos e medicamentos.[13]

Um dos mais prestigiados juristas internacionais, o professor Marc Bossuyt, que foi presidente da Comissão de Direitos Humanos das Nações Unidas,[14] qualificou a estratégia do comitê de sanções como um "empreendimento genocida".

Vejamos alguns exemplos numéricos das consequências dessa estratégia mortal aplicada a esse grande país de 26 milhões de habitantes.

Menos de 60% dos medicamentos solicitados e indispensáveis ao tratamento de cânceres foram admitidos.[15]

A importação de aparelhos de análise para tratar doenças renais foi, pura e simplesmente, proibida. Ghulam Rabani Popal, representante da OMS em Bagdá, solicitou, em 2000, licença para importar 31 aparelhos, de que hospitais iraquianos tinham urgente necessidade. Os onze aparelhos finalmente liberados por Nova Iorque ficaram retidos durante dois anos na fronteira jordaniana.

Em 1999, a diretora estadunidense do Unicef, Carol Bellamy, dirigiu-se pessoalmente ao Conselho de Segurança. O comitê de sanções recusara-se a autorizar ampolas necessárias à alimentação intravenosa de bebês e crianças de pouca idade gravemente subalimentadas. Carol Bellamy protestou com vigor. O comitê de sanções manteve a recusa.

A guerra destruíra as gigantescas estações de tratamento de água potável do Tigre, do Eufrates e do canal Chatt el-Arab. O co-

---

13. Hans-Christof von Sponeck, em colaboração com Andreas Zumach, *Irak. Chronik eines gewollten Krieges. Wie die Wetöffentjichkeit manipuliert und das Völkerrecht gebrochen wurde* (Colônia: Kiepenheuer & Witsch, 2003) [*Iraque. Crônica de uma guerra provocada. Como a opinião pública mundial é manipulada e como o direito internacional é ridicularizado.* Obra não traduzida ao francês].

14. Hoje Conselho dos Direitos Humanos da ONU. [Bossuyt, belga nascido em 1944, é professor da Universidade de Antuérpia e membro da Corte Permanente de Arbitragem, em Haia. (N.T.)]

15. Conforme as estimativas da ONG alemã Medico International.

mitê de sanções negou-se a liberar os materiais de construção e as peças de reposição necessárias às reconstruções e reparações. O número de doenças infecciosas, devidas à poluição da água, explodiu.

No Iraque, as temperaturas estivais podem chegar a 45 graus. O bloqueio impediu a importação de peças para reparar refrigeradores e aparelhos de ar condicionado. Nos açougues, a carne começou a apodrecer. Os merceeiros viram, impotentes, como a canícula destruía o leite, as frutas e os legumes. Nos hospitais, tornou-se impossível conservar em boas condições os poucos medicamentos armazenados.

Até a importação de ambulâncias foi proibida pelo comitê de sanções. Motivo alegado: "Contêm sistemas de comunicação que poderiam ser utilizados pelas tropas de Saddam". Quando os embaixadores da França e, depois, os da Alemanha fizeram notar que um sistema de comunicação — um telefone, por exemplo — era indispensável em todas as ambulâncias do mundo, o embaixador americano não se tocou — nenhuma ambulância para o Iraque.[16]

Dezenas de milhares de felás egípcios, especialistas em irrigação, possuidores da magnífica experiência ancestral adquirida no delta e no vale do Nilo, trabalhavam entre o Eufrates e o Tigre, embora o Iraque importasse cerca de 80% dos seus alimentos. Contudo, desde o embargo, as importações alimentares foram, na maioria dos casos, deliberadamente retardadas pelo comitê de sanções.

Os documentos registram milhares de toneladas de arroz, de frutas e de legumes perdidas nos caminhões retidos nas fronteiras, por não terem recebido luz verde de Nova Iorque ou por terem sido recebidas com meses de atraso.

A ditadura do comitê de sanções foi implacável — e incidiu também no sistema escolar.

O Conselho de Segurança impediu assim a entrega de lápis. Razão invocada? Os lápis continham grafite, um material potencialmente utilizável pelos militares...

---

16. Algumas, enfim, foram fornecidas, com até dois anos de atraso — mas sem telefone.

O bloqueio da ONU destruiu completamente a economia iraquiana.

Celso Amorim, embaixador do Brasil em Nova Iorque, observou: "Mesmo que nem todos os sofrimentos atuais do povo iraquiano possam imputar-se a fatores externos [o bloqueio], os iraquianos não padeceriam tanto sem as medidas impostas pelo Conselho de Segurança".[17] E Hasmy Agam, chefe da missão da Malásia na ONU, emprega uma linguagem ainda mais franca: "Que ironia! A mesma política que supostamente deveria livrar o Iraque de armas de destruição em massa revelou-se, ela mesma, uma arma de destruição em massa!".[18]

Como se pode explicar esta deriva da ONU?

Eleito em 1992, o presidente Clinton não queria, absolutamente, engajar-se numa segunda guerra do Golfo. Por isso, a população iraquiana devia ser submetida a um sofrimento tal que a levasse à rebelião e à expulsão do tirano.

Sua secretária de Estado, Madeleine Albright, deve, sem dúvida, ser considerada a principal responsável pela transformação secreta do programa *Oil for Food* em arma de punição coletiva do povo iraquiano. Em maio de 1996, ela foi entrevistada no programa "60 Minutes", da NBC. Na imprensa, começavam a circular os primeiros artigos sobre a catástrofe humanitária provocada pelo bloqueio. O jornalista da NBC se fez eco deles. O jornalista inicia sua pergunta: "Se a morte de meio milhão de crianças era o preço que deveríamos pagar...". Albright o interrompe antes que ele formule sua questão: "Pensamos que esse preço valeu a pena".

Albright estava, é óbvio, perfeitamente informada do martírio das crianças. O Unicef publicou os seguintes números: antes da

17. Celso Amorim, prefácio à edição espanhola do livro de Hans-Christof von Sponeck, *Autopsia de Irak* (Madri: Ediciones del Oriente y del Mediterráneo, 2007). [Celso Luiz Nunes Amorim, nascido em 1942, é diplomata de carreira. Foi ministro de Relações Exteriores e, atualmente, ocupa o ministério da Defesa. (N.T.)]

18. *New Statesman* (Londres, 2-3 set. 2010).

punição coletiva implementada pela ONU, a mortalidade infantil no Iraque era de 56 crianças sobre 1.000; em 1999, eram 131 crianças sobre mil que morriam de fome e pela falta de medicamentos.

Em onze anos, o bloqueio matou centenas de milhares de crianças.

Não se trata, aqui, de questionar o caráter tirânico e criminoso do regime de Saddam Hussein. É incontestável que seu regime foi um dos piores que o mundo árabe conheceu. É certo, por outra parte, que, durante os onze anos do bloqueio, Saddam, sua família e seus cúmplices viveram como nababos. Ano após ano, eles contrabandearam petróleo, exportando-o para a Turquia e a Jordânia, numa soma total estimada em dez bilhões de dólares.

Contudo, o principal responsável pela destruição pela fome dessas centenas de milhares de iraquianos continua sendo o comitê de sanções do Conselho de Segurança da ONU.

Em outubro de 1998, Kofi Annan nomeou o conde Hans-Christof von Sponeck como secretário-geral adjunto da ONU e coordenador do programa *Oil for Food* em Bagdá. Seu antecessor, o irlandês Denis Halliday, acabava de se demitir em meio a um escândalo.

Historiador formado na Universidade de Tübingen, von Sponeck era o antípoda do burocrata. Durante seus trinta e sete anos passados a serviço das Nações Unidas, sempre ocupara funções de campo — primeiro, como responsável pelo PNUD em Gana e na Turquia, depois como representante-residente da ONU em Botswana, na Índia e no Paquistão. O único cargo que desempenhara longe do campo do desenvolvimento fora o de diretor-geral do PNUD, em Genebra, no qual, segundo sua confissão, aborreceu-se muito.

Ninguém, no trigésimo oitavo andar do arranha-céu da ONU, às margens do East River,[19] suspeitava da história familiar de von Sponeck. Esta iria se revelar explosiva.

---

19. Andar onde residem o secretário-geral, os principais subsecretários e os membros dos seus gabinetes.

Em Bagdá, von Sponeck descobriu a dimensão da catástrofe. Como praticamente todos os dirigentes das Nações Unidas e a opinião pública mundial, ele, até então, a ignorara totalmente. Logo que compreendeu a perversão do bloqueio em ação de punição maciça e viu no seu funcionamento a arma da fome, von Sponeck proclamou alto e bom som sua revolta. Procurou alertar a imprensa, seu próprio governo e, sobretudo, o Conselho de Segurança. Os estadunidenses impediram sua audiência diante do Conselho.

O porta-voz de Madeleine Albright, James Rubin, tentou desacreditar von Sponeck sustentando contra ele todo tipo de alegações infundadas. "Este homem é pago para trabalhar e não para contar histórias para boi dormir através do mundo", zombeteou um dia a seu propósito.[20]

O embaixador inglês, por sua parte, censurou-o nos seguintes termos: "O senhor não tem o direito de estampar o carimbo da ONU na propaganda de Saddam Hussein".[21]

Finalmente, Madeleine Albright solicitou sua exoneração. Kofi Annan recusou-a. O ódio que lhe devotava Madeleine Albright e a campanha orquestrada por Rubin só se acentuaram a partir de então.

Mas foi sobretudo a recordação de seu pai que fez com que a situação se lhe tornasse cada vez menos suportável: não podia imaginar-se mais ou menos cúmplice daquilo que alguns caracterizavam então como genocídio.

Em 11 de fevereiro de 2000, ele enviou a Nova Iorque sua carta de demissão. A diretora local do PAM, Jutta Burghart, fez o mesmo.

Um morno burocrata, originário da Birmânia, foi seu sucessor.

Os bombardeios americanos sobre Bagdá, na noite de 7 para 8 de março de 2003, seguidos da intervenção por terra, puseram fim ao programa *Oil for Food*.[22]

---

20. Hans-Christof von Sponeck, *Another Kind of War*, ed. cit.

21. Ibid.

22. Algumas contas do programa foram transferidas ao Iraqui Development Fund, administrado pelo pró-cônsul estadunidense em Bagdá, Paul E. Bremer. Cf. Djacoba Liva Tchindrazanarivelo, *Les Sanctions des Nations Unies et leurs Effects Secondaires* (Paris: PUF, 2005).

* * *

O general da *Wehrmacht*[23] Hans Emil Otto, conde von Sponeck, comandante de uma divisão na frente russa, recusara-se, no seu tempo, a executar uma ordem desumana.

Um tribunal de guerra condenou-o à morte.

Sua mulher solicitou a Hitler que o indultasse. Hitler transformou a sentença de morte em pena de cárcere perpétuo, a cumprir-se na prisão política de Germersheim, onde foram encerrados especialmente os resistentes noruegueses e dinamarqueses.

Liderados pelo coronel conde Klaus von Stauffenberg, oficiais alemães tentaram, em 20 de julho de 1944, assassinar Hitler em seu quartel-general da *Wolfsschanze*,[24] na Prússia oriental.

O atentado fracassou.

O chefe das *SS*, Heinrich Himmler,[25] jurou então extirpar toda oposição entre oficiais. Retirou o general von Sponeck de sua cela. Um comando das *SS* fuzilou-o em 23 de julho de 1944.

Perguntei a seu filho como pudera suportar, durante anos, os insultos grosseiros de Madeleine Albright e as mentiras de James Rubin, de onde pudera extrair tanta força e coragem para romper a *omertà*[26] da ONU, enfrentar o poderoso comitê de sanções e renunciar à sua carreira.

O conde Hans-Christof von Sponeck é um homem modesto. Respondeu-me: "Ter um pai como o meu impõe algumas obrigações".

---

23. Designação do conjunto das forças armadas alemãs durante o período nazista (1933-1945). (N.T.)

24. Toca do lobo. (N.T.)

25. Cf., supra, nota 14 - Segunda Parte, Cap. 3. (N.T.)

26. No linguajar mafioso, voto de silêncio. (N.T.)

QUINTA PARTE

Os abutres do "ouro verde"

1

A MENTIRA

Existem dois tipos principais de biocarburantes (ou agrocarburantes): o bioetanol e o biodiesel. O prefixo *bio-*, do grego *bios* (vida, vivo), indica que o carburante (o etanol, o *diesel*) é produzido a partir de matéria orgânica (biomassa). Não há relação direta com o termo *bio* para designar a agricultura biológica, mas a confusão favorece a imagem desse carburante — que se imagina que seja limpo e ecológico.

O bioetanol é obtido pela transformação de vegetais que contêm sacarose (beterraba, cana de açúcar etc.) ou amido (trigo, milho etc.); no primeiro caso, pela fermentação do açúcar extraído do vegetal; no segundo, pela hidrólise enzimática do amido contido no cereal. Quanto ao biodiesel, ele é obtido a partir de óleo vegetal ou animal, transformado por um processo químico chamado transesterificação e fazendo reagir o óleo com um álcool (metanol ou etanol).

Desde alguns anos, o "ouro verde" se impõe como um complemento mágico e rentável do "ouro negro".

Os trustes agroalimentares que dominam a fabricação e o comércio dos agrocarburantes sustentam, em apoio desses novos tipos, um argumento aparentemente irrefutável: a substituição da energia fóssil pela vegetal seria a arma absoluta na luta contra a rápida degradação do clima e os danos irreversíveis que aquela provoca no meio ambiente e nos seres humanos.

Vejamos alguns dados.

Mais de cem bilhões de litros de bioetanol e de biodiesel serão produzidos em 2011. Nesse mesmo ano, cem milhões de hectares de culturas agrícolas servirão à produção de agrocarburantes. A produção mundial de agrocarburantes dobrou no curso dos cinco últimos anos, de 2006 a 2011.[1]

A degradação climática é uma realidade.

Em escala mundial, a desertificação e a degradação dos solos afetam hoje mais de um bilhão de pessoas em mais de cem países. As regiões secas — onde a terra árida ou semiárida está mais particularmente sujeita à degradação — representam mais de 44% das terras aráveis do planeta.[2]

As consequências da degradação dos solos são especialmente graves na África, onde milhões de pessoas dependem inteiramente da terra para sobreviver como camponeses ou criadores e onde praticamente não existem outros meios de subsistência. As terras áridas da África são povoadas por 325 milhões de pessoas (dos quase um bilhão de habitantes com que conta hoje o continente), com fortes concentrações na Nigéria, Etiópia, África do Sul, Marrocos, Argélia e na África Ocidental, ao sul de uma linha que une Dakar a Bamako e Ouagadougou. Atualmente, cerca de quinhentos milhões de hectares das terras aráveis africanas estão afetados pela degradação dos solos.

Em todas as partes, nos países de altas montanhas, os glaciares se reduzem. Por exemplo, na Bolívia.

A montanha mais alta do país, o Nevado Sajama, se eleva acima do alto planalto andino — 6.542 metros de altitude; as neves do

---

1. Benoît Boisleux, "Impacts des biocarburants sur l'équilibre fondamental des matières premières aux États-Unis" (Zurique, 2011).

2. R. P. White, J. Nackoney, *Drylands, People and Ecosystems. A Web Based Geospatial Analysis* (Washington: World Resources Institute, 2003).

Illimani, acima da cratera onde está La Paz, exibem-se a 6.450 metros, e os grandes blocos de gelo fragmentado e demais glaciares do Huayna Potosí, na cordilheira Real, a 6.088 metros. As neves desses cumes cintilantes refletem o sol e a lua. Os habitantes dos *ayllus*[3] e seus sacerdotes acreditavam que eram sagradas e eternas... Não o são.

O aquecimento climático reduz os mantos de neve e destrói os glaciares. Os rios se tornam mais caudalosos. A situação revela-se catastrófica especialmente nas *yungas*,[4] onde as vagas torrenciais produzidas pelo degelo arrasam as aldeias das margens, matam gado e pessoas, destroem pontes e provocam desmoronamentos. Ademais, a perda de volume dos glaciares poderá colocar, a mais longo prazo, graves problemas para os recursos hídricos.

Em todas as partes, a desertificação prossegue. Na China e na Mongólia, nos limites do deserto de Gobi, a cada ano mais pastagens e campos de cultivo são soterrados por dunas de areia que neles penetram.

No Sahel, o Saara avança, em certas áreas, cinco quilômetros a cada ano.

Vi, em Makele, no Tigray, no Norte da Etiópia, mulheres e crianças esqueléticas que procuram sobreviver numa terra que a erosão transformou numa extensão de pó. O cereal nacional, o *teff*, cresce ali em hastes de trinta centímetros (contra um metro e meio em Gondar ou em Sidamo).

A destruição dos ecossistemas e a degradação de vastas zonas agrícolas — no mundo inteiro, mas sobretudo na África — são uma tragédia para os pequenos agricultores e criadores.[5] Na África, segundo estimativas das ONU, chega a 25 milhões o número de "refugiados ecológicos" ou "emigrantes do meio ambiente", isto é, seres

---

3. Comunidades cuja organização social remonta à época pré-colombiana e que retomam hoje, na Bolívia de Evo Morales, sua visibilidade.

4. Áreas de selva tropical das montanhas, que acompanham os Andes, pelo flanco ocidental, do Peru ao Norte da Argentina. (N.T.)

5. Sobre as causas da destruição dos ecossistemas na Europa, cf. Coline Serreau, *Solutions locales pour un désordre global*, *op. cit*. Cf. também o excelente filme de mesmo nome.

humanos obrigados a deixar seus lares em consequência de catástrofes naturais (inundações, secas, desertificação) e que terminam por lutar pela sobrevivência nas favelas das grandes metrópoles. A degradação dos solos estimula enfrentamentos, especialmente entre criadores e agricultores. Inúmeros conflitos, notadamente na África Subsaariana (inclusive aqueles na região sudanesa do Darfur), ligam-se estreitamente a esses fenômenos de secas e de desertificação que, agravando-se, geram confrontos pelo acesso aos recursos entre nômades e agricultores sedentários.

As sociedades transcontinentais produtoras de agrocarburantes procuram convencer a maior parte da opinião pública mundial e a quase totalidade dos Estados ocidentais de que a energia vegetal constituiria a arma milagrosa contra a degradação do clima.

Mas seu argumento é mentiroso, ocultando os métodos e os custos ambientais da produção de agrocarburantes, que demanda água e energia.

Em todos os lugares do planeta, a água potável se torna cada vez mais rara. Um em cada três homens já está condenado a beber água poluída. A cada dia, 9.000 crianças menores de dez anos morrem por causa da ingestão de água imprópria para consumo.

Dos dois bilhões de casos de diarreia registrados anualmente no mundo, 2,2 milhões são mortais. As principais vítimas são crianças e bebês. A diarreia, porém, é tão somente uma dentre as inúmeras doenças transmitidas através da água de má qualidade — outras são o tracoma, a bilharzíase, o cólera, a febre tifoide, a disenteria, a hepatite, o paludismo etc. Grande número dessas doenças deve-se à presença de organismos patogênicos na água (bactérias, vírus e vermes). De acordo com a OMS, nos países em desenvolvimento, quase 80% das doenças e mais de um terço dos óbitos são devidos, ao menos parcialmente, ao consumo de água contaminada.

Ainda segundo a OMS, um terço da população mundial nem sempre dispõe de água apropriada a preço acessível, e a metade da população mundial não tem acesso a meios de saneamento da água.[6] Cerca de 285 milhões de pessoas vivem na África Subsaariana sem acesso regular a uma água não poluída; na mesma situação encontram-se 248 milhões na Ásia do Sul, 398 milhões no Leste da Ásia, 180 milhões no Sudeste da Ásia e no Pacífico, 92 milhões na América Latina e no Caribe e 67 milhões nos países árabes. Não é preciso dizer que são os mais carentes aqueles que sofrem com maior rigor a falta de água.

Pois bem: do ponto de vista das reservas de água do planeta, a produção, a cada ano, de dezenas de milhões de litros de agrocarburantes constitui uma verdadeira catástrofe. De fato, são necessários 4.000 litros de água para produzir um só litro de bioetanol — e quem o diz não é Eva Joly, Noël Mamère ou qualquer outro ecologista tido como "doutrinário", mas Peter Brabeck-Lemathe, presidente do maior truste alimentar do mundo: Nestlé.[7] Ouçamo-lo: "Com os biocarburantes, jogamos na pobreza mais extrema centenas de milhões de seres humanos".[8]

Ademais, um detalhado estudo da OCDE, a organização dos Estados industriais, sediada em Paris, apresenta-nos o resultado de seus cálculos sobre a quantidade de energia fóssil necessária para produzir um litro de bioetanol — trata-se de uma quantidade enorme. E o *New York Times* comenta sobriamente: dada a elevada quantidade de energia que requer sua produção, "os agrocarburantes aumentam o dióxido de carbono na atmosfera, Em vez de contribuir para a sua redução".[9]

---

6. Riccardo Petrella, *Le manifeste de l'eau* (Lausanne: Page Deux, 1999). Cf. também Guy Le Moigne e Pierre Frédéric Ténière-Buchot, "De l'eau pour demain", *in Revue Française de Géoéconomie*, número especial, inverno de 1997-1998.

7. Peter Brabeck-Letmathe, *in Neue Zürcher Zeitung*, 23 mar. 2008.

8. *La Tribune de Genève*, 22 ago. 2011.

9. "The real cost of biofuel", *in The New York Times*, 8 mar. 2008.

2

A obsessão de Barack Obama

Entre os produtores de biocarburantes, os mais poderosos do mundo são as sociedades multinacionais de origem norte-americana.

A cada ano, elas recebem vários bilhões de dólares de ajudas governamentais. Como Barack Obama afirmou, em seu discurso sobre o estado da União em 2011, para os Estados Unidos, o programa de bioetanol e biodiesel constitui "*a national cause*" — uma questão de segurança nacional.

Em 2011, com um subsídio de seis bilhões de dólares dos fundos públicos, os trustes americanos queimaram 38,3% da colheita nacional de milho, contra 30,7% em 2008. E, desde 2008, o preço do milho no mercado internacional aumentou em 48%.[1]

Os Estados Unidos são, de longe, a potência industrial mais dinâmica e importante do planeta. Apesar de uma população relativamente baixa em termos de números de habitantes — trezentos milhões, comparados aos 1,3 bilhão e mais da China e da Índia —, os Estados Unidos produzem pouco mais de 25% de todos os bens industriais fabricados anualmente no planeta. A matéria-prima dessa impressionante máquina é o petróleo.

---

1. Em 2008, os trustes americanos queimaram 138 milhões de toneladas de milho — o equivalente a 15% do consumo mundial.

Os Estados Unidos queimam, diariamente, em média, vinte milhões de barris de petróleo, isto é, a quarta parte da produção mundial. 61% desse total — ou seja, pouco mais de doze milhões de barris diários — são importados. No Texas, no golfo do México (*off-shore*) e no Alasca, produzem-se tão só oito milhões de barris.

Para o presidente dos Estados Unidos, é evidentemente preocupante essa dependência em face do exterior. E o mais significativo é que o essencial do petróleo importado provém de regiões do mundo em que a instabilidade política é endêmica e onde os norte-americanos não são queridos — em suma, de países que não podem assegurar sem problemas a produção e a exportação para os Estados Unidos.

Consequência: o governo dos Estados Unidos deve manter nessas regiões — notadamente no Oriente Médio, no golfo Pérsico e na Ásia Central — uma força militar (terrestre, aérea e naval) extremamente cara.

Em 2009, pela primeira vez, as despesas em armamento dos Estados-membros das Nações Unidas (para além do orçamento militar propriamente dito) ultrapassaram o trilhão de dólares. Somente os Estados Unidos despenderam dessa soma 41% (a China, segunda potência militar do mundo, despendeu 11%).

A contribuição norte-americana, anualmente, financia com três bilhões de dólares a força militar de Israel. Sustenta também as caríssimas bases militares na Arábia Saudita, no Bahrein e no Qatar.

Apesar da magnífica revolução do povo egípcio, de janeiro de 2011, o Egito continua sendo um protetorado norte-americano. A contribuição americana aos marechais do Cairo lhes entrega anualmente 1,3 bilhão de dólares...

É preciso entender, assim, que, se o presidente Obama pretende ter alguma chance de financiar seus programas sociais (principalmente a reforma do sistema de saúde), ele necessita urgente e imediatamente reduzir o orçamento do Pentágono. Ora, essa compressão orçamentária só é viável se a energia vegetal (produzida no país) substituir, tanto quanto possível, a energia fóssil (majoritariamente importada).

George W. Bush foi o iniciador do programa de biocarburantes. Em janeiro de 2007, ele fixou as metas a atingir: nos dez anos seguintes, os Estados Unidos devem reduzir em 20% o consumo de energia fóssil e multiplicar por sete a produção de biocarburantes.[2]

Queimar milhões de toneladas de alimentos em um planeta em que, a cada cinco segundos, morre de fome uma criança de menos de dez anos é evidentemente revoltante.

Os "comunicadores" dos trustes agroalimentares procuram desarmar seus críticos. Não negam que seja moralmente discutível desviar os alimentos do seu uso prioritário para utilizá-los como matéria energética. Mas — prometem — ninguém precisa se preocupar: logo surgirá uma "segunda geração" de agrocarburantes, produzidos a partir de dejetos agrícolas, aparas de madeira ou plantas como a iátrofa, própria de terras áridas (nas quais nenhuma produção alimentar é possível). E, além disso — acrescentam eles —, já agora, há técnicas que permitem processar o caule do milho sem destruir a espiga... Mas a qual preço?

O termo "geração" remete à biologia, sugerindo uma sucessão lógica e necessária. Mas, no presente caso, essa terminologia é enganosa: se os agrocarburantes chamados de "segunda geração" são de fato viáveis, sua produção é nitidamente mais onerosa por causa da seleção e dos tratamentos intermediários que exige. E, consequentemente, num mercado dominado pelo princípio da maximização do lucro, só podem desempenhar um papel marginal.

O tanque de um carro de tamanho médio que funciona com bioetanol se enche com cinquenta litros de combustível. Para produzir cinquenta litros de bioetanol, é preciso destruir 358 quilos

---

2. Produção em 2007: dezoito bilhões de litros.

de milho. No México e na Zâmbia, o milho é o alimento básico — com 358 quilos de milho, uma criança da Zâmbia ou do México vive um ano.

A Anistia Internacional resume o que penso: "Agrocarburantes: tanques cheios e barrigas vazias".[3]

3. Revista *Amnesty International*, seção suíça (Berna, setembro de 2008).

3

A MALDIÇÃO DA CANA-DE-AÇÚCAR

A cada ano, os agrocarburantes não devoram somente centenas de milhões de toneladas de milho, de trigo e de outros alimentos; sua produção não apenas libera na atmosfera milhões de toneladas de dióxido de carbono, como também provoca desastres sociais nos países onde as sociedades transcontinentais que os fabricam se tornam dominantes.

Tomemos o exemplo do Brasil.

O jipe avança com dificuldade na estrada esburacada que sobe pelo vale do Capibaribe. O calor é sufocante. O oceano verde de cana-de-açúcar estende-se ao infinito. James Thorlby está sentado à minha frente, ao lado do motorista.

Avançamos em território inimigo. No vale, muitos *engenhos*,[1] explorações de cana-de-açúcar, estão ocupados por trabalhadores do Movimento dos Trabalhadores Rurais Sem Terra (MST). Os barões do açúcar atuam em conivência com a polícia militar, força repressiva do Estado. E os esquadrões da morte — os *pistoleiros* dos latifundiários — percorrem a região.

---

1. No Brasil colonial, um engenho envolvia as plantações, os locais de produção (casa do engenho), a residência do proprietário (casa-grande) e as moradias dos escravos (senzala), ou seja, o conjunto da propriedade.

Thorlby é escocês e padre. Da Bahia ao Piauí, em todo o Nordeste brasileiro, ele é conhecido como padre Tiago.[2] Seu amigo Chico Mendes foi assassinado;[3] ele continua vivo, mas nota: "Muito provisoriamente..."

Tiago tem um humor macabro: "Prefiro sentar-me na frente. Os pistoleiros são supersticiosos... Para eles, é mais difícil atirar num padre que num socialista de Genebra". Felizmente, só nos incomodaram os mosquitos.

O sol vermelho já se põe no horizonte quando, enfim, chegamos à plantação. Estacionando o jipe entre a vegetação, seguimos a pé, James Thorlby, o sindicalista que dirigia, Sally-Anne Way, Christophe Golay e eu.

As pequenas casas de adobe dos cortadores de cana e suas famílias, pintadas de azul, alinham-se dos dois lados de um canal lamacento. A entrada é alta: há que subir três degraus para entrar na casa, erguida sobre suportes de pedra. O sistema é inteligente: protege dos ratos e das cheias repentinas do canal.

As crianças — caboclas, negras ou com traços indígenas muito evidentes — são alegres, apesar da subalimentação que se percebe de imediato pela magreza dos braços e das pernas. Muitas delas têm os ventres inchados pelos vermes e cabelos ralos e vermelhos, sintomas de *kwashiorkor*. As mulheres estão pobremente vestidas e seus cabelos negros emolduram rostos ossudos, de olhar duro. Poucos homens exibem dentaduras intactas. O tabaco deixa seus dedos tingidos por um amarelo escuro.

Redes coloridas se entrecruzam sob o teto. Em suas gaiolas, nos beirais, papagaios se agitam. Atrás das casas, pastam jumentos.

---

2. Diminutivo de Santiago, James em português. [Nascido em 1942, o padre Thorlby, que veio para o Brasil em 1968, é membro da Comissão Pastoral da Terra; as ameaças dos latifundiários a ele não são apenas verbais — em janeiro de 2005, por pouco não foi sequestrado por pistoleiros a serviço de grandes proprietários de Pernambuco. (N.T.)]

3. Recorde-se que Chico Mendes (Francisco Alves Mendes Filho) — militante sindical desde os anos 1970, defensor dos seringueiros e do meio ambiente — foi assassinado em 22 de dezembro de 1988, em Xapuri (Acre), poucos dias depois de completar 44 anos. (N.T.)

Cabras amarronzadas saltitam sobre ervas rasteiras. Um cheiro de milho assado se espalha. Mosquitos fazem o ruído surdo de distantes bombardeiros.

A luta dos trabalhadores do engenho Trapiche é exemplar. As grandes terras que se perdem na névoa do entardecer eram terras do Estado (*terras da União*). E até poucos anos atrás eram terras que produziam víveres, ocupadas por pequenas propriedades de um a dois hectares. Nelas, famílias viviam pobremente, mas em segurança, com algum bem-estar e relativa liberdade.

Dispondo de excelentes relações em Brasília e consideráveis capitais, financistas obtiveram das autoridades competentes a "desclassificação" — ou seja: a privatização — dessas terras. Os pequenos plantadores de feijão e de cereais foram então expulsos para as favelas de Recife — exceto aqueles que aceitaram, por um salário de miséria, se tornar cortadores de cana; atualmente, são superexplorados.

Um longo combate judicial conduzido pelo MST contra os novos proprietários acabava de ser perdido quando da nossa visita. É que os juízes locais não são indiferentes, eles também, às vantagens monetárias da privatização de terras públicas.

No Brasil, o programa de produção de agrocarburantes goza de uma prioridade absoluta. E a cana-de-açúcar constitui uma das matérias-primas mais rentáveis para a produção de bioetanol.

O programa brasileiro que visa ao aumento acelerado da produção de bioetanol tem um nome curioso: *Proálcool*. O governo o apresenta orgulhosamente. Em 2009, o Brasil consumiu catorze milhões de litros de bioetanol (e de biodiesel) e exportou outros quatro milhões. Sonho do governo brasileiro: exportar até duzentos milhões de litros.

A empresa estatal Petrobras constrói portos para navios de grande calado em Santos (São Paulo) e na baía de Guanabara (Rio de Janeiro). Nos próximos dez anos, a Petrobras investirá 85 bilhões de dólares na construção de novas instalações portuárias.

O governo de Brasília pretende elevar a 26 milhões de hectares a superfície de cultivo da cana-de-açúcar. Diante dos poderosos do bioetanol, os desdentados cortadores de cana do engenho Trapiche não têm qualquer chance de vencer.

A implementação do Proálcool acarreta a rápida concentração de terras nas mãos de alguns barões autóctones e das sociedades transnacionais.

A maior região açucareira do estado de São Paulo é a de Ribeirão Preto. Entre 1977 e 1980, a dimensão média das propriedades saltou de 242 para 347 hectares. A rápida concentração da propriedade fundiária — e, portanto, do poder econômico — nas mãos de grandes empresas ou de latifundiários se generalizou, mais acelerada a partir de 2002.

Evidentemente, esse movimento de concentração se opera em detrimento de sítios familiares de pequenas e médias dimensões.[4] Um especialista da FAO observou:

> A extensão de uma plantação média do estado de São Paulo, que era de 8.000 hectares em 1970, é atualmente [2008] de 12.000 hectares. Na categoria das plantações que, em 1970, ocupavam 12.000 hectares ou mais, encontram-se hoje médias de 39.000 hectares ou mais. Plantações de 40.000 a 50.000 hectares não são raras [...]. Inversamente, se se consideram as plantações da categoria abaixo de mil hectares, sua área média caiu a 476 hectares [...]. A concentração de terras [no estado de São Paulo] não se deve somente ao movimento de compra e venda, mas opera igual e frequentemente mediante as locações de áreas que sitiantes outrora independentes são obrigados a fazer aos grandes proprietários.[5]

Essa reorientação da agricultura no sentido de um modelo capitalista monopolístico deixa pelo caminho aqueles que não tinham

---

4. M. Duquette, "Une décennie de grands projets. Les leçons de la politique énergétique du Brésil", *in Tiers Monde*, vol. 30, n. 120, p. 907-925.

5. R. Abramovay, "Policies, Institutions and Markets Shaping Biofuel Expansion. The Case of Ethanol and Biodiesel in Brazil" (Roma: FAO, 2009, p. 10).

meios para se equipar com máquinas, comprar insumos, terras etc. e assim se lançar à cultura intensiva da cana. Esses excluídos sofreram fortes pressões para vender ou alugar suas terras às grandes propriedades vizinhas. Entre 1985 e 1996, registraram-se no Brasil pelo menos a expulsão de 5,4 milhões de camponeses e a desaparição de 941.111 pequenas e médias explorações agrícolas.

A monopolização exacerba as desigualdades e fomenta a pobreza rural (mas também a urbana, em consequência do êxodo rural). Por outro lado, a exclusão dos pequenos proprietários põe em perigo a segurança alimentar do país, uma vez que eles são a garantia de uma agricultura de víveres.[6]

Quanto aos domicílios rurais chefiados por mulheres, suas possibilidades de acesso à terra foram mínimas e eles sofreram uma maior discriminação.[7]

Em resumo, o desenvolvimento da produção do "ouro verde" no modelo agroexportador enriqueceu formidavelmente os barões do açúcar, mas fragilizou ainda mais os pequenos camponeses, os meeiros e os boias-frias. Ele assinala, de fato, a sentença de morte da pequena e da média explorações rurais familiares — e, portanto, a soberania alimentar do país.

Mas, além dos barões brasileiros do açúcar, o Proálcool beneficia evidentemente as grandes sociedades transcontinentais estrangeiras — que têm por nome Louis Dreyfus, Bunge, Noble Group, Archer Daniels Midland —, os grandes grupos financeiros pertencentes a Bill Gates e George Soros, bem como os fundos soberanos da China. Segundo um relatório da ONG Ethical Sugar, a China e o estado da Bahia assinaram um acordo que permite à primeira instalar, até 2013, vinte usinas de etanol no Recôncavo Baiano.[8]

---

6. F. M. Lappé e J. Collins, *L'industrie de la faim. Par-delà le mythe de la pénurie* (Montréal: Éditions L'Étincelle, p. 213).

7. Um estudo da FAO examina a discriminação específica sofrida pelas mulheres chefes de famílias rurais sob os efeitos da implementação do Proálcool — cf. FAO, "Biocarburants. Risque de marginalisation accrue des femmes" (Roma, 2008).

8. O Recôncavo é uma grande região açucareira que se estende ao fundo da baía de Todos os Santos.

Em um país como o Brasil, onde milhões de pessoas reivindicam o direito de possuir uma gleba, onde a segurança alimentar está ameaçada, o açambarcamento de terras pelas sociedades transnacionais e pelos fundos soberanos constitui um escândalo suplementar.

No Conselho dos Direitos Humanos, na Assembleia Geral da ONU, eu lutei contra o Proálcool. Estava diante de mim o ministro Paulo Vanucci, meu amigo, antigo guerrilheiro da VAR-Palmares[9] e herói da resistência à ditadura. Ele se mostrava sinceramente constrangido.

O próprio presidente Luiz Inácio Lula da Silva, quando de sua visita ao Conselho, em 2007, atacou-me diretamente do alto da tribuna.

Vanucci e Lula usaram um argumento contundente: "Por que inquietar-se com a expansão da cultura da cana? Ziegler é relator especial sobre o direito à alimentação. Ora, o Proálcool nada tem a ver com a alimentação. A cana não é comestível. Ao contrário dos Estados Unidos, os brasileiros não queimam nem milho nem trigo".

O argumento não tem procedência, já que a fronteira agrícola do Brasil está em deslocamento constante: a cana avança para o interior do planalto continental e o rebanho bovino, que aí tinha seus pastos há séculos, migra para o oeste e o norte. Para obter novas pastagens, os latifundiários e as sociedades transcontinentais queimam a floresta — dezenas de milhares de hectares por ano.

A destruição é definitiva. Os solos da bacia Amazônica e de Mato Grosso, cobertos por florestas primárias, só possuem uma fina camada de húmus. Mesmo que um improvável acesso de lucidez se apoderasse dos dirigentes de Brasília, eles não poderiam recriar a floresta Amazônica, o "pulmão da Terra".[10] Conforme um cenário admitido pelo Banco Mundial, prosseguindo o ritmo atual da prática das queimadas, 40% da floresta Amazônica terão desaparecido em 2050...[11]

---

9. Cf., supra, nota 4 - Segunda Parte, Cap. 5. (N.T.)

10. A floresta amazônica desempenha um papel essencial na regulação das precipitações pluviométricas da região, mas também no clima do planeta.

11. *Assessment of the Risk of Amazon Dieback. Main Report* (Environmentally and Socially Sustainable Development Department. Latin America and Caribbean Region), The World

* * *

À medida que o Brasil substituía gradualmente as culturas de víveres pela cultura de cana-de-açúcar, o país entrou no círculo vicioso do mercado mundial alimentar: obrigado a importar alimentos que já não produz, aumenta a demanda mundial... que, por seu lado, acarreta o aumento do preço dos alimentos.[12]

A insegurança alimentar na qual vive uma grande parte da população brasileira está, assim, diretamente ligada ao Proálcool. Ela afeta especialmente as regiões de cultivo da cana, já que aí o consumo dos alimentos básicos sustenta-se quase exclusivamente nas compras de produtos importados submetidos a importantes flutuações de preços. "Numerosos pequenos proprietários e trabalhadores agrícolas são compradores de alimentos porque não possuem terras suficientes para produzi-los para sua família"[13] — por isso, em 2008, os camponeses não puderam comprar os alimentos de que necessitavam em função da brutal explosão dos preços.

Nas plantações de cana-de-açúcar do Brasil, ainda subsistem hoje, com frequência, práticas semelhantes às da escravidão existente até 1888.[14] O trabalho do corte da cana é extremamente árduo. O trabalhador é pago por tarefa. Tem como único instrumento de trabalho seu machete e dispõe, se o capataz é piedoso, de luvas de couro para proteger as mãos das escoriações. O salário-mínimo legal raramente é respeitado nos campos.

Pois bem: em razão do Proálcool, o exército dos condenados da cana cresce sem cessar. Com suas famílias, os cortadores migram de

---

Bank, p. 58, 4 fev. 2010. Cf. também B. S. Soares Filho, D. C. Nepstad, L. M. Curran, G. C. Cerqueira, R. A. Garcia, C. A. Ramos, E. Voll, A. McDonald, P. Lefebvre e P. Schlesinger, "Modelling conservation in the Amazon basin", in *Nature*, n. 440, p. 520-523, 2006.

12. D. Pimentel e M. H. Pimentel, *Food, Energy and Society* (Ithaca, USA: Cornell University/CRC Press, 2007. p. 294).

13. Ibid.

14. Em 1888, a escravatura foi oficialmente abolida no Brasil.

uma colheita a outra, de um latifúndio a outro. Os cortadores sedentários do engenho Trapiche são agora uma exceção.

Também as sociedades transcontinentais preferem empregar os migrantes. Assim, economizam as contribuições sociais e reduzem os custos de produção. Essa prática tem um alto preço social e humano.

Sedentos da redução de seus custos, os produtores de agrocarburantes exploram milhões de trabalhadores migrantes, conforme um modelo de agricultura capitalista ultraliberal. Conjugam baixos salários, horários inumanos, infraestruturas de apoio quase inexistentes e condições de trabalho próximas às da escravidão. Tais condições têm efeitos desastrosos sobre a saúde dos trabalhadores e de suas famílias. Por isso, cortadores de cana, e sobretudo suas crianças e mulheres, frequentemente morrem de tuberculose em consequência da subalimentação.

No Brasil, registram-se 4,8 milhões de trabalhadores rurais "sem terra". Muitos vivem à beira das estradas, sem domicílio fixo, alugando sua força de trabalho ao sabor das estações. Aqueles que moram num casebre nas cidades, nos bairros rurais ou junto das grandes propriedades têm algum acesso a um mínimo de serviços sociais.

A transformação de grandes regiões em zonas de monocultura da cana-de-açúcar precariza o emprego, em razão do caráter sazonal da colheita. Uma vez terminada a colheita no Sul, os trabalhadores devem migrar — 2.000 quilômetros — para o Nordeste, onde as estações se invertem. Assim, a cada seis meses se deslocam, percorrendo distâncias enormes — longe de suas famílias, desenraizados, mais vulnerabilizados. Os boias-frias, que não migram, não têm sorte melhor — nunca sabem a duração de seu emprego, se um dia, uma semana ou um mês.

Essa vulnerabilidade e essa mobilidade não favorecem a defesa de seus parcos direitos. Os trabalhadores da cana, em geral, veem-se incapacitados para denunciar os frequentes abusos de seus empregadores. Por outro lado, a legislação que deveria protegê-los é quase inexistente:

São os capangas, as milícias do açúcar, que fazem a lei [nas plantações]; periodicamente, os agentes do Estado intervêm, mas são pouco numerosos e o país é enorme. [...] Oficialmente, os capangas são uma espécie de serviço de segurança que protege a plantação; de fato, movimentam-se em torno dos trabalhadores como cães ferozes ao redor de um rebanho.[15]

Não são muitas as mulheres que trabalham nas plantações de cana, porque, para elas, é muito difícil cumprir as metas fixadas em dez ou doze toneladas de cana cortada por dia. Todavia, segundo a FAO, as mulheres "são particularmente desfavorecidas em termos de salários, condições de trabalho, formação e exposição aos riscos profissionais ou sanitários", no que toca aos empregos temporários ou por dia. Também as crianças, aos milhares, trabalham nas plantações. Conforme o Bureau International du Travail [Escritório Internacional do Trabalho] (BIT), 2,4 milhões de jovens com menos de dezessete anos trabalham como assalariados na agricultura — dos quais 22.876 somente nas plantações de cana-de-açúcar.[16]

O célebre livro de Gilberto Freyre, *Casa-grande & senzala*, traduzido, como já observei, por Roger Bastide,[17] é uma denúncia da maldição da cana-de-açúcar.

A caravela de Tomé de Souza entrou na baía de Todos os Santos numa manhã de outubro de 1526. Desde o século XVII, porém, a cana-de-açúcar inundou o Recôncavo Baiano, depois o vale do Capibaribe, em Pernambuco, em seguida as áreas costeiras e todo o agreste de Sergipe e Alagoas.

---

15. C. Höges, "Derrière le miracle des agrocarburants, les esclaves brésiliens de l'éthanol", in *Le Courrier International*, 30 abr. 2009.

16. Inutilizáveis nos terrenos acidentados do Nordeste, as máquinas substituem os trabalhadores em inúmeras plantações no estado de São Paulo, o maior produtor de açúcar do Brasil — aí, em 2010, 45% do corte da cana eram mecanizados.

17. Primeira edição, pela Gallimard, de 1952; edição de bolso em 2005. [Cf., supra, a nota 10 - Segunda Parte, Cap. 5. (N.T.)]

A cana foi o fundamento da economia escravagista. Os engenhos foram um inferno para os escravos e uma fonte de formidáveis riquezas para seus senhores.

A monocultura arruinou o Brasil.

Agora, ela está de volta. Novamente, a maldição da cana se abate sobre o Brasil.

Pós-escrito: O inferno de Gujarat

A escravidão dos cortadores de cana não é exclusiva do Brasil. Milhares deles, migrantes, conhecem a mesma exploração em muitos outros países.

A plantação da Bardoli Sugar Factory situa-se em Surat, no estado de Gujarat, na Índia. Em sua grande maioria, os homens que nela trabalham pertencem ao povo aborígene dos Adivasi, célebre por sua arte na confecção de cestas e móveis de junco.

As condições de vida na plantação são espantosas: a alimentação fornecida pelo patrão é cheia de vermes, há carência de água potável, bem como de madeira para cozer a comida. Os Adivasi e suas famílias vivem em *shacks*, choças feitas com ramos — e abertas aos escorpiões, serpentes, ratos e cães selvagens.

Ironia da situação: por razões fiscais, a Bardoli Sugar Factory está registrada como uma cooperativa. Pois bem: na Índia, uma das leis mais rigorosas é a que regula as obrigações e a vigilância pública das cooperativas — trata-se do Cooperative Society Act. Há funcionários específicos para a vigilância das cooperativas. Mas os cortadores de cana jamais os veem. O governo de Gujarat não se interessa por eles.

Recorrer à justiça?

Os Adivasi têm muito medo do *mukadam*, o agente de contratação da plantação. A magnitude do desemprego em Gujarat é tal que, ao menor protesto, o cortador de cana rebelde é imediatamente substituído por um trabalhador mais dócil.

4

Recolonização

Durante a XVI sessão do Conselho dos Direitos do Homem da ONU, em março de 2011, a Via Campesina, juntamente com duas ONGs, o FIAN[1] e o Cetim,[2] organizou um *side event* — uma consulta informal sobre a proteção dos direitos dos camponeses (direitos à terra, às sementes, à água etc.).

O embaixador da África do Sul para os direitos do homem, o intratável Pizo Movedi, declarou nessa ocasião: "Primeiro, tomaram-nos os homens; agora, tomam as nossas terras... Vivemos a recolonização da África".

A maldição do "ouro verde", de fato, hoje se estende a vários países da Ásia, da América Latina e da África.[3] Em quase todo o mundo, mas especialmente na Ásia e na América Latina, o açambarcamento das terras pelos trustes do bioetanol se acompanha de violências.

O exemplo da Colômbia é paradigmático.[4]

---

1. Foodfirst Information and Action Network, organização internacional de direitos humanos que promove "o direito fundamental que tem toda pessoa de estar livre da fome".

2. Centre Europe-Tiers Monde, sediado em Genebra.

3. É sobretudo o Brasil que vende os equipamentos de produção.

4. Utilizo aqui os relatórios da Human Rights Watch e da Amnesty International. Cf. especialmente Amnesty International, boletim da seção suíça (Berna, setembro de 2008).

A Colômbia é o quinto maior produtor mundial de óleo de palma — 36% da produção são exportados, principalmente para a Europa. Em 2005, 275.000 hectares eram ocupados por essa cultura. O óleo de palma é usado na fabricação de agrocarburantes. Um hectare de palmeiras produz 5.000 litros de agrodiesel.

Em praticamente todas as regiões da Colômbia onde se plantou a palma, a violação dos direitos humanos acompanhou esta operação: apropriações ilegais de terras, deslocamentos forçados, assassinatos seletivos, "desaparecimentos".

O esquema que se repete em quase todas as regiões afetadas começa com deslocamentos forçados de populações e se conclui por uma "pacificação" da área pelas unidades paramilitares a soldo das sociedades transcontinentais privadas.

Entre 2002 e 2007, 13.634 pessoas, entre as quais 1.314 mulheres e 719 crianças, foram assassinadas ou desapareceram essencialmente por causa dos ataques dos paramilitares.[5]

Vejamos um primeiro exemplo.

Em 1993, o Estado colombiano reconheceu, pela *Ley 70* (lei n. 70), os direitos de propriedade das comunidades negras que exploravam tradicionalmente as terras das bacias dos rios Curvaradó e Jiguamiandó. A lei estipula que ninguém pode se apropriar dos 150.000 hectares das duas bacias fluviais sem o consentimento dos representantes das comunidades. Mas a realidade, no campo, é totalmente distinta.

As famílias dos camponeses tiveram que fugir dos paramilitares. Por conseguinte, as sociedades transcontinentais da palma oleaginosa puderam plantar suas árvores tranquilamente. Os paramilitares chegaram à região em 1997, provocando a destruição: casas incendiadas, assassinatos seletivos, ameaças, chacinas.

As organizações de defesa de direitos humanos registraram entre 120 e 150 assassinatos e o deslocamento forçado de 1.500 pessoas.

---

5. *Le Temps* (Genebra, 20 set. 2008).

Imediatamente após o deslocamento, as empresas começaram a plantar as primeiras palmeiras. Em 2004, 93% das terras coletivas das comunidades estavam ocupadas pelas palmeiras oleaginosas.[6]

Vejamos outro exemplo — o do combate perdido pelas famílias camponesas de Las Pavas, descrito por Sergio Ferrari.[7] Aqui, os chefes do crime organizado se uniram aos latifundiários para expropriar as terras de uma comunidade de mais de seiscentas famílias no departamento de Bolívar, no Norte da Colômbia.

A tragédia remonta aos anos 1970, quando esses camponeses foram expulsos por latifundiários que venderam suas parcelas a Jesus Emilio Escobar, parente de Pablo Escobar, o chefão da droga.[8] Em 1997, Escobar abandonou a propriedade e a comunidade recuperou suas parcelas para cultivar arroz, milho e bananas.

Os valentes camponeses de Las Pavas não tinham suportado vegetar em seu acampamento para pessoas deslocadas. Pouco a pouco, as famílias foram retornando. Em 2006, apresentaram ao Ministério da Agricultura uma solicitação de reconhecimento dos seus direitos de propriedade. Foi quando Escobar resolveu voltar a desalojar as famílias pela força, destruindo as colheitas e vendendo a terra ao consórcio El Labrador, especializado na cultura extensiva da palma oleaginosa e que reunia as empresas Aportes San Isidro e Tequendama.

Em julho de 2009, os camponeses, que continuavam a cultivar uma parte de suas parcelas apesar das ameaças, foram novamente expulsos pela polícia, numa ação que o próprio Ministério da Agricultura julgou ilegal.

---

6. Amnesty International, op. cit.

7. Sergio Ferrari, *Le Courrier* (Genebra, 15 mar. 2011).

8. Pablo Escobar Gaviria (1949-1993) criou e liderou o "cartel de Medellín", organização narcotraficante poderosíssima, que se impôs como a maior da Colômbia mediante a violência e o suborno (a políticos, militares e altos funcionários públicos). Sua eliminação física num confronto urbano é, até hoje, objeto de discussão. (N.T.)

Em 2011, um novo presidente chegou ao poder em Bogotá — Juan Manuel Santos. Seu predecessor, Álvaro Uribe, tinha vinculações com os assassinos paramilitares. Quanto a Santos, está próximo dos círculos latifundiários. E os dirigentes da agroindústria da palma, notadamente os da sociedade Tequendama, são seus amigos.

As famílias camponesas de Las Pavas, portanto, não têm a menor chance de obter justiça.

Observemos o que se passa em outra parte do mundo — na África.[9]

Em Angola, o governo anuncia projetos que destinam 500.000 hectares de terras à cultura de agrocarburantes. Tais projetos conjugam seus efeitos com a expansão em massa das monoculturas de bananas e de arroz operada pelas multinacionais Chiquita e Lonrho, e também por algumas companhias chinesas. Em 2009, a Biocom (Companhia de Bioenergia de Angola) começou a plantar cana-de-açúcar numa área de 30.000 hectares. A Biocom é parceira do grupo brasileiro Odebrecht e das sociedades angolanas Damer e Sonangol (esta, a companhia de petróleo do Estado angolano).

A firma portuguesa Quifel Natural Resources projeta, por seu turno, cultivar girassol, soja e iátrofa na província meridional de Cunene. A firma pretende exportar as colheitas para a Europa, para que sejam transformadas em agrocarburantes. A companhia portuguesa Gleinol, desde 2009, a partir de 13.000 hectares, produz biodiesel. A companhia de petróleo Sonangol, do Estado angolano, associada ao consórcio petroleiro italiano ENI, planeja expandir as plantações de palma já existentes na província de Kwanza Norte para produzir agrocarburantes.

Em Camarões, a Socapalm (Sociedade Camaronesa de Palma), antiga companhia estatal, está hoje parcialmente nas mãos do grupo

9. Cf. Amis de la Terre, *Afrique, terre(s) de toutes les convoitises. Ampleur et conséquences de l'accaparement des terres pour produire des agrocarburants* (Bruxelas, 2010).

francês Bolloré. Ela anunciou sua intenção de aumentar a produção de óleo de palma. A Socapalm possui plantações nas regiões do Centro, do Sul e do litoral de Camarões. Em 2000, ela firmou — por sessenta anos — um contrato de aluguel de 58.000 hectares de terras. O grupo Bolloré, por outra parte, é o proprietário direto dos 8.800 hectares cultivados em Sacafam.

Em Camarões, as plantações de palmeiras destroem as florestas primárias, agravando ainda mais o desflorestamento em curso há muito, ocasionado pela conjugação da exploração da madeira e pelo desmatamento. O governo de Iaundé[10] apoia, desde os anos 1990, o desenvolvimento da cultura da palma oleaginosa pela mediação das suas empresas estatais, a Socapalm, a Cameroun Development Corporation (CDC) e a Compagnie des Oléagineux du Cameroun (COC). Ora, a floresta tropical da África Central é a segunda em tamanho no mundo — atrás somente da Amazônia — e constitui um dos principais "poços de carbono"[11] do planeta. É preciso saber, também, que numerosas comunidades dependem dessa floresta e de sua rica biodiversidade para sua subsistência, contando com a caça e a coleta de alimentos para sobreviver — assim, tais comunidades correm o risco de serem extintas.

O governo do Benim propõe-se converter 300.000 a 400.000 hectares de zonas úmidas em plantações de palma oleaginosa no Sul do país. É verdade que esse vegetal é originário de zonas úmidas, mas as plantações vão drenar as terras e a rica biodiversidade que abrigam será destruída.

Mas onde se anunciam alguns dos maiores projetos em matéria de agrocarburantes é na República Democrática do Congo. Em julho de 2009, a firma chinesa ZTE Agrobusiness Company Ltd. divulgou seu projeto de implantar a cultura de palma oleaginosa, para pro-

---

10. Trata-se da capital de Camarões. (N.T.)

11. Denominam-se assim os elementos naturais — como as florestas, os oceanos, as turfeiras ou os prados — que absorvem o CO^2 da atmosfera através da fotossíntese, armazenam parte do carbono extraído e devolvem oxigênio à atmosfera.

duzir agrocarburantes, em um milhão de hectares. A ZTE já anunciara, em 2007, o investimento de um bilhão de dólares numa plantação de três milhões de hectares. E a sociedade multinacional italiana de energia ENI possui, por seu lado, no Congo, uma plantação de palma de 70.000 hectares.

Também a Etiópia marxista se lança com entusiasmo na alienação das suas terras. Ela ofereceu cerca de 1,6 milhão de hectares de terras a investidores interessados em desenvolver explorações de cana-de-açúcar e de palma oleaginosa. Até julho de 2009, 8.420 investidores locais e estrangeiros receberam as autorizações necessárias para instalar-se. O investidor agrícola mais poderoso no país é o multimilionário saudita Mohamed Al-Amoudi. A sua Star Agricultural Development Company possui dezenas de milhares de hectares numa das poucas regiões realmente férteis da Etiópia — em Sidamo e em Gambella. Ele pretende adquirir aí 500.000 hectares suplementares para plantar cana-de-açúcar com vistas à produção de bioetanol.[12]

No Quênia, a companhia japonesa Biwako Bio-Laboratory cultivava, em 2007, 30.000 hectares de iátrofas para extração de óleo e estudava a expansão de suas plantações até 100.000 hectares, em dez anos. A companhia belga HG Consulting garante, por seu turno, o financiamento do projeto Ngima — que utiliza a cana-de-açúcar produzida por pequenos camponeses que, sob contratação, trabalham em 42.000 hectares. A companhia canadense Bedford Biofuels, por sua vez, detém 160.000 hectares de terras para cultivar iátrofas — e tem a opção de adquirir outros 200.000 hectares suplementares.

Em 2008, o presidente malgaxe,[13] Marc Ravalomanana, concluiu um acordo secreto com a empresa transcontinental coreana Daewoo, prevendo a cessão de um milhão de hectares de terras aráveis. A Daewoo receberia gratuitamente a concessão por 99 anos, sem qual-

12. *Le Monde*, 29 jul. 2011.

13. O país em questão é Madagascar, independente desde 1960. (N.T.)

quer contrapartida monetária — e pretendia plantar palma oleaginosa para a produção de bioetanol. A única obrigação que lhe caberia seria a construção de estradas, canais de irrigação e depósitos. Em 28 de novembro de 2008, o *Financial Times* revelou o conteúdo do acordo. Marc Ravalomanana foi expulso do palácio presidencial pelo povo em revolta. Seu sucessor anulou o acordo.

Serra Leoa é o país mais pobre do mundo.[14]

A empresa transcontinental privada Addax Bioenergy, sediada em Lausanne, acaba de obter ali uma concessão de 20.000 hectares de terras férteis. Pretende plantar cana-de-açúcar para produzir bioetanol destinado ao mercado europeu. E prevê uma expansão de mais 57.000 hectares.[15]

A Addax Bioenergy pertence ao multimilionário valdense[16] Jean-Claude Gandur. Sexagenário vigoroso, dotado de uma inteligência brilhante e de uma vitalidade aparentemente inesgotável, esse empresário apaixonado pelos negócios e pela arte fascina por suas contradições.[17] Ele nasceu no Azerbaijão, cresceu no Egito e estudou em Lausanne. Foi com o vitriólico Marc Rich, em Zoug, que ele aprendeu a negociar.[18] Em 2009, Gandur vendeu a Addax Petroleum, uma de suas empresas transcontinentais, por três bilhões de dólares, para a sociedade chinesa Sinopec.[19]

---

14. Cf. Index du Développement Humain (Nova York: PNUD, 2010).

15. Dossiê elaborado pela ONG Pain pour le Prochain. Cf. *Le Courrier* (Genebra, 9 jul. 2011).

16. Ou seja, habitante de Vaud, cantão suíço. (N.T.)

17. Cf. Gerhard Mack, "Vom Nil an den Genfer See", *in Neue Zürcher Zeitung-am Sonntag* (Zurique, 22 maio 2011).

18. Marc Rich foi procurado pela justiça norte-americana por doze anos, em razão de numerosos delitos e, depois, perdoado pelo presidente Clinton. [Rich (1934) é um bilionário israelo-belga-espanhol, que especula em negócios os mais variados em todo o mundo; fugiu dos Estados Unidos, em 1983, para a Suíça, por sonegar impostos e fazer negociações ilegais com o Irã. Zoug é a capital do cantão de mesmo nome. (N.T.)]

19. Sobre o império de Gandur, cf. Elisabeth Eckert, *in Le Matin-Dimanche* (Lausanne, 7 ago. 2011).

A generosidade pessoal de Gandur é legendária. Ele acaba de doar suas duas coleções de arte — de arte antiga e de pintura abstrata francesa — ao Museu de Arte e História de Genebra, e se comprometeu a contribuir com quarenta milhões de francos suíços para a ampliação desse mesmo museu.[20] E a fundação que mantém luta contra a noma em Burkina Faso.

Joan Baxter visitou o futuro empreendimento em Serra Leoa. Eis o seu relato:

> Distribuídos por 25 aldeias do Centro de Serra Leoa, pequenos exploradores agrícolas produzem suas próprias sementes e cultivam arroz, mandioca e legumes. Adama, que está plantando mandioca, garante que o que obtém com suas colheitas lhe permite atender às necessidades de seu marido paralítico e manter seus três filhos na escola. Charles, que retorna do campo de cultivo e chega à casa no calor da tarde, pode mandar seus três meninos à escola graças ao produto de sua pequena gleba. No próximo ano, a maior parte desses agricultores não mais poderão cultivar suas terras. [...] Adama não sabe ainda que logo vai perder os campos de mandioca e pimenta que ela cultiva nas terras altas.[21]

A Addax Bioenergy firmou seu contrato com o governo de Freetown.[22] Os camponeses daquelas 25 aldeias souberam de sua ruína através de rumores.

O problema é comum a toda a África Negra.

No que toca às terras rurais, geralmente não existe nenhum cadastro fundiário; para as terras urbanas, há registro em algumas cidades. Teoricamente, todas as terras pertencem ao Estado; as comunidades rurais têm apenas o direito do usufruto das terras que ocupam.

---

20. Cf. "Jean-Claude Gandur, collectionneur esthète", *in Revue du Musée d'Art et d'Histoire de Genève*, 14 ago. 2011.

21. Joan Baxter, "Le cas Addax Bioenergy", *in Le Monde Diplomatique*, janeiro de 2010.

22. Capital de Serra Leoa. (N.T.)

A Addax não assume nenhum risco. Seu projeto será financiado pelo Banco Europeu de Investimentos e pelo Banco Africano de Desenvolvimento. Em Serra Leoa, como em muitos países do Sul, esses dois bancos (como outros em outras partes) se tornam cúmplices ativos da destruição das condições de vida das famílias camponesas africanas.

Três concessões suplementares estão sendo negociadas entre o governo e a Addax Bioenergy — sempre com o apoio dos dois bancos citados. Essas novas concessões referem-se a terras onde prosperarão gigantescas plantações de palma oleaginosa.

Serra Leoa sai de uma espantosa guerra civil que durou onze anos. Apesar do fim dos combates em 2002, a reconstrução do país não avança. Cerca de 80% da população vive em extrema pobreza — grave e permanentemente subalimentada.

O estudo de viabilidade da Addax Bioenergy menciona a importação de máquinas, caminhões e pulverizadores de herbicidas. Prevê a utilização de adubos químicos, pesticidas e fungicidas. E a Addax escolheu essas terras por uma razão precisa: são banhadas por um dos rios mais importantes de Serra Leoa, o Rokel. O contrato não estipula nenhuma cláusula sobre a quantidade de água que será bombeada para irrigar as plantações, nem sobre o destino das águas residuais. Sobre os camponeses de toda a região, paira a ameaça da falta de água potável e para irrigação e o perigo da poluição.

Formalmente, a Addax firmou um contrato de locação por cinquenta anos, ao preço de um euro por hectare. O contrato garante à empresa a isenção do imposto sobre pessoas físicas e das taxas aduaneiras sobre a importação de material.

Os suíços são hábeis. Associaram ao seu empreendimento um influente homem de negócios local, Vincent Kanu, e, sobretudo, um deputado da região, Martin Bangura.

No papel, Serra Leoa é uma democracia. Na realidade, os deputados reinam em suas regiões como sátrapas.

A Addax Bioenergy encarregou a Bangura de "explicar" às populações locais os detalhes do projeto. Segundo o deputado, os camponeses espoliados se beneficiarão, como contrapartida, dos 4.000 empregos que a Addax prometeu criar. Mas um estudo independente realizado na região desmente tal promessa — poucos empregos estão previstos.[23] Ademais, em que condições? Ninguém as descreve.

Há, porém, uma indicação. Atualmente, a Addax Bioenergy emprega cerca de cinquenta pessoas para cuidar das mudas de cana-de-açúcar e de mandioca plantadas nas margens do rio Rokel. Paga-lhes um salário diário de 10.000 leões — ou seja, o equivalente a 1,8 euro.[24]

A operação realizada pela Addax em Serra Leoa é característica da maioria das aquisições de terras realizadas pelos senhores do "ouro verde". E a corrupção de alguns de seus associados locais desempenha frequentemente um papel central nessas operações de espoliação.

O que agrava o escândalo é que os bancos públicos, mantidos pelos contribuintes — como o Banco Mundial, o Banco Europeu de Investimentos, o Banco Africano de Desenvolvimento etc. —, financiam as espoliações.

Qual o futuro que espera Adama e Charles, seus filhos, seus parentes, seus vizinhos? Serão expulsos. Para onde? Para as sórdidas favelas de Freetown, onde passeiam os ratos, onde as crianças se prostituem, onde os pais de família mergulham no desemprego permanente e no desespero.

Os agrocarburantes provocam catástrofes sociais e climáticas. Reduzem as terras para a produção de víveres, destroem a agricultura familiar e contribuem para agravar a fome no mundo. Sua produção se acompanha do lançamento na atmosfera de dióxido de

23. Coastal and Environmental Services, "Sugar cane to ethanol project. Sierra Leone, environmental, social and health impact assessment" (Freetown, Serra Leoa, outubro de 2009).

24. Ao câmbio de 2011.

carbono em grande quantidade e absorve um enorme volume de água potável.

Não há a menor dúvida de que o consumo de energia fóssil deve ser reduzido rápida e maciçamente. Contudo, a solução não reside nos agrocarburantes e sim, sobretudo, nas economias de energia e nas energias alternativas adequadas (como as eólicas e a solar).

Bertrand Piccard[25] é um dos homens mais brilhantes que conheço. De 1º a 21 de março de 1999, realizou — em companhia de Brian Jones — a primeira volta ao mundo, sem escalas, em balão. Atualmente, propõe-se a dar a volta ao planeta em um avião (*Solar Impulse*) movido exclusivamente por energia solar. Bertrand Piccard me afirma, sorrindo: "Quero contribuir para libertar a humanidade do petróleo."

Em 2007, diante da Assembleia Geral das Nações Unidas, em Nova Iorque, afirmei: "Produzir agrocarburantes com alimentos é um crime". Pedi sua proibição.

Os senhores do "ouro verde" reagiram vigorosamente. A Canadian Renewable Fuels Association, a European Bioethanol Fuel Association e a Brazilian Sugarcane Industry Association — três das maiores federações de produtores de bioetanol — intervieram junto a Kofi Annan para denunciar minha declaração "apocalíptica" e "absurda".[26]

Não mudei a minha opinião.

Em um planeta onde, a cada cinco segundos, uma criança de menos de dez anos morre de fome, especular com terras que produzem víveres e queimar alimentos como carburantes constituem um crime contra a humanidade.

---

25. Cf., supra, a nota 20 - Primeira Parte, Cap. 7. (N.T.)

26. "UN is urged to disavow rogue biofuels remarks", *in The Wall Street Journal* (13 nov. 2007). [A Brazilian Sugarcane Industry Association (em português, União da Indústria da Cana de Açúcar — Unica) é um *lobby* que reúne 146 empresas e foi criada em 1997. Tem sede em São Paulo e escritórios no exterior. Seus associados respondem por 50% do etanol e 60% do açúcar de cana produzidos no Brasil. (N.T.)]

SEXTA PARTE

Os especuladores

1

Os "tubarões-tigre"

O tubarão-tigre é um animal enorme, da família dos carcarrinídeos, carnívoro e extremamente voraz. Dotado de grandes dentes e olhos negros, é um dos seres mais temíveis do planeta. Está presente em todos os mares temperados e tropicais, preferindo as águas turvas.

Com suas mandíbulas, exerce uma pressão de várias toneladas por centímetro quadrado. Para manter a oxigenação de seu organismo, tem que nadar permanentemente. É capaz de detectar uma gota de sangue diluída em 4,6 milhões de litros de água.

O especulador de bens alimentares que atua na bolsa de matérias-primas agrícolas de Chicago (Chicago Commodity Stock Exchange) corresponde muito bem à descrição do tubarão-tigre. Também é capaz de detectar suas vítimas a dezenas de quilômetros e de aniquilá-las em um instante, satisfazendo sua voracidade — ou, dito de outra maneira, realizando lucros fabulosos.

As leis do mercado fazem com que unicamente a demanda solvável seja atendida.[1] Elas impõem a ignorância intencional do fato de que a alimentação é um direito humano, um direito para todos.

---

1. Os economistas chamam de demanda solvável a demanda (procura) de pessoas que dispõem de dinheiro suficiente para comprar as mercadorias que desejam e/ou necessitam. (N.T.)

O especulador de matérias-primas alimentares atua em todas as frentes e sobre tudo aquilo suscetível de trazer-lhe algum ganho — joga especialmente com a terra, os insumos, as sementes, os adubos, os créditos e os alimentos. Mas a especulação é uma atividade cheia de acasos. Os especuladores podem realizar em alguns instantes um lucro gigantesco ou, também em instantes, perder somas colossais.

Vejamos dois exemplos.

Jovem *trader*[2] da Societé Générale, Jérôme Kerviel assumiu posições em contratos de futuros da ordem de cinquenta bilhões de euros, uma soma superior aos fundos próprios de seu banco. Descoberto em janeiro de 2008, atribuiu-se a ele uma perda de 4,8 bilhões de euros da Societé Générale.[3]

Ao contrário, em 2009, o Gaïa World Agri Fund, um dos mais ferozes especuladores de bens agroalimentares, sediado em Genebra, realizou, por sua vez, lucros líquidos de 51,9% sobre seus investimentos.[4]

A definição clássica da especulação, dada pelo economista britânico Nicholas Kaldor, é a seguinte: "a compra (ou a venda) de mercadorias com o objetivo de revendê-las (ou recomprá-las) ulteriormente, antecipando-se a uma mudança do preço em vigor e não com o objetivo de obter um ganho resultante de sua utilização, transformação ou transferência de um mercado a outro".[5] O International Food Policy Research Institute (IFPRI) oferece uma definição mais simples ainda: "A especulação é a aceitação

---

2. *Trader* (literalmente, comerciante) é um profissional (ou mesmo uma empresa) que compra e vende títulos negociados nos mercados de ações (bolsas de valores, de derivativos ou de *commodities*). (N.T.)

3. Em outubro de 2010, a 11ª Câmara Correcional de Paris condenou Jérôme Kerviel a cinco anos de prisão (três dos quais em reclusão) e ao pagamento de 4,9 bilhões de euros a título de danos e juros.

4. Cf. *Gaïa capital advisory, company presentation* (Genebra, 2011). *Gaïa*, em grego, significa "terra".

5. Nicholas Kandor, "Spéculation et stabilité économique", *in Revue Française d'Économie*, vol. 2, n. 3, 1987, p. 115-164.

de um risco de perda com vistas a uma incerta possibilidade de um ganho".[6]

O que distingue um especulador de qualquer outro operador econômico é que ele não compra para seu próprio uso. O especulador compra um bem — um lote de arroz, de trigo, de milho, de azeite etc. — para revendê-lo mais tarde ou imediatamente com o objetivo de, se os preços variarem, recomprá-lo ulteriormente. O especulador não gera o aumento dos preços, mas, através de sua intervenção, acelera esse movimento.

Nos mercados bursáteis, há três categorias de operadores: os chamados operadores de cobertura, que procuram se proteger contra os riscos ligados às variações dos preços de ativos (cotizações bursáteis, cotizações de troca); os operadores ditos arbitradores, cuja atividade consiste em trocar títulos (ou divisas) com o objetivo de obter ganhos com as diferenças das taxas de juros ou dos preços de ativos; e, enfim, os especuladores.

Os instrumentos por excelência dos especuladores de matérias-primas agrícolas são o produto derivado e o contrato de futuros. Algumas palavras sobre a sua gênese: cito Olivier Pastré, um dos principais especialistas nessa área:

> Os primeiros mercados de produtos derivados surgiram no início do século XX, em Chicago, para ajudar os agricultores do Meio Oeste a se proteger contra as evoluções erráticas das cotações das matérias-primas. Mas esses produtos financeiros de tipo novo se transformaram, desde o começo dos anos 1990, de produtos de seguros que eram, em produtos de pura especulação. Em apenas três anos, de 2005 a 2008, a parte dos agentes não comerciais nos mercados do milho passou, assim, de 17 a 43%.[7]

---

6. IFPRI, "When Speculation Matters", estudo de Miguel Robles, Maxime Torero e Joachim von Braun (Washington: Publishing, fevereiro de 2009).

7. Olivier Pastré, "La crise alimentaire mondiale n'est pas une fatalité", *in Les Nouveaux Équilibres Agroalimentaires mondiaux*, sob a direção de Pierre Jacquet e Jean-Hervé Lorenzi, coleção "Les Cahiers du Cercle des Économistes" (Paris: PUF, 2011, p. 29).

Nos mercados mundiais, há muito tempo os produtos agrícolas se intercambiavam sem maiores problemas — até 2005. Por que tudo mudou em 2005?

Primeiro, o mercado de produtos agrícolas é muito específico. Ainda citando Pastré:

> Este mercado é um mercado de excedentes, superavitário: apenas uma ínfima parte da produção agrícola é trocada nos mercados internacionais. O comércio internacional de cereais representa pouco mais de 10% da sua produção, considerando-se todos os produtos (7% para o arroz). Um mínimo deslocamento da produção num sentido ou noutro pode, assim, operar um giro no mercado. Conjuga-se a este um segundo fator, que particulariza o mercado de produtos agrícolas: enquanto a demanda (o consumo) é muito rígida, a oferta (a produção) é muito dispersa (portanto, incapaz de organizar-se e pesar na evolução dos preços) e submetida mais que qualquer outra às variações climáticas. Esses dois fatores explicam a extrema volatilidade dos preços desse mercado, volatilidade que a especulação só faz aumentar.[8]

Até recentemente, a maioria dos especuladores operavam nos mercados financeiros. Em 2007, esses mercados implodiram: trilhões de dólares em valores patrimoniais foram destruídos. No Ocidente, mas também no Sudeste da Ásia, dezenas de milhões de homens e mulheres perderam seus empregos. Os governos reduziram seus gastos sociais. Centenas de milhares de pequenas e médias empresas faliram.

A angústia em face do dia de amanhã e a precariedade social se instalaram em Paris, Berlim, Genebra, Londres, Roma etc. Algumas cidades foram devastadas, como Detroit e Rüsselsheim.

No hemisfério sul, mais dezenas de milhões de pessoas submergiram no martírio da subalimentação, das doenças pela carência alimentar, da morte pela fome.

8. Ibid.

Os predadores bursáteis, em troca, foram generosamente socorridos pelos Estados. O dinheiro público financia agora seus gordos "bônus", seus Rolex, suas Ferraris, seus helicópteros particulares e suas luxuosas mansões na Flórida, em Zermatt e nas Bahamas.

Em suma: com os Estados ocidentais mostrando-se incapazes para impor quaisquer limites jurídicos aos especuladores, o banditismo bancário floresce atualmente mais do que nunca. Contudo, como consequência da implosão dos mercados financeiros, que eles mesmos provocaram, os "tubarões-tigre" mais perigosos — acima de todos, os *hedge funds*[9] estadunidenses — migraram para os mercados de matérias-primas, especialmente os mercados agroalimentares.

Os campos de ação dos especuladores são quase ilimitados. Todos os bens do planeta podem ser objeto de apostas especulativas sobre o preço futuro. No presente capítulo, vamos nos concentrar em apenas um deles: o que se refere ao preço dos alimentos (especialmente dos alimentos de base) e ao preço da terra arável.

Recordemos que se chamam alimentos de base o arroz, o milho e o trigo, que, em conjunto, cobrem 75% do consumo mundial (só o arroz cobre 50%).

Nestes últimos quatro anos, em duas ocasiões os especuladores provocaram um aumento exorbitante dos preços alimentares: em 2008 e em inícios de 2011.

O aumento de 2008 ocasionou, como observei, as famosas "comoções em razão da fome", que agitaram 37 países. Dois governos caíram sob seu impacto — no Haiti e em Madagascar. Através da televisão, as imagens das mulheres da favela haitiana de Cité Soleil (Cidade Sol) preparando biscoitos de lodo para seus filhos correram o mundo. Violências urbanas, pilhagens, manifestações reunindo centenas de milhares de pessoas nas ruas do Cairo, Dakar, Bombaim,

9. Cf., supra, nota 15 - Prólogo. (N.T.)

Porto Príncipe e Túnis reclamando pão para sobreviver foram manchetes de jornais durante semanas.

Subitamente, o mundo tomou consciência de que, no século XXI, dezenas de milhões de seres humanos morriam de fome. Logo depois, o silêncio recobriu novamente a tragédia. O interesse por esses milhões de pessoas não passou de fogo de palha e a indiferença voltou a apoderar-se das consciências.

Vários fatores estão na origem do aumento dos preços dos produtos alimentícios de base em 2008:[10] o aumento da demanda global de agrocarburantes; a seca e as consequentes más colheitas em algumas regiões; o nível mais baixo dos estoques mundiais de cereais dos últimos trinta anos; o aumento da demanda de carne (e, pois, de cereais) dos países emergentes; o alto preço do petróleo — e, sobretudo, a especulação.[11]

Examinemos melhor essa crise.

O mercado de produtos agrícolas reflete o equilíbrio entre a oferta e a demanda e vive, pois, no ritmo do que as afeta — por exemplo, as variações climáticas, que sempre modificam aquele equilíbrio. É assim que um pequeno incidente num ponto do planeta, em razão de suas eventuais repercussões sobre o volume global da produção de gêneros alimentícios (a oferta) enquanto a população mundial não deixa de crescer (a demanda), talvez tenha impactos consideráveis sobre os mercados e pode provocar uma disparada dos preços.

A crise de 2008 teria sido desencadeada pelo fenômeno El Niño a partir de 2006.[12] Seja como for, considerando as curvas dos preços

---

10. Pierre Jacquet e Jean-Hervé Lorenzi, *op. cit.*

11. Philippe Colomb analisou o problema da falta de reservas mundiais de alimentos de base: "La question démographique et la sécurité alimentaire", *in Revue Politique et Parlementaire*, junho de 2009.

12. Esta tese é particularmente defendida por Philippe Chalmin, cf. *Le monde a faim* (Paris: Éditions Bourin, 2009). El Niño é uma corrente sazonal de águas quentes do Pacífico, ao largo do Peru e do Equador, cujo comportamento provoca há anos inúmeras perturbações climáticas.

mundiais dos cereais no gráfico abaixo, vemos claramente que eles começaram a subir progressivamente desde 2006 e que chegaram a 2008 para alcançar picos vertiginosos. Em 2008, o índice de preços da FAO indicava um aumento superior em média a 24% em relação ao de 2007 e 57% superior ao de 2006.[13]

Preços mundiais dos cereais (janeiro de 2006 = 100)

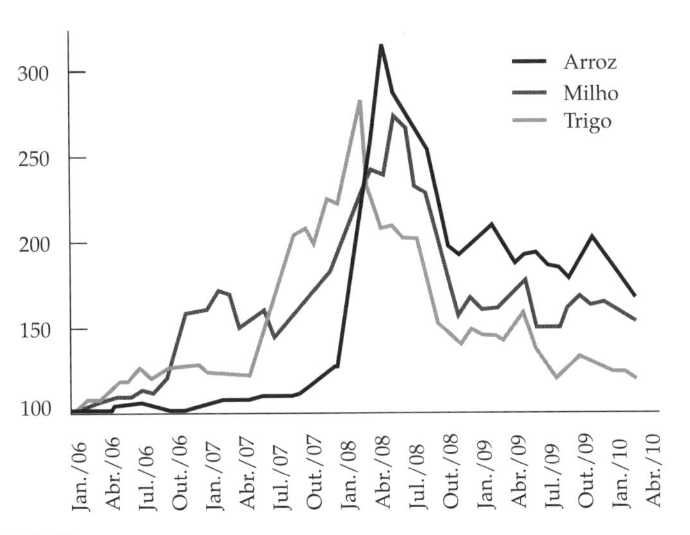

Fonte: FAO, 2010.

Philippe Chalmin esclarece:

Em março [de 2008], em Chicago, o trigo de qualidade *standard* aproximou-se dos quinhentos dólares por tonelada. Em Minneapolis, um trigo superior, o *Dark Northern Spring*, se anunciou a oitoscentos dólares. No Mediterrâneo, o trigo duro, com o qual se fazem as massas e o cuscuz, custava mais de mil dólares. [...] Mas a crise não se restringia ao trigo. O outro grande cereal básico, o arroz, conheceu

---

13. FAO, *La situation des marchés des produits agricoles. Flambée des prix et crise alimentaire, expérience et enseignement* (Roma, 2009).

pouco a pouco a mesma evolução, com preços que passaram, em Bangkok, de 250 a mais de mil dólares por tonelada.[14]

No que toca ao milho, o bioetanol estadunidense e seus aproximadamente seis bilhões de dólares de subvenções anuais distribuídos aos produtores do "ouro verde" "reduziram consideravelmente a oferta dos Estados Unidos no mercado mundial".[15] Ora, a escassez nos mercados do milho, que contribui em parte para assegurar a alimentação animal, enquanto aumentava a demanda de carne, contribuiu também para aumentar os preços desde 2006.

Em tempos normais, a colheita mundial de cereais chega a cerca de dois bilhões de toneladas, das quais aproximadamente um quarto é destinado à alimentação dos rebanhos. Uma progressão da demanda de carne provoca, pois, uma queda substancial na quantidade de cereais disponíveis no mercado.

Em 2008, ademais, as inundações que afetaram o Corn Belt americano, o centro cerealífero dos Estados Unidos, no Meio Oeste (notadamente o Iowa), contribuíram também para aumentar o preço do milho.

Philippe Chalmin mostra bem a dupla dimensão — econômica e moral — da ação dos operadores nos mercados de matérias-primas agrícolas: "Que se especule com o preço do trigo pode parecer chocante, mesmo imoral, e nos remete a todo um passado de açambarcamento e manipulação de preços em benefício de alguns financistas suspeitos".[16] Mas, para os especuladores, os produtos agrícolas são produtos de mercado, como todos os outros. Os especuladores não têm nenhuma consideração particular sobre as consequências que sua ação possa ter sobre milhões de seres humanos, por conta da elevação dos preços. Eles simplesmente apostam "na alta" — eis tudo. Neste caso, os "tubarões-tigre" detectaram o sangue com algum atraso. Porém, a partir do momento em que identificaram a presa, atacaram-na com voracidade.

---

14. Philippe Chalmin, op. cit.

15. Ibid.

16. Ibid., p. 45.

Laetitia Clavreul apreende o movimento:

> Os fundos especulativos mergulharam nos mercados agrícolas, provocando uma amplificação da volatilidade. [...] As matérias-primas agrícolas se banalizam como objeto de mercado. A partir de 2004, os fundos especulativos começaram a se interessar por esse setor, que se considerava subestimado, o que explica o desenvolvimento dos mercados de futuros. Em Paris, a quantidade de contratos sobre o trigo passou, entre 2005 e 2007, de 210.000 a 970.000.[17]

A especulação sobre os gêneros alimentícios tomou proporções tais que o próprio Senado estadunidense evidenciou sua preocupação. Denunciou uma "especulação excessiva" nos mercados do trigo, criticando especialmente o fato de alguns *traders* possuírem até 53.000 contratos ao mesmo tempo. E criticou igualmente o fato de "seis fundos especiais estarem atualmente autorizados a assumir simultaneamente 130.000 contratos sobre trigo, ou seja: um total vinte vezes superior ao limite autorizado para os operadores financeiros comuns".[18]

Diante da alta enlouquecida dos preços, grandes países exportadores fecharam suas fronteiras. Temendo a subalimentação e motins provocados pela fome em seu próprio território, suspenderam suas exportações, acentuando ainda mais a escassez nos mercados e acelerando a subida dos preços. Diz Laetitia Clavreul: "Numerosos países produtores [...] bloquearam ou limitaram suas exportações, primeiro de trigo (Ucrânia, Argentina...), em seguida de arroz (Vietnã, Índia...)".[19]

Um dia de maio de 2009, no Senegal...

---

17. Laetitia Clavreul, "Alimentation, la volatilité des cours fragilise les coopératives et déboussole les politiques d'achat des industriels. La spéculation sur les matières premières affole le monde agricole", in *Le Monde*, 24 abr. 2008.

18. Paul-Florent Montfort, "Le Sénat américain dénonce la spéculation excessive sur les marchés à terme agricoles", *in Rapport du sous-comité permanent du Sénat des États-Unis en charge des enquêtes*. Disponível em: <http://www.momagri.org.fr>.

19. Laetitia Clavreul, op. cit.

Estou na estrada, viajando rumo ao norte, na direção das grandes propriedades do país. Acompanham-me o engenheiro agrônomo e conselheiro em matéria de cooperação da embaixada da Suíça, Adama Faye, e seu motorista, Ibrahima Sar.

Tenho diante de mim — abertos sobre meus joelhos — os últimos quadros estatísticos do Banco Africano de Desenvolvimento.

A estrada vai reta, asfaltada, monótona. Os baobás desfilam aos nossos olhos, a terra é amarela e poeirenta, apesar da hora matinal. No velho Peugeot negro, o ar é irrespirável.

Faço sucessivas perguntas a Adama Faye. É um homem plácido, cheio de humor, muitíssimo competente. Mas sinto que sua irritação vai crescendo — evidentemente, meu interrogatório deixa-o impaciente.

Cruzamos o Ferlo. Quase não há jovens nessa região pastoril semiárida. O Ferlo já contou com 500.000 habitantes. Dezenas de milhares deles migraram para as favelas de Dakar. Vários se arriscaram na travessia noturna para as Canárias.[20] Muitos desapareceram completamente, com seus corpos e bens.

Falta água. A ferrovia Dakar-Saint-Louis está paralisada há tempos: os trilhos se oxidam em paz sob o sol, com a areia cobrindo-os lentamente.

A erosão, a incúria governamental e a miséria, com sua letargia, exaurem as forças vivas dessa magnífica região.

Chegamos a Louga. Ainda estamos a cem quilômetros de Saint-Louis. Repentinamente, Adama manda parar o carro.

"Venha... Vamos ver minha irmã menor. Ela não precisa das suas estatísticas para explicar-lhe o que se passa."

Um mercado pobre, algumas tendas à beira da estrada. Montículos de feijão, de mandioca, galinhas que cacarejam atrás de telas

---

20. As ilhas Canárias (especialmente Fuertventura e Lanzarote) são o ponto de passagem para a Europa da maioria dos emigrantes clandestinos que saem da África Subsaariana em pequenos barcos. Segundo a imprensa europeia, entre 2001 e 2004, mais de 4.000 pessoas morreram tentando alcançar as Canárias. (N.T.)

de arame. Amendoins, tomates amassados, batatas. Laranjas e tangerinas da Espanha. Nenhuma manga, fruta, no entanto, muito apreciada no Senegal.

Atrás de um tabuleiro de madeira, vestida com um largo *boubou* amarelo vivo e um lenço colorido na cabeça, está sentada uma jovem alegre que conversa com suas vizinhas. Adama nos apresenta Aïcha, na verdade sua prima. Ela responde às minhas perguntas com vivacidade — mas, à medida que fala, percebo que a jovem se irrita.

As vizinhas se aproximam. Logo se forma, em torno de nós, à margem poeirenta da estrada do norte, um ruidoso e risonho grupo de crianças de todas as idades, de jovens e velhos. Todos e todas querem falar, explicar sua indignação.

O saco de arroz importado, de cinquenta quilos, está a 14.000 francos CFA.[21] Por isso, a sopa da noite está cada vez mais rala — somente uns poucos grãos parecem autorizados a flutuar na marmita. Ninguém, na vizinhança, tem condições de comprar um quarto de saco de arroz — para não falar de um saco inteiro. No mercado, agora, as mulheres compram o arroz medido em xícaras.

O pequeno botijão de gás passou, em um ano, de 1.300 a 1.600 francos CFA; o quilo de cenouras, de 175 a 245 francos CFA; a bisnaga de pão, de 140 a 175 francos CFA. A cesta de trinta ovos, também em um ano, subiu de 1.600 para 2.500 francos CFA. Aumentos semelhantes incidiram sobre o pescado. Os homens que, em suas caminhonetes brancas, trazem o peixe seco da Petite-Côte[22] e de M'bour, cobram 300 francos CFA por quilo.

Aïcha está encolerizada. Fala alto. Às vezes, ri — um riso cristalino, como uma torrente de primavera. Finge agora brigar com suas vizinhas, muito tímidas, a seu juízo, na descrição que fazem

21. CFA — cláusula contratual do comércio internacional, pela qual o vendedor (exportador) realiza suas obrigações quando entrega a mercadoria, desembaraçada para exportação, aos cuidados do transportador internacional indicado pelo comprador. Ou seja: nos preços CFA, não estão incluídos os gastos gerais de seguros e transporte. (N.T.)

22. Cf., supra, nota 7 - Primeira Parte, Cap. 7. (N.T.)

de sua situação. "Diga ao *Toubab*[23] quanto você paga por um quilo de arroz... Diga... Não tenha medo... Tudo aumenta quase todos os dias."

Pergunto: "De quem é a culpa?"

Responde Aïcha: "Dos caminhoneiros... São todos bandidos..."

Todas as mercadorias chegam por transporte rodoviário, já que o governo desativou a ferrovia.

Adama intervém, defendendo os caminhoneiros: "No posto, a gasolina é vendida por 618 francos CFA o litro e um litro de *diesel* custa 419 francos."[24]

Aïcha aponta uma questão frequentemente esquecida pelos estatísticos: estes só têm em conta o preço dos alimentos na importação.

O arroz é o alimento básico no Senegal. O governo importa, todos os anos, cerca de 75% do arroz consumido no país, contratando com as empresas multinacionais que dominam o mercado e o vendem ao Senegal a preços FOB — quer dizer, seu preço não inclui os custos dos seguros e do transporte.[25] Pois bem: em 2008, no *spot-market* (mercado com pagamento à vista) de Roterdã, o preço do petróleo atingiu o pico de 150 dólares por barril.

Aïcha e seus sete filhos pagaram a fatura. Em Louga, no Ferlo senegalês, os preços dos bens de primeira necessidade praticamente dobraram em um ano.

É que também o petróleo é uma presa dos "tubarões-tigre".

E é assim que, lentamente, a financeirização devora a economia.[26]

---

23. Palavra que conota o estrangeiro branco, o turista rico. (N.T.)

24. Taxa de câmbio aproximada: 400 francos CFA = 1 dólar.

25. FOB — cláusula contratual do comércio internacional (só aplicável quando se trata de transporte aquaviário) que determina que a responsabilidade do vendedor sobre a mercadoria vai até o momento da transposição da amurada do navio. Logo, também na venda FOB, ao importador cabem as despesas do transporte e dos seguros. (N.T.)

26. "L'inquiétante volatilité des prix des matières premières agricoles", *in Le Monde*, 11 jan. 2011; cf. também Banque Mondiale, "Rapport Food price Watch" (Washington, fevereiro de 2011.

* * *

Voltemo-nos agora para os primeiros meses de 2011. A nova explosão dos preços tem o gosto amargo do *déjà-vu*.

O Banco Mundial relata:

> O índice dos preços alimentares [do Banco Mundial], que aumentou em 15% entre outubro de 2010 e janeiro de 2011, elevou-se 29% em relação ao seu nível do mesmo período do ano anterior e apenas 3% abaixo do seu nível recorde de 2008. [...] A elevação registrada no curso do último trimestre pode ser atribuída, em grande parte, aos aumentos dos preços do açúcar (20%), das matérias gordurosas e dos óleos (22%), do trigo (20%) e do milho (12%).[27]

O Banco Mundial estima que, pelo menos, 44 milhões de homens, crianças e mulheres das classes vulneráveis dos países de renda baixa ou intermediária, a partir de começos de 2011, juntaram-se ao sombrio exército de subalimentados atingidos pela fome, pela desagregação familiar, pela extrema miséria e pela angústia em face do dia de amanhã.

Publicado no primeiro trimestre, o relatório do Banco Mundial a que estamos nos referindo evidentemente não leva em conta os 12,4 milhões de seres humanos que, vivendo nos cinco países do Corno da África, desde junho de 2011 foram golpeados por uma das fomes mais terríveis dos últimos vinte anos.

Segue o relato do Banco Mundial:

> O aumento dos preços do trigo nos mercados mundiais expressou-se em inúmeros países através de acentuadas elevações dos preços internos. A correlação entre a elevação mundial dos preços e as elevações internas dos preços dos produtos derivados do trigo foi muito forte em um grande número de países. Entre junho e dezembro de 2010, o

27. Banco Mundial, "Rapport Food price Watch", *op. cit.*; cf. também: Jean-Christophe Kroll e Aurélie Trouvé, "G-20 et sécurité alimentaire: la vanité des discours", in *Le Monde*, 2 mar. 2011.

> preço do trigo subiu muitíssimo no Quirguistão (54%), no Tadjiquistão (37%), na Mongólia (33%), em Sri Lanka (31%), no Azerbaijão (24%), no Afeganistão (19%), no Sudão (16%) e no Paquistão (16%).
>
> [...] Em janeiro de 2011, o preço do milho, em relação a junho de 2010, aumentou em torno de 73%. Essa elevação é atribuível a vários fatores, entre os quais a redução das previsões sobre as colheitas, o baixo nível dos estoques — a razão estoques/utilização dos Estados Unidos, para 2010/2011, foi estimada em 5%, seu nível mais baixo desde 1995 —, a correlação positiva entre os preços do milho e do trigo e a destinação do milho para a produção de biocarburantes. Quanto a este aspecto, a demanda de milho para a produção de etanol cresceu sob o efeito da alta dos preços do petróleo e tanto mais que os níveis atuais do preço do açúcar tornam o etanol dele extraído menos competitivo.
>
> [...] Os preços internos do arroz conheceram fortes elevações em vários países, mas, em outros, mantiveram-se estáveis. O Vietnã também registrou uma alta significativa de 46% entre junho e dezembro de 2010, ao passo que, na Indonésia, em Bangladesh e no Paquistão — três grandes consumidores de arroz, sobretudo entre as classes pobres —, o aumento dos preços nacionais equalizou-se ao dos preços mundiais (ou seja, 19%).[28]

Todos os especialistas — exceto, naturalmente, os próprios especuladores — reconhecem esta evidência: na explosão dos preços dos alimentos, a especulação desempenha um papel determinante... e nefasto.

Dois testemunhos de peso merecem ser citados aqui.

Primeiro, o de Olivier De Schutter, meu sucessor no cargo de relator especial das Nações Unidas sobre o direito à alimentação:

> Não haveria crise alimentar sem a especulação. Ela não é a causa da crise, mas acelerou-a e a aprofundou. Os mercados agrícolas são naturalmente instáveis, mas a especulação torna exponenciais os grandes aumentos. [...] Ela torna difícil o planejamento da produção e pode

---

28. Banco Mundial, "Rapport Food...", op. cit.

aumentuar brutalmente a fatura alimentar dos países importadores de alimentos.[29]

Heiner Flassbeck foi o secretário de Estado de Oskar Lafontaine no Ministério da Fazenda, quando do primeiro governo Schroeder, em Berlim.[30] Atualmente, é o economista-chefe da CNUCED em Genebra e um dos economistas mais influentes do mundo. Com centenas de cientistas como colaboradores e colaboradoras, ele dirige a mais importante unidade de pesquisa de todo o sistema das Nações Unidas. Eis a sua constatação:

> O impacto da crise dos créditos hipotecários de risco (*subprimes*) propagou-se muito além dos Estados Unidos, provocando uma contração generalizada da liquidez e do crédito. E a elevação dos preços das matérias-primas, alimentada em parte pelos fundos especulativos que se deslocaram dos instrumentos financeiros para os produtos básicos, complica ainda mais a tarefa dos responsáveis pela elaboração de políticas que pretendem evitar uma recessão sem deixar de controlar a inflação.[31]

Entre 2003 e 2008, as especulações sobre as matérias-primas por meio de fundos indexados aumentaram em 2.300 %. Segundo a FAO (relatório de 2011), apenas 2% dos contratos de futuros referentes a matérias-primas se concluíram efetivamente com a entrega de mercadorias — os demais 98% foram revendidos pelos especuladores antes da data de sua conclusão. Frederick Kaufmann resume a situação: "Mais aumentam os preços do mercado de alimentos, mais ele atrai dinheiro e mais os preços alimentares, já elevados, disparam".[32]

---

29. "La spéculation au coeur de la crise alimentaire", entrevista com Olivier De Schutter, 2010. <Cyberpresse.ca>.

30. Flassbeck, nascido em 1950, foi professor da Universidade de Hamburgo. O. Lafontaine, nascido em 1944, importante líder social-democrata, ocupou o Ministério da Fazenda em 1998-1999. G. Schroeder, nascido em 1944, foi primeiro-ministro da Alemanha entre 1998 e 2005. (N.T.)

31. CNUCED, *Rapport sur le commerce et le développement* (Nova York/Genebra, 2008).

32. Frederick Kaufmann, "Die Ware Hunger", *in Der Spiegel* (Hamburgo, 29 ago. 2011).

* * *

Em janeiro de 2011, em Davos, o Fórum Econômico Mundial classificou a elevação dos preços das matérias-primas — notadamente alimentares — como uma das cinco grandes ameaças ao bem-estar das nações e que deve ser enfrentada, assim como a guerra cibernética ou a posse de armas de destruição em massa por terroristas.

Para ser admitido no Fórum Econômico Mundial, seu criador, Klaus Schwab,[33] opera uma seleção astuta... e lucrativa. Ele também fundou o "Clube dos 1.000", no qual ingressam somente os senhores do mundo que dirigem, cada um, ao menos uma empresa cujo balanço seja superior a um bilhão de dólares. Os membros do clube pagam 10.000 dólares de entrada e são os únicos autorizados a assistir a todas as reuniões. Entre eles, obviamente, são numerosos os "tubarões-tigre". Por acaso, a hipocrisia dos senhores do mundo, reunidos anualmente em Davos, no cantão suíço dos Grisões, teria algum limite?

Entretanto, os discursos de abertura pronunciados em 2011 no *bunker* do Centro de Congressos assinalaram claramente o problema. Chegaram mesmo a condenar energicamente os "especuladores irresponsáveis" que, por puro afã de lucro, arruínam os mercados alimentares e agravam a fome no mundo. E logo se seguiu, durante seis dias, uma ciranda de seminários, conferências, coquetéis, encontros, reuniões confidenciais nos grandes hotéis da pequena cidade coberta de neve[34] para comentar a questão...

---

33. Klaus Schwab (Alemanha, 1938) criou o Fórum Econômico Mundial em 1971 e, em 1998, uma fundação para o que designa como "empreendedorismo social", com sede em Genebra. (N.T.)

34. Davos, junto ao lago de mesmo nome e nos Alpes suíços, tem como população residente pouco mais de 11.000 habitantes. No século XIX e na entrada do século XX, já era conhecida pelo seu clima favorável ao tratamento de ricos afetados pela tuberculose (não por acaso, foi nela que Thomas Mann situou o seu monumental romance *A montanha mágica*, de 1924). Atualmente, é cenário de eventos internacionais e, como estação de jogos de inverno, reúne figuras do chamado *jet-set* internacional. (N.T.)

Mas, nos salões dos restaurantes, nos cafés e nos bistrôs, os "tubarões-tigre" refinam suas estratégias, coordenam suas ações, preparam seu próximo ataque contra tal ou qual alimento de base (ou contra o petróleo ou qualquer moeda nacional).

Não será em Davos que o problema da fome no mundo encontrará solução.

Philippe Chalmin pergunta: "Que civilização é esta que não encontrou nada melhor que o jogo — a antecipação especulativa — para fixar o preço do pão dos homens, do seu prato de arroz?"[35]

Entre a razão mercantil e o direito à alimentação, a antinomia é absoluta.

Os especuladores jogam com a vida de milhões de seres humanos. Abolir total e imediatamente a especulação sobre os produtos alimentares constitui uma exigência da razão.

Para vencer de uma vez por todas os "tubarões-tigre", para preservar os mercados das matérias-primas agrícolas dos seus reiterados ataques, Heiner Flassbeck também é partidário de uma solução radical: "Há que arrancar das mãos dos especuladores as matérias-primas, especialmente alimentares" — escreveu ele.[36] Em sua língua materna, o alemão, Flassbeck utiliza a palavra *entreissen* (arrancar), o que mostra que está perfeitamente consciente do árduo combate que espera aqueles que pretendem levá-lo adiante.

Flassbeck reclama da ONU um mandato específico. Este, a seu juízo, consistiria em confiar à CNUCED o controle mundial da formação dos preços das matérias-primas agrícolas nas bolsas. Nos mercados de futuros, a partir de então, somente poderiam intervir os produtores, os comerciantes ou os usuários de matéria-prima agrícola. Qualquer um que negocie um lote de trigo ou arroz, hectolitros de óleo etc. deveria ser obrigado a entregar o bem negociado.

35. Philippe Chalmin, op. cit., p. 52.

36. Heiner Flassbeck, "Rohstoffe den Spekulanten entreissen", in *Handelsblatt* (Düsseldorf, 11 fev. 2011).

Conviria também instaurar — para os operadores — um mínimo de autofinanciamento bastante elevado. Aquele que não fizesse uso do bem negociado seria, de fato, excluído das bolsas.

Se fosse aplicado, o "método Flassbeck" afastaria os "tubarões-tigre" dos meios de sobrevivência dos condenados da Terra[37] e travaria radicalmente a financeirização dos mercados agroalimentares.

A proposta de Heiner Flassbeck e da CNUCED é apoiada vigorosamente por uma coalizão de organizações não governamentais e de pesquisa. Sua argumentação está resumida no notável ensaio de Joachim von Braun, Miguel Robles e Maximo Torero, diretor e pesquisadores do International Food Policy Research Institut (IFPRI), de Washington, que já citamos.[38]

Opor a esse projeto a afirmação de que o fim da especulação nos mercados agroalimentares atentaria contra o livre mercado é, evidentemente, um absurdo. Mas o que falta, neste momento, é a vontade dos Estados.[39]

---

37. Em francês, *damnés de la Terre*. Essa expressão, que Ziegler já utilizou neste livro, tornou-se célebre pela obra de Frantz Fannon (1925-1961), psiquiatra antilhano descendente de africanos que lutou na guerra de libertação da Argélia — obra recentemente reeditada: *Os condenados da Terra* (Juiz de Fora: UFJF, 2005). (N.T.)

38. Cf., supra, a nota 6 - Sexta Parte, Cap. 1.

39. Nos Estados Unidos existe uma instância encarregada de controlar a especulação sobre os alimentos — US Commodity Futures Trading Comission. Mas ela se revela particularmente ineficaz.

2

Genebra, capital mundial dos especuladores agroalimentares

Marc Roche enuncia uma evidência:

> Este combate [contra a especulação] é igualmente indissociável da luta contra os paraísos fiscais onde estão sediadas as sociedades especulativas. Mas, atualmente, os países do G-8 e do G-20 exercitam uma bela hipocrisia, denunciando o que ocultamente protegem [...]. O esforço pela regulamentação também colide com a onipotência do *lobby* bancário.[1]

27% de todos os patrimônios *off-shore* do mundo são geridos na Suíça.[2] A legislação fiscal varia de um cantão a outro da Confederação Suíça. No de Zoug, as empresas *holding*[3] pagam apenas 0,02% de impostos — ali estão registradas 200.000 empresas desse tipo. Nos cantões de Genebra, Vaud e Valais, os ricos estrangeiros

---

1. Marc Roche, "Haro sur les spéculateurs fous!", in *Le Monde*, 30 jan. 2011.

2. Diz-se que um patrimônio é *off-shore* quando gerido fora de seu país de origem.

3. Um *holding* é uma forma de sociedade criada para controlar um grupo ou conglomerado de empresas; ela possui a maioria das ações das empresas componentes do grupo e determina suas políticas empresariais. (N.T.)

ociosos podem negociar diretamente com o governo cantonal o montante de impostos que pretendem pagar — a isso, chama-se *forfaits fiscaux*.[4]

A despeito de alguns arranjos forçados pela União Europeia e pela OCDE, o segredo bancário permanece como lei suprema do país.

O franco suíço é, atualmente, a segunda moeda de reserva do mundo, apenas atrás do euro (do qual está se aproximando) e à frente do dólar.

O *lobby* bancário é onipotente em Genebra. Essa maravilhosa pequena república, no extremo do Léman,[5] banhada pelo Rhône, tem um território de 247 quilômetros quadrados e uma população de pouco mais de 400.000 pessoas.[6] É a sexta praça financeira do planeta.

E é também um paraíso fiscal que abriga os haveres de poderosos personagens dos cinco continentes. Porém, desde 2007, Genebra tornou-se igualmente a capital mundial da especulação, sobretudo da especulação sobre matérias-primas alimentares; nesse setor, ela acaba de destronar a *City* de Londres.[7]

Numerosos *hedge funds*, esses produtos financeiros fundados na antecipação dos mercados — dito de outro modo: na especulação —, estão sediados em Genebra. Um exemplo: Jabre Capital Partners, do libanês Philippe Jabre, que gere 5,5 bilhões de dólares.[8]

---

4. No direito suíço, o *forfait fiscal* é, em princípio, um imposto para o residente que não exerce atividade lucrativa, determinado sobre a base — no mínimo, imprecisa — das despesas do contribuinte e sua família.

5. Também conhecido como lago de Genebra. (N.T.)

6. Observe o leitor que Ziegler, aqui, refere-se exclusivamente ao cantão de Genebra, que é um dos 26 cantões que compõem a Confederação Suíça. (N.T.)

7. Em 2009, o primeiro-ministro Gordon Brown tomou medidas severas contra os bônus, prêmios, *stock options* e outros rendimentos exorbitantes dos gestores dos *hedge funds* — qualquer um que obtiver rendimentos superiores a 200.000 libras anuais será tributado em 50% do excedente. [City de Londres: centro financeiro de Londres, equivalente inglês da Wall Street nova-iorquina; *stock options*: a possibilidade de comprar ações a preços abaixo do mercado. (N.T.)]

8. Para um retrato de Philippe Jabre, cf. *Le Monde*, 2 abr. 2011.

Atraídos pela extrema mansuetude, em matéria fiscal, do seu atual ministro das Finanças, o ecologista David Hiler, *traders* de matérias-primas alimentares afluem à república e ao cantão de Genebra.

Os bancos genebrinos financiam, logicamente, os especuladores, pondo à sua disposição as linhas de crédito indispensáveis ao transporte, de um extremo a outro do planeta, de colossais cargas de arroz, trigo, milho, oleaginosas etc. A mais poderosa sociedade mundial de vigilância de mercadorias, a Societé Générale de Surveillance (SGS), que emprega mais de 10.000 pessoas na vigilância dos principais portos do mundo, tem seu quartel-general em Genebra.

O volume de negócios relativos a matérias-primas — grande parte dos quais refere-se a matérias-primas agrícolas — operados em Genebra envolvia, em 2005, 1,5 bilhão de dólares, em 2009, doze bilhões e chegou, em 2010, a dezessete bilhões.[9]

Em 2010, o Banco Nacional avaliava o montante dos depósitos nos fundos de investimento negociados na Suíça em 4,5 trilhões de francos suíços — vale dizer, uma soma equivalente a cinco vezes o orçamento da Confederação Suíça. Mas somente um terço dessa soma astronômica está em fundos de investimento suíços — ou seja: em fundos cuja gestão está submetida ao direito suíço.[10]

A maior parte dos *hedge funds* que fazem negócios na Suíça estão registrados nas Bahamas, nas Ilhas Caimã, em Curaçau, Jersey, Aruba, Barbados etc., e assim escapam completamente de todo controle legal suíço.

Praticamente todos os Estados ocidentais submetem os fundos de investimento registrados em seu território a uma legislação severa. Mas os *hedge funds* registrados *off-shore* não estão submetidos a nenhuma dessas legislações restritivas, uma vez que, por definição,

---

9. Cf. Mathew Allen, "Genève, paradis du négoce", in *Le Courrier* (Genebra, 28 mar. 2011).

10. Cf. a pesquisa de Elisabeth Eckert, "1.500 milliards de francs suisses au moins échappent à tout controle en Suisse", in *Le Matin Dimanche*, 3 abr. 2011.

não são objeto de restrição nas praças em que se sediam. Isso é precisamente o que os torna tão atraentes. Eles operam, é claro, através de contas bancárias suíças ou, para usar do jargão bancário, estão "domiciliados" num instituto genebrino. Mas não estão, repito, registrados na Suíça.

Os *hedge funds* constituem o instrumento especulativo por excelência. Propiciam as operações mais lucrativas, mas também as mais arriscadas. Praticam, por exemplo, o *short selling* (a venda de bens que não possuem) e o *leverage* (sistema que consiste em tomar empréstimos por conta própria, mas garantidos pelos capitais recebidos dos investidores).

Na selva genebrina, a concorrência é duríssima. Para os *hedge funds* e outros fundos agroalimentares, a concorrência constitui um desafio decisivo. Implica apresentações em vídeo, exposições estatísticas, imagens gráficas etc., através das quais cada fundo especulativo procura atrair e seduzir o cliente. O nome e os símbolos da cidade de Calvino[11] — o repuxo d'água, a visão do monte Branco, a catedral, o muro dos Reformadores — figuram com destaque nessas apresentações; têm o objetivo de tranquilizar, de sugerir (por que não?) que o *hedge fund* em questão (registrado nas Ilhas Caimã, em Curaçau etc.) está submetido à legislação helvética. A estabilidade política da república e do cantão, a honestidade da maioria de seus cidadãos, a solidez de suas instituições, a seriedade férrea de seus banqueiros são argumentos impactantes dirigidos ao investidor, venha ele de onde vier — França, Estados Unidos, Qatar ou Austrália.

Mas a realidade é inteiramente outra: a maioria dos *hedge funds*, repito, não está ao abrigo do direito suíço. Tampouco está submetida ao controle da autoridade suíça — a FINMA[12] — encarregada de

---

11. Calvino (1509-1564), embora não tenha nascido em Genebra, tem seu nome e sua ação reformadora estreitamente ligados à cidade, aonde chegou pela primeira vez em 1536 e onde se fixou definitivamente a partir de 1541. (N.T.)

12. FINMA é a sigla que identifica a Finanzmarktaufsicht [Supervisão dos mercados financeiros].

monitorar os mercados financeiros. Anne Héritier Lachat, sua atual presidente, admite: "Não vigiamos os fundos *off-shore* porque não temos competência legal para tanto".[13]

Sobre dois terços dos especuladores que se movimentam na selva genebrina não existe, pois, nenhum controle. E isso desespera os poupadores e investidores honestos. Um particular que perdeu somas importantes na selva genebrina comprometendo-se com *hedge funds*, especuladores de arroz, milho e trigo, mais tarde lamentou-se nos seguintes termos: "Como é possível [...] que se deixe operar sociedades financeiras que se valem da autoridade da FINMA, traindo assim a nossa confiança porque, de fato, escapam a todo controle?"[14]

Mas o governo da república e do cantão de Genebra é muito solícito para com os "tubarões-tigre". Além dos privilégios fiscais que lhes concede, subvenciona e patrocina a conferência anual que ali organizam. Sob a designação *JetFin Agro 2010 Conference*, os gestores dos *hedge funds* que intervêm no setor agroalimentar se reuniram, em 29 de junho de 2010, no Hotel Kempinski, no Quai du Mont-Blanc, em Genebra, e, depois, no mesmo palácio, em 7 de junho de 2011. No prospecto que anunciava esee último encontro, lê-se: "A agricultura é, atualmente, a luz radiante do universo dos investidores". O que se promete? Os gestores de alto coturno explicam como "realizar lucros elevados em mercados apaixonantes"...

O símbolo da república e do cantão de Genebra, vermelho e dourado, enfeita o convite, com estas palavras, apostas abaixo do escudo da cidade: "*Geneva Institutional Partner*". Mais uma vez, o governo bendiz — financia — a convergência, na bacia do Léman, dos "tubarões-tigre" do mundo inteiro.

Trata-se de uma atitude escandalosa. Utilizar assim o dinheiro do contribuinte e o prestígio de Genebra para mimar a uma centena

13. Cf. a pesquisa de Elisabeth Eckert, já citada.

14. Ibid.

de especuladores, os mais nefastos, é uma vergonha. Duas ONGs poderosas — uma, católica, Action de Carême, outra protestante, Pain pour le Prochain[15] — endereçaram ao governo uma vigorosa carta de protesto.

Nossos "magníficos Senhores" não se dignaram a respondê-la.

15. A Action de Carême foi fundada em 1961 e está sediada em Lucerna. A Pain pour le Prochain, sediada em Lausanne, foi criada dez anos depois. As duas ONGs frequentemente trabalham em conjunto. (N.T.)

3

Roubo de terras, resistência dos condenados da terra

Imediatamente após a crise alimentar de 2008, muitos países ricos em capital, mas pobres em terras — como os países do Golfo —, ou alguns com grande densidade demográfica — como a China e a Índia —, começaram a comprar ou a arrendar terras em grande escala em outros países para abastecer-se de alimentos (cereais ou carne). O objetivo é uma menor dependência em face da flutuação dos mercados e responder à crescente demanda interna.

No alvorecer de uma nova crise alimentar, em 2011, os indicadores de açambarcamento de terras emergiram com nitidez. O que se confirma por um fenômeno, paralelo ao crescimento das aquisições fundiárias com fins especulativos: a terra tornou-se um valor seguro, um valor-refúgio, frequentemente mais rentável que o ouro.

Trata-se, de fato, de um investimento que vale a pena, já que o preço da terra, nos países em desenvolvimento, é trinta vezes menos elevado que nos países do Norte. Ademais, não estando a comunidade internacional decidida a proteger imediatamente os direitos das populações locais do Sul, a compra de terras com objetivos especulativos tem um futuro promissor.

Na África, em 2010, 41 milhões de hectares de terras aráveis foram vendidos, arrendados ou apropriados sem contrapartida por *hedge funds* norte-americanos, bancos europeus e fundos dos Estados sauditas, sul-coreano, singapurense, chinês e outros.

O exemplo do Sudão é particularmente instrutivo.

Depois de vinte anos de uma guerra de libertação e mais de um milhão de mortos e mutilados, o novo Estado do Sudão do Sul nasceu em 9 de julho de 2011. Mas, antes mesmo de seu nascimento, a administração provisória de Juba[1] vendeu para o truste agroalimentar Nile Trading and Development Inc., do Texas, 600.000 hectares de terras aráveis (isto é, 1% do território nacional), a um preço que desafia qualquer explicação: os texanos pagaram 25.000 dólares, vale dizer, três centavos de dólar por hectare. A Nile Trading and Development Inc. dispõe ainda de uma opção para outros 400.000 hectares suplementares.[2]

A especulação é também "interna". Na Nigéria, ricos comerciantes de Sokoto ou de Kano apoderaram-se, por meios diversos — frequentemente pela corrupção de autoridades públicas —, de dezenas de milhares hectares de terras de produção de víveres.

As mesmas transações duvidosas se multiplicam no Mali. Ricos homens de negócio de Bamako — ou, sobretudo, da diáspora nacional na Europa, na América do Norte ou no Golfo — adquirem terras. Não as exploram: esperam a subida dos preços para revendê-las a um príncipe saudita ou a um *hedge fund* de Nova Iorque.

Os especuladores se lançam sobre as terras de produção de víveres para revendê-las mais tarde ou para produzir imediatamente colheitas que exportam, empregando os métodos mais diversos para expropriar os camponeses africanos de seus meios de existência.

---

1. Cidade que é a capital do novo Estado. (N.T.)
2. Marc Guéniat, *La Tribune de Genève*, 9 jun. 2011.

* * *

No que diz respeito aos "tubarões-tigre" que operam nas praças financeiras de Genebra ou de Zurique, Pain pour le Prochain e Action de Carême conduziram uma pesquisa que verificou o seguinte:

> Na Suíça, são especialmente os bancos e os fundos de investimento os envolvidos nos projetos de açambarcamento de terras. Assim, o Crédit Suisse e o UBS participaram, em 2009, da emissão de ações para o Golden Agri-Resources. [...] Esta empresa da Indonésia açambarca grandes áreas de florestas tropicais para nelas implantar gigantescas monoculturas de palma oleaginosa — com consequências desastrosas para o clima e a população local. Ademais, entre os fundos que os dois grandes bancos propõem à sua clientela, encontra-se o Golden Agri--Resources.

E, mais adiante: "Os fundos de Sarasin e de Pictet investem na COSAN, da qual uma das atividades é a compra de terras e fazendas no Brasil, com o objetivo de lucrar com a elevação do preço das terras. A COSAN é muito criticada pelas condições de trabalho — próximas às da escravidão — em suas plantações".[3] E ainda: "Muitos fundos suíços, clássicos ou especulativos (*hedge funds*), investem na agricultura: Global-AgriCap, de Zurique, Gaïa World Agri Fund, de Genebra, Man Investments, de Pfäffikon. Todos investem em empresas que compram terras na África, no Cazaquistão, no Brasil ou na Rússia".

---

3. A COSAN, fundada em 1936, em Piracicaba (SP), com a criação da Usina Costa Pinto, de produção de açúcar, iniciou um espetacular processo de expansão nos anos 1980. Segundo sua publicidade oficial, "atualmente é uma das maiores companhias do país e possui um portfólio de negócios totalmente diversificado e integrado, desde a prospecção de terras agrícolas, passando pela produção de açúcar e etanol, distribuição e comercialização de açúcar no mercado de varejo, além da distribuição de combustíveis e comercialização de lubrificantes". (N.T.)

Pain pour le Prochain e Action de Carême concluem: "Tudo isto [o controle de terras produtoras de víveres por especuladores] tem consequências desastrosas e exacerba os conflitos pela terra nessas regiões onde há, cada vez mais, seres humanos com ventres vazios".[4]

O domínio dos solos pelos especuladores produz as mesmas consequências sociais que a aquisição de terras pelos abutres do "ouro verde". Quer se trate dos líbios no Mali, dos chineses na Etiópia ou dos sauditas e franceses no Senegal, esses açambarcamentos se levam a cabo, evidentemente, em detrimento das populações locais, geralmente não consultadas sobre essas operações.

Famílias inteiras se veem assim privadas do acesso aos recursos naturais e expulsas de suas terras. Quando as multinacionais não levam para os seus empreendimentos o seu próprio contingente de trabalhadores, uma pequena parte da população local poderá encontrar trabalho, mas por salários de miséria e condições de trabalho frequentemente inumanas.

Na maioria dos casos, as famílias são expulsas de suas terras ancestrais; suas hortas e pequenos cultivos são logo destruídos, enquanto a promessa de uma justa compensação permanece letra morta. Pois bem: com a expulsão dos pequenos camponeses, o que se põe em risco é a segurança alimentar de milhares de pessoas.

O que desaparece é também um conhecimento prático ancestral, transmitido de geração em geração — o conhecimento da terra, a demorada seleção dos grãos em função dos solos, a insolação e as chuvas, tudo isso é liquidado em poucos dias.

Em seu lugar, os trustes agroalimentares implantam monoculturas de espécies híbridas, ou geneticamente modificadas, cultivadas sobre a base de sistemas agroindustriais. Eles cercam as parcelas, de

---

4. "L'Accaparement des terres. La course aux terres aggrave la faim dans le monde", estudo das ONGs Pain pour le Prochain-Action de Carême (Lausanne, 2010).

modo que os camponeses ou os nômades nem sequer têm acesso às margens dos rios, à floresta, às pastagens.

Especulando quanto aos víveres, especulando quanto à terra, os *traders*, de fato, especulam com a morte.

As grandes sociedades multinacionais francesas — Bolloré, Vilgrain, entre outras — se jactam das vantagens que oferecerão à população local investindo em suas terras: construção de infraestruturas (estradas, irrigação etc.), oferta de empregos, aumento da produção nacional, transferência de saberes e de tecnologias etc. Ouçamos Alexandre Vilgrain, presidente do Conselho Francês de Investidores na África (CIAN):

> Podemos considerar que os países do Sul julgam os países do Norte, particularmente a França, menos por sua política de ajuda ao desenvolvimento que pela política das empresas que neles investem. [...] O continente africano, no qual nossas empresas possuem uma longa e forte experiência, com uma linguagem comum para a maioria, torna-se um espaço de jogo para os investidores mundiais. Nosso país e, portanto, nossas empresas têm ali todas as possibilidades de êxito, com a condição de jogarmos mais coletivamente.[5]

O "espaço de jogo" do presidente Vilgrain é, lamentável e muito frequentemente, o espaço de desolação da África.

A destruição se acompanha de um formidável barulho midiático. Os especuladores se comprazem em "comunicar". Para mascarar as consequências de sua ação, inventam fórmulas oportunistas que se tornam moda. Uma das mais usadas: o famoso *win-win* (*ganhador-ganhador*).

Instaurar uma relação *win-win*, fundada na satisfação das necessidades de ambas as partes, permite resolver os conflitos. O

---

5. Alexandre Vilgrain, "Jouons colletifs!", *in La Lettre du CIAN* (Conseil Français des Investisseurs en Afrique), Paris, novembro-dezembro de 2010.

acordo *win-win* é o que possibilita maximizar o interesse de cada parte, acrescer os ganhos de cada parceiro. Logo, ao perder suas terras, os camponeses se asseguram vantagens, tanto como os trustes agroalimentares, que as roubam! A especulação criaria, por assim dizer, a felicidade comum.

O Fórum Social Mundial,[6] celebrado em Dakar, em fevereiro de 2011, confirmou-o: a África possui uma sociedade civil de extraordinária vitalidade. De um extremo a outro do continente, organiza-se a resistência contra os "tubarões-tigre". Seguem-se alguns exemplos.

A Sosucam (Sociedade Açucareira de Camarões), que pertence a Alain Vilgrain, detém milhares de hectares de terras em Camarões, que, com Serra Leoa, é um dos Estados mais corrompidos do continente.[7]

Eis como as coisas se passaram, a crer-se no Comitê de Desenvolvimento da Região de N'do (CODEN), uma articulação camaronesa de sindicatos camponeses, igrejas e outras organizações da sociedade civil. Em 1965, a Sosucam assinou com o governo de Yaundé um contrato de arrendamento por 99 anos para desenvolver suas atividades numa área de 10.058 hectares. Em 2006, um segundo contrato permitiu agregar mais 11.980 hectares à superfí-

---

6. Segundo sua autocaracterização, o "FSM é um espaço de debate democrático de ideias, aprofundamento da reflexão, formulação de propostas, troca de experiências e articulação de movimentos sociais, redes, ONGs e outras organizações da sociedade civil que se opõem ao neoliberalismo e ao domínio do mundo pelo capital e por qualquer forma de imperialismo. Após o primeiro encontro mundial, realizado em 2001, se configurou como um processo mundial permanente de busca e construção de alternativas às políticas neoliberais. [...]. O Fórum Social Mundial se caracteriza também pela pluralidade e pela diversidade, tendo um caráter não confessional, não governamental e não partidário. Ele se propõe a facilitar a articulação, de forma descentralizada e em rede, de entidades e movimentos engajados em ações concretas, do nível local ao internacional, para a construção de um outro mundo, mas não pretende ser uma instância representativa da sociedade civil mundial. O Fórum Social Mundial não é uma entidade nem uma organização". (N.T.)

7. Cf. a lista anual publicada pela ONG Transparency International.

cie explorada pela empresa. Nessa ocasião, a Sosucam ofereceu uma indenização anual às comunidades afetadas, mas pela quantia de 2.062.985 francos CFA (apenas 3.145 euros) — ou seja, o equivalente a cinco euros anuais por família.[8] Nas terras produtoras de víveres ocupadas pela Sosucam, viviam cerca de 6.000 pessoas. É supérfluo declarar que elas não foram absolutamente consultadas nas transações efetuadas entre os dirigentes de Yaundé e o presidente Vilgrain.

Ouçamos os resistentes:

> Somente 4% dos empregados da Sosucam são antigos camponeses que perderam suas terras. Na condição de trabalhadores das plantações, não ganham o suficiente para suprir suas necessidades e as de suas famílias. [...] Poluição das terras e das águas, más condições de trabalho, riscos à saúde pela manipulação de produtos tóxicos, expropriação das famílias, interdição do acesso aos recursos, ausência de indenizações [...] — eis as consequências imediatas do domínio de Vilgrain sobre estas terras camaronesas.[9]

Na página virtual do grupo Somdiaa,[10] sociedade-mãe da Sosucam, dirigida pela família Vilgrain desde 1947,[11] pode-se ler esta edificante mensagem: "Os valores humanos constituem o fundamento do nosso Grupo".

A mobilização dos agricultores, dos sindicalistas, das comunidades religiosas e dos militantes urbanos reunidos no CODEN chegou a impedir a assinatura, entre o presidente Vilgrain e os ministros de

---

8. "Cameroun: Somdiaa sucre les droits". Appels urgentes 341, Peuples solidaires. Disponível em: <http://www.peuples.solidaires.org/341-cameroun-somdiaa-sucre-les-droits>.

9. Appels urgents 341, op. cit.

10. O grupo Somdiaa, entre outros empreendimentos, mantém três complexos moageiros em Camarões, no Gabão e na ilha Reunião, quatro usinas de produção de açúcar no Congo, no Tchad e em Camarões, bem como possui dezenas de milhares de hectares de terras em vários países.

11. Os Vilgrain dirigiram os Grands Moulins de Paris, sociedade que lidera na Europa o ramo do trigo e ponto de partida para sua aventura agroindustrial na África.

Yaundé, de um terceiro contrato que implicaria uma nova espoliação de terras e um novo êxodo forçado de famílias camponesas.

Outro exemplo: o Benim.

A maioria dos milhões de beninenses é de pequenos e médios agricultores, que trabalham em parcelas de um ou dois hectares. Um terço dos beninenses vive na extrema miséria, com uma renda diária de 1,25 dólar ou menos.[12] A subalimentação afeta mais de 20% das famílias.

No Benim, num primeiro momento, foram os barões do regime atual (ou dos regimes precedentes) que açambarcaram as terras. Ameaçados de morrer de fome, os lavradores então venderam suas terras, geralmente por um preço irrisório — "por um pouco de mandioca".[13]

A prática dos barões é sempre a mesma. Acumulam os hectares, mas deixam sem explorar as terras adquiridas. Esperam que os preços subam para revendê-las. Em suma, como em qualquer mercado imobiliário de não importa qualquer cidade da Europa, os especuladores compram, vendem, depois recompram e logo revendem sempre o mesmo bem, antecipando lucros cada vez mais elevados.

A província de Zou, no passado, fora o celeiro do trigo do Benim. Hoje, ela apresenta, no país, a mais alta taxa de crianças de menos de cinco anos gravemente subalimentadas.

Em vez de investir na agricultura de víveres — isto é, de favorecer a aquisição de adubos, de água, de sementes, de meios de tração, de ferramentas, de infraestruturas viárias —, o governo de Cotonou prefere importar arroz da Ásia e trigo da Nigéria, o que arruína ainda mais os lavradores locais.

---

12. Ester Wolf, *Spéculation foncière au Bénin au détriment des plus pauvres* (Lausanne: Pain pour le Prochain, coll. "Repères", 2010).

13. Ibid.

Antigo banqueiro, próximo dos "investidores" estrangeiros, Boni Yayi foi eleito presidente da República em 2006. Foi reeleito em 13 de março de 2011. Na noite da vitória, seu porta-voz agradeceu calorosamente, pelo "precioso apoio", à agência de publicidade francesa Euro-RSCG, que uma filial do grupo Bolloré.

Em 2009, esse grupo recebeu de Boni Yayi a concessão do porto de Cotonou. Em 2011, nos 77 municípios do país, a agência de publicidade do grupo organizou, ao custo de milhões de euros, a campanha eleitoral do banqueiro-presidente. No ano anterior, os "doadores estrangeiros" (entre os quais o grupo Bolloré) tinham financiado a confecção da *Lista Eleitoral Permanente Informatizada* (Lepi), que custou 28 milhões de euros.

A oposição criticou duramente a Lepi. Afirmou que pelo menos 200.000 eleitores e eleitoras potenciais tinham sido excluídos, notadamente no Sul do país, onde se manifesta a oposição mais firme ao banqueiro-presidente. Em 13 de março de 2011, Boni Yayi ganhou a (re)eleição presidencial com uma vantagem de 100.000 votos.[14]

Nestor Mahinou resume o desastre: "Enquanto os pequenos camponeses locais são obrigados a vender suas terras porque não têm meios para cultivá-las, as grandes superfícies compradas por terceiros permanecem ociosas". Manihou é o responsável pela associação Sinergia Camponesa (Synpa), o mais vigoroso movimento de espoliados do Benim.[15]

Apoiado pelo Réseau des Organisations Paysannes et de Producteurs de l'Afrique de l'Ouest (Roppa), fundada em 2000 em Cotonou, e por seu presidente, Mamadou Cissokho, a Synpa conduz uma luta admirável contra o sistema neocolonial estabelecido no Benim.

Alguns fundos estatais (ou fundos soberanos) asiáticos, africanos e outros não se comportam mais honestamente que os especu-

---

14. Philippe Perdrix, "Bénin-Boni Yayi par K.-O.", in *Jeune Afrique*, 27 mar. 2011.

15. Citado por Ester Wolf, op. cit.

ladores privados. É eloquente o exemplo do fundo estatal Libyan African Investment Portfolio (LAP).

Em 2008, o Estado do Mali "ofereceu-lhe" uma extensão de 100.000 hectares de rizicultura irrigada. Na ocasião, o LAP abriu no local uma sociedade, submetida ao direito malinês, denominada Malibya. Ela já desfruta daquelas terras, por um prazo renovável de cinquenta anos, sem qualquer contrapartida identificável.[16]

No Mali, a água representa o maior desafio para a agricultura.[17] Ora, por contrato, a Malibya pode usar ilimitadamente "as águas do Níger em período de chuvas" e da "quantidade de que necessitar" nas outras épocas do ano. Um canal de irrigação já construído, de catorze quilômetros de extensão, irrigando 25.000 hectares agora "líbios", provoca atualmente danos significativos para os agricultores e os nômades do Mali Central. Ele drena os poços dos camponeses e os lagos utilizados pelas famílias fulas nômades e seus rebanhos. Entre duas migrações, os nômades fulas cultivavam o sorgo em terras antes úmidas, agora ressequidas...

Mamadou Goïta é um dos principais dirigentes do ROPPA. Ele e seus aliados, especialmente Tiébilé Dramé, obrigaram o governo de Bamako a publicar o contrato firmado com os líbios. Goïta acusa: "Os líbios se comportam como em território conquistado, como se estas terras fossem um deserto — estas terras, habitadas por milhares de malineses".[18]

E Tiébilé Dramé vai mais longe: "A cobiça [dos estrangeiros] pelas terras agrícolas do Mali exacerba os conflitos, enquanto o país mal consegue alimentar sua população [...]. Há gerações, nestas terras, as famílias cultivam painço e arroz [...]. O que será dessas populações? [...] Aqueles que resistem são processados e muitos são encarcerados".[19]

---

16. Cf. *Le Monde*, 1º abr. 2011.

17. No Mali, menos de 10% das terras aráveis são irrigadas.

18. Cf. *Le Monde*, ed. cit.

19. Ibid.

Aos sindicatos que protestam contra as expulsões sem indenizações, o diretor-geral da Malibya responde com estranha polidez e incrível má-fé: "[Reconheço] a necessidade de reorganizar a população local, ou seja, as comunidades que vão abandonar seu território".[20]

Mamadou Goïta e seus companheiros desconfiam inteiramente da "reorganização" da população local proposta por Abdallah Youssef. Eles exigem a pura e simples anulação do contrato firmado com os líbios.

Até este momento, em vão.

Estas resistências são exemplares. Vejamos mais uma.

Com a construção da gigantesca barragem no rio Senegal, a 27 quilômetros a montante de Saint-Louis, o país ganhou dezenas de milhares de hectares aráveis. Uma boa parte destas terras está hoje açambarcada pelos Grandes Domínios do Senegal (GDS).

Para os sindicalistas camponeses de Ross Béthio[21] que nos recebem, os GDS são inimigos cercados de mistério.

No Senegal, qualquer sociedade multinacional, qualquer investidor estrangeiro etc., pode obter 20.000 hectares ou mais de terras — desde que tenha boas relações com Dakar. A atribuição é ilimitada no tempo e a isenção de impostos é por 99 anos.

Os GDS pertencem a grupos financeiros espanhóis, franceses, marroquinos e outros. Eles produzem, em parte em estufas, milho doce, cebola, banana, melão, feijão verde, ervilhas, tomates, morangos e uvas. Em média, 98% da produção é exportada em navios — diretamente para a Europa — a partir do porto, aliás próximo, de Saint-Louis.

Os GDS dispõem de uma cadeia dita integrada: produzem em Walo, em terras inundáveis e irrigadas ao longo do rio Senegal. Seus próprios barcos (ou barcos fretados por eles) asseguram o transporte. Na Mauritânia ou na Europa, dispõem de instalações para o

20. Ibid.

21. Trata-se de uma cidadezinha situada no Norte do Senegal, no vale inferior do rio Senegal. (N.T.)

amadurecimento dos frutos. Os grupos proprietários dos GDS são, frequentemente, os principais acionistas das cadeias de supermercados na França.

O Walo está coalhado de grandes estufas, protegidas por plástico marrom e refrescadas por contínuos jatos de água. Ali, apesar das relações de Adama Faye com a prefeitura de Saint-Louis, fracassamos na tentativa de visitar um GDS.

Guardas armados, com uniformes azuis, cercas metálicas de quatro metros de altura, câmeras de videovigilância... Estamos parados diante da entrada de um dos maiores GDS, pertencente a La Fruitière, de Marselha.

Através de um equipamento eletrônico, negociamos com um diretor entrincheirado num edifício administrativo cujos contornos se adivinham ao longe. Ele tem um forte sotaque espanhol. "O senhor não tem autorização para esta visita... Lamento muito... Sim, nem mesmo a ONU pode fazer nada... O prefeito de Saint-Louis? Ele não tem nenhuma autoridade aqui... O senhor precisa dirigir-se aos nossos escritórios, em Paris ou Marselha..."

Em resumo: ninguém vai entrar.

Utilizo uma tática que me foi útil em outras ocasiões: não me movo. Espero horas diante do portão fechado a cadeado, sob o olhar hostil dos vigilantes.

Finalmente, ao entardecer, na estrada asfaltada que vem de Saint-Louis, um Audi Quattro se aproxima. Um jovem francês muito simpático, que acaba de se incorporar ao trabalho no GDS, detém-se diante do portão.

Aproximo-me do seu carro.

Ele defende seus patrões com ardor. "Pagamos todas as taxas para a delimitação das terras..." E mais: "Em geral, nossas terras estão em platôs altos, doze a quinze metros. Para cultivar o arroz, são necessárias motobombas, que os camponeses aqui não possuem... [...] Não pagamos impostos? Isso é uma falsidade! Empregamos os jovens das aldeias. O Estado senegalês cobra impostos sobre seus rendimentos...".

Fim da conversa.

Situada a cinquenta quilômetros de Saint-Louis, na estrada para o Mali, a comunidade rural de Ross Béthio tem mais de 6.000 pessoas.

Djibrill Diallo, vestido com um *djellaba*[22] castanho, olhos brilhantes, calvo, temperamento caloroso, cinquentão, é o secretário-executivo do sindicato camponês. Os membros de sua direção — quatro homens e três mulheres — estão a seu lado.

Os agricultores de Walo colhem arroz duas vezes por ano. Mas as colheitas são modestas — um hectare produz seis toneladas de *paddy*[23] — e baixos os preços pagos pelos comerciantes vindos de Dakar. O comerciante transporta o *paddy* em seu caminhão. Um saco de oitenta quilos é pago por 7.500 francos CFA.[24]

Adjunto do secretário-executivo, Diallo Sall é um jovem, vivaz, de pele clara, calvo, irônico, inquieto. Interrompendo o discurso de boas-vindas, um pouco estudado, de Djibrill, ele exclama: "Nossas mulheres e nossos jovens vão aos arrozais sem comer nada antes. Nos campos, alimentam-se de frutos silvestres... Se dizemos isso ao agente de saúde, ele replica: 'Você está contra o governo, você é de oposição'".

Apesar da modéstia, a hospitalidade senegalesa é suntuosa. A mesa está posta no barracão que sedia o sindicato. Os ventiladores fazem ruído. Da cozinha vem um cheiro delicioso. Em grandes bacias de metal, junto com frangos, estão carpas pescadas no rio à espera de serem assadas, cebolas e batatas.

Os rizicultores e rizicultoras de Ross Béthio são combativos. Impressiona-me sua inteligência na resistência. Seu sindicato está filiado às Ligas Camponesas do Oeste da África e, no plano mundial, vincula-se à Via Campesina.

Para eles, os GDS estão fora de alcance. Mas o prefeito, o subprefeito de Walo e vários ministros em Dakar são alvos acessíveis...

A alienação das terras obedece ao seguinte mecanismo: a terra rural não pertence a ninguém; de fato, está nas mãos do Estado. Não

---

22. Tradicional roupa árabe, um manto largo com mangas compridas. (N.T.)

23. Arroz com casca. (N.T.)

24. Números de 2010.

existe cadastro rural. Mas as comunidades camponesas possuem o direito ao usufruto ilimitado das terras que ocupam — um direito que procede de costumes imemoriais. O governo criou uma instituição específica para atuar nesta matéria: os *conselhos rurais* (mas estes dependem, evidentemente, do partido que está no poder em Dakar). Sua competência é importante: eles traçam os limites e atribuem as terras delimitadas e cercadas aos novos proprietários.

As acusações formuladas pelos sindicalistas de Ross Béthio são graves, porém adequadamente documentadas: a expropriação de terras em proveito dos GDS se baseia em obscuras negociações que se desenvolvem em Dakar. Os conselhos rurais que realizam as delimitações — vale dizer, a alienação das terras em benefício dos GDS — recebem ordens do governo.

A delimitação se consigna em um documento oficial que deve ser validado primeiro pelo subprefeito, depois pelo prefeito e, enfim, pelo ministro. Ora, os sindicalistas afirmam que alguns funcionários do Estado encarregados da validação, e mesmo ministros em Dakar, teriam acrescentado ao volume de terras alienadas vários milhares de hectares destinados a seu próprio uso. O certificado de delimitação, redigido pelo conselho rural, atribui a um GDS uma área de hectares aráveis; mas, à medida que o documento vai subindo pela selva burocrática, a quantidade de terras roubadas aos camponeses vai crescendo...

Quem ganha com essa expropriação?

Segundo os sindicalistas, quem ganha, em primeiro lugar, são obviamente os GDS; depois, em graus variáveis, alguns subprefeitos, prefeitos, ministros e muitos de seus amigos.

Através da mobilização popular, multiplicando intervenções no plano internacional, recorrendo a procedimentos judiciais nos tribunais senegaleses, Djibrill, Sall e os sindicalistas — cultivadores de arroz, legumes e frutas e criadores de Walo — lutam contra a destruição de seus meios de produção.

Lutam com uma coragem e uma determinação dignas de admiração.

4

A cumplicidade dos Estados ocidentais

Os ideólogos do Banco Mundial são infinitamente mais perigosos que os tristes assessores de comunicação de Bolloré, Vilgrain e companhia. Ao preço de centenas de milhões de dólares em créditos e subsídios, o Banco Mundial, de fato, financia o roubo de terras aráveis na África, na Ásia e na América Latina.

Para a África, os ideólogos do Banco Mundial elaboraram a seguinte teoria justificativa: de um hectare cultivado, os agricultores de Benim, Burkina Faso, Níger, Tchad e Mali não extraem — em épocas normais (e as épocas normais são raras) — mais que seiscentos/setecentos quilos de cereais por ano, enquanto, na Europa, um hectare produz dez toneladas de trigo. Portanto, é melhor entregar aos trustes agroalimentares — aos seus capitais, aos seus técnicos competentes, aos seus circuitos de comercialização — as terras que esses infelizes africanos são incapazes de fazer frutificar.

Para a maioria das embaixadoras e dos embaixadores ocidentais que têm assento no Conselho de Direitos do Homem das Nações Unidas, a palavra do Banco Mundial tem o peso do Evangelho.

Recordo-me daquela sexta-feira, 18 de março de 2011, na grande sala dita dos Direitos do Homem, no primeiro andar do edifício do Palácio das Nações, em Genebra.

Davide Zaru é um jovem jurista italiano, com uma inteligência ágil, indiscutível talento diplomático, totalmente conquistado para a defesa do direito à alimentação. Em Bruxelas, é o encarregado dos direitos humanos no Departamento de Segurança e Relações Exteriores da União Europeia, dirigido pela baronesa Catherine Asthon.[1] Durante as sessões do Conselho de Direitos Humanos, ele fica em Genebra. No Palácio das Nações, cabe-lhe coordenar as votações dos 27 Estados-membros da União Europeia que têm assento no Conselho.

Naquela manhã, Davide Zaru tinha um ar desesperado. Informou-me: "Não consigo ajudá-lo... Explique a minha situação aos nossos amigos da Via Campesina... Tal como está redigida, a resolução não vai passar... Os ocidentais estão inteiramente contra... Eles não querem uma convenção sobre a proteção dos direitos dos camponeses".

Apoiado por várias centrais de sindicatos camponeses, por várias ONGs e Estados do hemisfério sul, o Comitê Consultivo do Conselho de Direitos do Homem, ao longo de três anos, elaborou um relatório sobre a proteção dos direitos dos camponeses. Em suas recomendações, o Comitê Consultivo solicitava que as Nações Unidas adotassem uma convenção internacional que permitisse aos camponeses espoliados defender seus direitos à terra, às sementes, à água etc. contra os abutres do "ouro verde" e outros "tubarões-tigre".

O projeto de resolução inspirava-se diretamente no projeto da convenção para a proteção dos direitos dos camponeses preparado pela Via Campesina:

> Considerando que os recentes açambarcamentos em massa de terras em proveito de interesses privados ou de Estados, que abarcam dezenas de milhões de hectares, atentam contra os direitos humanos, privando as comunidades locais, indígenas, camponesas, pastoris, florestais e de pescadores artesanais de seus meios de produção, restringindo seu acesso aos recursos naturais ou retirando-lhes a liberdade de produzir segundo os seus desejos e que tais açambarcamentos agravam igualmente as desigualdades de acesso e de contro-

1. Alta representante da União Europeia para os Negócios Estrangeiros e a Política de Segurança.

> le financeiro em detrimento das mulheres [...]; considerando que os investidores e governos cúmplices ameaçam o direito à alimentação das populações rurais, que eles condenam ao desemprego endêmico e ao êxodo rural, exacerbando a pobreza e os conflitos e que contribuem para a perda de conhecimentos, habilidades agrícolas e identidades culturais [...] nós apelamos aos parlamentos e aos governos nacionais para que cessem imediatamente todos os açambarcamentos territoriais em massa em curso ou futuros e que sejam restituídas as terras espoliadas.[2]

A perspectiva de ver entrar em vigor este novo instrumento de direito internacional apavorou os governos ocidentais — especialmente o norte-americano, o francês, o alemão e o inglês, frequentemente muito próximos aos grandes predadores da indústria agroalimentar. É que uma convenção de direito internacional negociada, assinada e ratificada pelos Estados teria por efeito civilizar minimamente a selva do livre mercado! E isso porque, em seu projeto, a convenção enunciava em detalhes os direitos dos camponeses e obrigava os Estados signatários a instituir os tribunais necessários para tornar judiciáveis tais direitos.

Notemos, quanto a isso, que o Conselho de Direitos do Homem criou uma jurisprudência inovadora. No Senegal, no Mali, na Guatemala, em Bangladesh e outros países do hemisfério sul, para um camponês, a apresentação à justiça de seu país de uma denúncia contra um abutre do "ouro verde" ou um especulador parisiense, chinês ou genebrino é às vezes algo muito arriscado ou mesmo simplesmente impossível. A independência dos juízes locais é mínima e é máximo o poder do adversário.

Então, o Conselho reconheceu a "responsabilidade extraterritorial" dos Estados.

Ora, se a França assinasse e ratificasse a convenção para a proteção dos direitos dos camponeses, seria ela a responsável pela conduta dos Bolloré, Vilgrain e outras Fruitière de Marseille em

---

2. Appel de Dakar contre les accaparements. Pétition. Disponível em: <http://petitiononline.com/accapar/petition.html>.

terras do Benim, do Senegal ou de Camarões... Os agricultores africanos espoliados poderiam invocar a justiça francesa.

Diante dessa perspectiva ameaçadora, compreende-se por que os governos ocidentais mobilizaram suas últimas forças diplomáticas para sabotar o projeto pioneiro dos sindicatos de agricultores do Sul e retomado por sua conta pelo Comitê Consultivo.

O Comitê Consultivo é constituído por especialistas internacionais eleitos *pro rata*[3] pelos continentes. O Conselho, em troca, é um órgão interestatal: 47 Estados o compõem. Para que o Conselho discuta as rcomendações apresentadas pelo Comitê Consultivo, é necessário que um Estado-membro do Conselho apresente o projeto.

Na XVI sessão do Conselho, em março de 2011, a resolução referente a uma convenção protetora dos direitos dos camponeses foi apresentada por Rodolfo Reyes Rodríguez, vice-presidente do Conselho e embaixador de Cuba junto à ONU.

Diplomata brilhante, Reyes não é um homem qualquer — é um valente. Voluntário em Angola na guerra contra o corpo expedicionário sul-africano, perdeu uma perna no combate decisivo de Cuito Cuanavale.[4]

Mas a obstrução dos embaixadores ocidentais obrigou-o a modificar a resolução.

No momento, o destino da nova convenção sobre a proteção e a legitimidade dos direitos dos camponeses continua incerta.

---

3. Proporcionalmente. (N.T.)

4. Na sequência da conquista da independência de Angola (1975), o governo legítimo de Luanda viu-se a braços com uma guerra civil que durou mais de um quarto de século, animada especialmente pelos guerrilheiros da UNITA, organização apoiada pelos Estados Unidos e pela África do Sul (ainda sob o regime do *apartheid*). Entre novembro de 1987 e março de 1988, na região Sul de Angola, travou-se a decisiva batalha de Cuito Cuanavale, na qual as tropas angolanas (com a contribuição de voluntários das Forças Armadas Revolucionárias de Cuba) derrotaram os contingentes da UNITA e do exército sul-africano. (N.T.)

Epílogo

A esperança

Vous voulez les pauvres secourus.
Je veux la misère abolie.[1]
Victor Hugo

A Terra tem 510 milhões de quilômetros quadrados: 361 milhões de água e 149 milhões de terra firme. 6,7 bilhões de seres humanos a habitam.[2]

A terra firme está desigualmente distribuída, entre vazios e supersaturados, em razão de condições naturais (polos glaciais, desertos, terras semiáridas, maciços montanhosos, vales e planaltos férteis, litorais etc.) e de realidades econômicas (agricultura, pastoreio, pesca, indústria, cidade, campo etc.).

A primeira função das espécies vivas que compõem a natureza — plantas, animais, seres humanos — é nutrir-se para viver. Sem alimento, a criatura morre.

---

1. *Vós quereis os pobres assistidos.*
Eu quero abolir a miséria.

2. Estimativas do Departamento do Censo dos Estados Unidos, divulgadas depois da publicação deste livro de Ziegler (2011), apontavam, em 2012, para um total de sete bilhões de habitantes. (N.T.)

A segunda função é reproduzir-se. Para alcançar a maturidade, a idade adulta, quando as espécies podem dar nascimento à sua descendência e ter condições de procriar um novo ser destinado à vida, é absolutamente necessário alimentar-se.

Foi para alimentar-se que os homens e as mulheres dedicaram--se à coleta, à caça, fabricaram armas e instrumentos, empreenderam migrações e viagens. Foi para alimentar-se que trabalharam a terra, semearam, plantaram, criaram outros instrumentos, procuraram conhecer as plantas, domesticaram animais.

É para alimentar-se que os homens desenvolveram, como os animais, a obsessão pelo território, fixaram-se limites no interior dos quais se sentiram "em casa" e defenderam esse espaço contra aqueles que poderiam cobiçá-lo. E a cobiça de outros era tanto maior quanto mais o território era rico, ocultava algum tesouro ou oferecia alguma vantagem particular.

Passado o primeiro estágio agrário, durante o qual os homens e as mulheres começaram a fabricar mais instrumentos, recipientes, vestimentas e a melhorar seu *habitat*, a produção artesanal se desenvolveu. Tornou-se preciso, então, trocar, comerciar, viajar. A economia e seu infinito desenvolvimento nasceram do esforço dos homens e das mulheres para atender às suas necessidades, em primeiro lugar a sua alimentação e a de seus filhos.

O bebê chora quando eventualmente é esquecido e tem fome. É seu único meio de expressão, chora a mais não poder durante horas. Quando exposto à fome, perde suas forças, perde também suas faculdades, deixa de manifestar sua necessidade através dos seus gemidos e se apaga.

Hoje, a metade das crianças que nascem na Índia está grave e permanentemente subalimentada. Para elas, cada momento que passa é um martírio. Milhões delas morrerão antes dos dez anos de idade. Outras continuarão a sofrer em silêncio, a vegetar, procurando o sono para tentar atenuar o sofrimento que devora suas entranhas.

No começo da história humana, a apropriação do alimento era o feito do macho mais forte, quando a mulher e a criança tinham dele uma necessidade absoluta. Mas o tempo em que as necessidades irredutíveis dos homens se confrontavam com uma quantidade insuficiente de bens para satisfazê-las está hoje superado. O planeta está saturado de riquezas. Portanto, não há nenhuma fatalidade. E se um bilhão de indivíduos padecem de fome, não é por causa de uma produção alimentar deficiente, mas do açambarcamento, pelos mais poderosos, dos frutos da terra.

No mundo finito que é o nosso, em que já não se produzem mais "descobrimentos" nem conquistas de novas terras possíveis, o açambarcamento dos bens da Terra toma um novo rosto. Torna-se um imenso escândalo.

O Mahatma Gandhi declarou: "*The world has enough for everyones need but not for everyones greed*" (*O mundo tem o suficiente para satisfazer as necessidades de todos, mas não o bastante para satisfazer a cobiça de todos*).

Josué de Castro foi o primeiro a demonstrar que o principal fator responsável pelas hecatombes da subalimentação e da fome é a desigual distribuição das riquezas no planeta. Pois bem: desde o seu falecimento, há quarenta anos, os ricos se tornaram ainda mais ricos e os pobres infinitamente mais miseráveis.

Não apenas aumentou formidavelmente o poder financeiro, econômico e político das sociedades transcontinentais agroalimentares, mas também a riqueza individual das pessoas mais afortunadas conheceu um crescimento exponencial. Eric Toussaint, Damien Millet e Daniel Munevar analisaram a trajetória das fortunas dos miliardários no curso dos últimos dez anos.[3] Eis aqui o resultado do seu estudo: em 2001, o número de miliardários em dólares era de

---

3. Publicação do Comitê para a Abolição da Dívida do Terceiro Mundo (CADTM), Liège, 2011. Esses três estudiosos, mais outros, são coautores de *La Dette ou la Vie* (Bruxelas--Liège: ADEN-CADTM, 2011); cf. também Meryll-Lynch e Capgemini (admistradores de fortunas), Rapports, 2011.

497 e seu patrimônio acumulado de 1,5 bilhão de dólares; dez anos depois, em 2010, o número de miliardários em dólares chegou a 1.120 e seu patrimônio acumulado a 4,5 bilhões de dólares — patrimônio que ultrapassa o produto nacional bruto da Alemanha.

O colapso dos mercados financeiros em 2007-2008 destruiu a existência de dezenas de milhões de famílias na Europa, na América do Norte e no Japão. Então, segundo o Banco Mundial, mais 69 milhões de pessoas foram lançadas no abismo da fome. Em todas as partes dos países do Sul, novos túmulos se multiplicaram.

Pois bem: em 2010, passados três anos, o patrimônio dos muito ricos superou o nível alcançado antes do colapso dos mercados financeiros.

Quais são as potências agroalimentares que atualmente controlam o alimento dos homens?

Algumas sociedades transcontinentais privadas dominam o mercado agroalimentar. Elas decidem, a cada dia, quem vai morrer e quem vai viver. Controlam a produção e o comércio dos insumos que os agricultores e criadores devem comprar (sementes, produtos fitossanitários, pesticidas, fungicidas, fertilizantes, adubos minerais etc.). Seus *traders* são os principais operadores nas *commodity stock exchanges* (bolsas de matérias-primas agrícolas) do mundo. São elas que fixam os preços dos alimentos.

Também a água, atualmente, está em grande parte sob o controle dessas sociedades — que, há pouco tempo, adquiriram dezenas de milhões de hectares de terras aráveis no hemisfério sul.

Elas invocam o livre mercado, que seria governado por "leis naturais". Ora, não há nada de "natural" nas forças do mercado. São os ideólogos das sociedades transcontinentais (dos *hedge funds*, dos grandes bancos internacionais etc.) que, para legitimar suas práticas mortíferas e apaziguar a consciência dos operadores, conferem a estas "leis do mercado" um caráter "natural" e se referem permanentemente a elas como "leis da natureza".

Uma multiplicidade de causas está implicada na subalimentação crônica de uma pessoa em cada sete no planeta e na morte pela fome de um número escandaloso dentre elas. Mas — como comprovamos ao longo deste livro —, quaisquer que sejam tais causas, a humanidade dispõe de meios para eliminá-las.

Na sua famosa *Elmhirst-lecture* pronunciada em Málaga (Espanha), em 26 de agosto de 1985, Amartya Sen constatava: "Em matéria de fome e de política alimentar, a necessidade de fazer depressa é evidentemente da maior urgência".[4]

Assiste razão a Sen: não há mais um segundo a perder. Esperar, debater meios, perder-se em debates bizantinos e discussões complicadas — este *choral singing* que tanto surpreendeu a Mary Robinson quando ela era alta comissária para os Direitos do Homem das Nações Unidas — é acumpliciar-se aos açambarcadores, aos predadores.

As soluções são conhecidas e enchem milhares de páginas de projetos e estudos de viabilidade.

Em setembro de 2000, como vimos, dos 193 Estados que então compunham a ONU, 146 enviaram seus representantes a Nova Iorque para inventariar as principais tragédias que afligem a humanidade no umbral do novo milênio — fome, pobreza extrema, água poluída, mortalidade infantil, discriminação das mulheres, Aids, epidemias etc. — e fixar objetivos na luta contra esses flagelos. Os chefes de Estado e de governo calcularam que, para conjurar as oito tragédias — em primeiro lugar, entre elas, a fome —, seria necessário mobilizar, durante quinze anos, um montante anual de investimentos de cerca de oitenta bilhões de dólares.

Para consegui-lo, bastaria recolher um imposto anual de 2% sobre o patrimônio dos 1.210 multimilionários que existiam em 2010...

---

4. Amartya Sen, *Food, Economics and Entitlements* (Helsinki: Wider Working, Paper 1, 1986). [Indiano nascido em 1933, Sen ganhou o Prêmio Nobel de Economia em 1998. Dele estão publicados no Brasil: *Sobre ética e economia* (São Paulo: Cia. das Letras, 1999), *Desenvolvimento como liberdade* (São Paulo: Cia. das Letras, 2000) e *A desigualdade reexaminada* (Rio de Janeiro: Record, 2001). (N.T.)]

* * *

Como travar a desrazão dos açambarcadores?

Em primeiro lugar, combatendo a corrupção dos dirigentes de numerosos países do hemisfério sul, sua venalidade, seu gosto pelo poder conferido por sua posição e pelo dinheiro que esta lhes oferece.[5] O desvio do dinheiro público em vários países do Terceiro Mundo e o enriquecimento de representantes eleitos são calamitosos. Onde a corrupção viceja, os países são vendidos aos predadores do capital financeiro mundializado, que podem então dispor do que quiserem.

Presidente de Camarões há quase trinta anos, Paul Biya passa três quartos do seu tempo no Hotel Intercontinental de Genebra. Sem a sua ativa cumplicidade, o truste de Alexandre Vilgrain não poderia apoderar-se de dezenas de milhares de hectares de terras aráveis no Centro de Camarões. Sem essa cumplicidade, Vincent Bolloré não poderia obter a privatização da sociedade estatal Socapalm, nem apropriar-se de 58.000 hectares.

Quando, em Las Pavas, no departamento de Bolívar, no Norte da Colômbia, os assassinos paramilitares, pagos pelas sociedades transcontinentais espanholas do óleo de palma, caçam os camponeses em suas terras, eles estão "autorizados" e às vezes são estimulados pelos dirigentes do país: o atual presidente Juan Manuel Santos, sabe-se, é muito ligado aos predadores espanhóis, do mesmo modo que seu predecessor, Álvaro Uribe, o era aos paramilitares.

Sem a benevolência de Abdulaye Wade, não existiriam os Grandes Domínios do Senegal. E que faria em Serra Leoa o agitado Jean-Claude Gandur sem os dirigentes corruptos que se apropriam, em seu proveito, das terras das comunidades rurais?

Resta o inimigo principal. Seria absurdo e vão esperar um despertar da consciência moral dos negociantes de grãos, dos abutres

---

5. Cf. o clássico tratado de Georg Cremer, *Corruption and Development Aid. Confronting the Challenges* (Londres: Lyne Rienner Publishers, 2008).

do "ouro verde" ou dos "tubarões-tigre" da especulação bursátil. A lei da maximização dos lucros é uma lei de bronze.

Mas, então, como combater e vencer esse inimigo?

Che Guevara gostava de citar este provérbio chinês: "Os muros mais sólidos desmoronam por suas fissuras".[6] Então, provoquemos, tanto quanto possível, fissuras na ordem atual deste mundo que esmaga brutalmente os povos.

Antonio Gramsci, no cárcere, escreveu: "O pessimismo da razão obriga ao otimismo da vontade".[7] E o cristão Péguy falava, por seu turno, da "esperança, esta flor da criação [...] que maravilha ao próprio Deus".[8]

A ruptura, a resistência e o apoio dos povos aos contrapoderes são indispensáveis em todos os níveis. Global e localmente. Na teoria e na prática. Aqui e acolá. São necessários atos de vontade, concretos, como aqueles em que estão engajados os sindicalistas camponeses de Ross Béthio, do Benim, da serra de Jotocán, na Guatemala, ou ainda os rizicultores de Las Pavas, na Colômbia.

Nos parlamentos e nas instâncias internacionais, cumpre decidir mudar: impor a prioridade do direito à alimentação, proibir a especulação bursátil sobre os alimentos básicos, impedir a produção de biocarburantes a partir de plantas alimentares, quebrar

---

6. Do argentino Ernesto Guevara (1928-1967), revolucionário internacionalista que se notabilizou especialmente por sua contribuição ao processo de transformação socialista de Cuba, estão disponíveis no Brasil, entre outros textos, os reunidos por E. Sader no volume 19 da coleção "Grandes cientistas sociais/Política" (São Paulo: Ática, 1981) e o livro *Diário de um combatente* (São Paulo: Planeta, 2012). (N.T.)

7. Carta a seu irmão Carlo, escrita na prisão em 19 de dezembro de 1929. *Cahiers de prison* (Paris: Gallimard, 1978 e 1999). [O italiano A. Gramsci (1891-1937), grande pensador e dirigente político comunista, teve suas cartas escritas na prisão traduzidas no Brasil em dois volumes: *Cartas do cárcere* (Rio de Janeiro: Civilização Brasileira, 1-2, 2005). A missiva citada por Ziegler encontra-se no vol. 1, p. 381-383. (N.T.)]

8. Da expressiva obra de Charles Péguy (1873-1914), pensador francês, militante católico com inclinações socialistas, a mais recente tradução é *Da razão* (Covilhã: Universidade da Beira Interior, 2009). Anteriormente, editou-se *O pórtico do mistério da segunda virtude* (Lisboa: Grifo, s.d.). (N.T.)

o cartel planetário dos polvos do negócio agroalimentar, proteger os camponeses contra o roubo de terras, preservar a agricultura de víveres em nome do patrimônio e investir em seu aperfeiçoamento em todo o mundo. As soluções existem e as armas para impô-las estão disponíveis.

O que falta, sobretudo, é a vontade dos Estados.

Pois bem: no Ocidente, pelo menos, através do voto, através da livre expressão, através da mobilização geral e — por que não? — da greve, podemos obter uma mudança radical das alianças e das políticas. Em democracia, não existe a impotência.

Entre as plantações de mandioca e os campos de cana-de-açúcar, entre a agricultura familiar e as empresas agroalimentares, atualmente se trava uma guerra sem quartel. Em todo o mundo, na América Central e ao pé dos vulcões do Equador, na África Saheliana e Austral, nos vales indianos de Madhya Pradesh e de Orissa, no delta do Ganges, em Bangladesh, os agricultores, os criadores e os pescadores se mobilizam, se organizam, resistem.

O império planetário dos trustes agroindustriais cria a penúria, a fome de centenas de milhões de seres humanos — cria a morte. A agricultura familiar e de víveres, ao contrário, sob a condição de ser apoiada pelos Estados e de contar com os investimentos e os insumos necessários, é garantia de vida. Para todos nós.

O preâmbulo da declaração apresentada pela Via Campesina ao Conselho de Direitos do Homem da ONU, quando da XVI sessão, em março de 2011, nos adverte solenemente:

> Os camponeses e camponesas representam cerca de metade da população mundial. Mesmo no mundo da tecnologia de ponta, as pessoas comem alimentos produzidos por camponeses e camponesas. A agricultura não é apenas uma atividade econômica, mas está intimamente ligada à vida e à sua sobrevivência sobre a Terra. A segurança da população depende do bem-estar dos camponeses e camponesas e da agricultura sustentável. A fim de proteger a vida humana, é importante respeitar e implementar os direitos dos camponeses. Na

realidade, a violação contínua desses direitos ameaça a vida humana e o planeta.

Nossa total solidariedade com as centenas de milhões de seres humanos que são destruídos pela fome é uma exigência. As palavras da magnífica canção de Mercedes Sosa a imploram:

> *Solo le pido a Dios*
> *que el dolor no me sea indiferente,*
> *que la reseca muerte no me encuentre*
> *vacía y sola, sin haver*
> *hecho lo suficiente.*[9]

---

9. *Somente peço a Deus*
que a dor não me seja indiferente,
que a seca morte não me encontre
vazia e solitária, sem ter
feito o suficiente.

[Essa canção, gravada pela cantora argentina Mercedes Sosa (1935-2009), é de autoria (letra e música) do também argentino León Gieco (nascido em 1951). (N.T.)]

AGRADECIMENTOS

Erica Deuber Ziegler colaborou intensamente na elaboração deste livro. Com uma paciência infinita, grande competência e uma erudição a toda prova, releu, revisou e reorganizou suas dez versões sucessivas.

Olivier Bétourné, presidente das Éditions du Seuil, foi o primeiro a idealizar este livro. Pessoalmente, revisou a versão final e deu-lhe o título. Sua estimulante amizade foi uma ajuda decisiva.

Meus colaboradores e colaboradoras no Comitê Consultivo junto ao Conselho de Direitos do Homem das Nações Unidas — Christophe Golay, Margot Brogniart, Ioana Cismas — ajudaram-me no levantamento da documentação. Alimentados por nossas convicções comuns, seu engajamento infatigável e sua competência profissional me foram indispensáveis.

James T. Morris, Jean-Jacques Graisse e Daly Belgasmi abriram-me as portas do Programa Alimentar Mundial. Jacques Diouf, diretor-geral da FAO, e vários de seus colaboradores e colaboradoras me ofereceram seu apoio generoso.

Pierre Pauli, estatístico do Departamento de Estatística da república e do cantão de Genebra, ajudou-me a manejar a enorme massa de dados relativos à fome e à má nutrição.

No Alto Comissariado das Nações Unidas para os Direitos Humanos, pude contar com os conselhos sutis, discretos e sempre judiciosos de Eric Tistounet, chefe da Divisão de Órgãos de Tratados e do Conselho de Direitos do Homem.

Beat Bürgenmeier, decano emérito da Faculdade de Ciências Econômicas da Universidade de Genebra, e o banqueiro Bruno Anderegg me iniciaram no complexo universo da especulação bursátil e dos *hedge funds*.

Francis Gian Preiswerk foi, por dezessete anos, um dos mais renomados *traders* da sociedade transcontinental Cargill. Ele me recebeu para manter comigo profundas discussões e aceitou ler alguns de meus capítulos. Em desacordo total com praticamente todas as minhas teses, escreveu-me cartas nas quais não ocultava sua irritação — mas sua rica experiência nos negócios, sua extrema competência profissional e sua amistosa generosidade foram de uma ajuda inestimável.

Com um zelo exemplar, Arlette Sallin revisou as sucessivas versões deste livro. Sua disponibilidade amiga e sua crítica esclarecida me acompanharam ao longo deste trabalho. Beneficiei-me das sugestões de Sabine Ibach e Vanessa Kling. Hugues Jallon, diretor editorial de ciências humanas das Éditions du Seuil, Catherine Camelot e Marie Lemelle-Ligot prestaram-me uma assistência preciosa.

A equipe de produção das Éditions du Seuil — Bénédicte Duval-Huet, Annie-Laurie Clément, Karine Louesdon, Bernardette Morel e Erwan Denis — fez um trabalho excepcional.

Benoît Kerjean examinou o texto final sob o ângulo jurídico.

A todos e a todas, expresso minha profunda gratidão.

A propósito do projeto de capa

O projeto da capa da presente obra partiu da inspiração do arte-finalista Ricardo Andrade que, após a leitura do original, propôs a essa assessora a utilização de uma das telas de Candido Portinari – entendendo que somente a arte do grande pintor brasileiro poderia expressar a força da análise de Ziegler sobre as indignas condições societárias que vêm sendo impostas pelo capitalismo a milhões de seres humanos em todo o mundo.

Aceita a certeira sugestão, o desafio era conseguir a liberação dos direitos de uso da tela "Criança Morta", ao que solicitamos a intervenção de João Pedro Stedile, Coordenador do Movimento dos Trabalhadores Sem Terra, junto ao filho do artista, João Candido Portinari, que cedeu os direitos com extrema generosidade.

Reproduzimos aqui a significativa troca de mensagens entre esses marcantes personagens que fazem a história do Brasil de hoje, conectando-a com a luta pretérita do próprio Portinari e de Josué de Castro.

Fica assim o registro do diálogo histórico entre pessoas que, embora distantes umas das outras, conseguem unir o passado e o presente, militando juntas por um futuro no qual a desigualdade e a injustiça provocadas pelo capital venham a ser apenas marcas da pré-história da humanidade.

Elisabete Borgianni
Assessora Editorial da Cortez Editora/Área de Serviço Social

Em 25 de fevereiro às 5:39 João Pedro Stedile escreveu:

Estimado João Portinari,

Sou o João Pedro Stedile, do MST. Não nos conhecemos, mas tenho acompanhado teu trabalho pela imprensa. E saiba que nós todos do MST temos um grande carinho por tudo o que representou teu pai, para os trabalhadores do Brasil, para a causa socialista, e em especial para os lavradores.

Comecei minha militância no campo lendo os boletins da ABRA [Associação Brasileira de Reforma Agrária], com aquela arte estilizada dos cultivadores de café.

Bem, agora estamos prestes a editar pela Cortez Editora um livro de nosso amigo suíço, o Jean Ziegler, que na minha modesta opinião é o Josué de Castro contemporâneo e europeu. Ele atualiza a reflexão do Josué. E por isso fizemos questão, eu e a Ana Maria (filha do querido Josué), de fazermos apresentação do livro. O livro se destina à militância, e apesar de vendido comercialmente, tem o compromisso de chegar aos mais engajados. Bem, para selar essa aliança contra a Fome, do Josué de Castro com seu pai, queríamos colocar na capa do livro uma obra do seu pai, que sintetiza essa luta.

Veja como ficou, mas a editora, para publicar, como é normal, pede que você autorize.

Por isso, estou fazendo esse pedido especial. Por favor, veja se é possível utilizarmos essa arte.

Um grande abraço
João Pedro

* * *

Em 25 de fevereiro às 8:40 João Candido Portinari responde:

Caro João Pedro,

Em primeiro lugar, quero expressar a honra e a alegria que me despertaram a sua estimada mensagem!

Meu pai teria ficado orgulhoso e feliz em lê-la.

Lembro-me de uma entrevista que ele deu para a revista "Diretrizes", de dezembro de 1945, onde ele dizia:

Confesso que foi grande a minha emoção ao saber da inclusão do meu nome na chapa do Partido Comunista. Se não se tratasse desse partido, de

maneira nenhuma aceitaria. Você compreende, não tenho jeito para deputado, mas pertenço ao povo, com todos os seus defeitos e qualidades, por isso lutarei pelo partido do povo. [...] Resolvi aceitar a inclusão do meu nome porque considero o Partido Comunista como a única grande muralha contra o fascismo e a reação, que tentam sobrenadar ao dilúvio a que foram arrastados pelos acontecimentos.
É preciso haver uma mudança, o homem merece uma existência mais digna. Minha arma é a pintura"...

Vale lembrar também o que escreveu Vinícius de Morais na revista "Manchete", de 3 de março de 1962 (menos de um mês após a morte do pintor):

*"**Como você chegou à sua posição política?**", pergunta Vinícius.*

Portinari responde:

"Não pretendo entender de política. Minhas convicções, que são fundas, cheguei a elas por força da minha infância pobre, de minha vida de trabalho e luta, e porque sou um artista. Tenho pena dos que sofrem, e gostaria de ajudar a remediar a injustiça social existente. Qualquer artista consciente sente o mesmo."

Com relação aos lavradores, achei que você gostaria de ler esses fragmentos de escritos dele:

"Como deixar de fixar em meus quadros aquilo que fez parte de minha infância, de minha vida, e a minha esperança de ver uma vida melhor para os homens que trabalham na terra?"
"Na minha obra só há camponês. Mesmo quando faço outra coisa, sai camponês. Mesmo uma paisagem, a mais imaginária, é sempre camponês. Sou filho de camponês. Meus pais sempre foram camponeses pobres. Espantá-lo-ei se disser que não pude tirar mais que a terceira classe de instrução primária? Só mais tarde é que tive um professor de português durante seis meses, e é que fiz, lutando com a extrema pobreza, o curso da Escola de Belas Artes.
Assim, não posso nunca esquecer-me deles. São o meu objetivo. Quando fiz os afrescos do Ministério da Educação, queriam que eu fizesse a História do Brasil. Tentei. Mas foi impossível. Não saía nada. Depois de estudos e estudos, nada. Então tive de dizer: a minha pintura é pintura de camponês; se querem os meus camponeses, bem; se não, chamem outro pintor..."

Há também este trecho da carta que seu amigo, o escritor e poeta Aníbal Machado, escreveu:

> *"Tu tens o sentimento da terra e da sua coisa profunda, mais que o da cidade com os seus artifícios. Sempre vejo o sólido camponês em ti, com a saúde e o vigor de espírito dos homens ligados à terra. Isso é que dá caráter à tua arte e à tua vida."*

É portanto com muito orgulho e satisfação que venho autorizar, sem ônus algum para a Editora, a proposta de utilização da obra "Criança Morta", da *Série Retirantes*:

Criança Morta

Número de tombamento no Projeto Portinari: FCO-2735

Número de Catalogação: CR-2057

Data: 1944

Painel a óleo / tela

180 X 190 cm (l)

Pintada em Petrópolis, Rio de Janeiro, Brasil

Assinatura: Assinada e datada no canto inferior direito "PORTINARI 944"

Coleção: Museu de Arte de São Paulo Assis Chateaubriand

Coloco-me também à disposição da Editora para enviar um arquivo digital reproduzindo esta imagem em alta resolução, para assegurar a qualidade gráfica da capa.

Entretanto, peço a sua permissão, meu caro João Pedro, para lhe fazer uma sugestão, caso ainda haja tempo hábil, e caso também ela seja do agrado do produtor gráfico do livro.

Reparei que o responsável pela capa optou por "descolorir" a tela "Criança Morta", não obstante seu vigoroso cromatismo ser parte integrante da mensagem plástica do artista.

Poucos sabem que existe uma quarta tela da ***Série Retirantes***, além das três que integram o acervo do MASP. Ela foi exposta em Paris, em 1946, logo após a sua realização, e foi logo comprada pelo Museu de Arte Moderna de Paris, ao qual pertence até hoje. Tão dramática quanto as suas irmãs mais conhecidas, ela praticamente não possui cor. Quem sabe não seria uma melhor escolha para a capa do livro de Ziegler? Reproduzo-a abaixo, para seu melhor conhecimento.

Há também um estudo para a mesma *Série Retirantes*, intitulado "Menino Morto", também bem menos conhecido, todo em tons de negro e cinzas, que reproduzo abaixo, como outra possível opção.

Contudo, se você desejar manter a capa tal como me enviou em anexo à sua cara mensagem, nenhum problema, já está autorizado.

Caso contrário, posso enviar-lhe logo os dados das outras duas, caso prefira alguma delas à opção original.

Coloco-me ao seu inteiro dispor para mais informações ou ações.

Com o grato e fraternal abraço do João Candido

PS – Em maio de 1955, é publicada a edição comemorativa do 25º aniversário do livro *A Selva*, do escritor português Ferreira de Castro, com ilustrações de Portinari, cujos 12 originais são expostos em mostra itinerante, iniciada em Lisboa e passando pelo Porto. Comenta Mário Dionísio, no periódico português *Suplemento Literário do Jornal de Notícias*:

"Ilustrar A Selva *não era para Portinari realmente 'ilustrar' no sentido corrente da palavra. Ilustrar o célebre livro de Ferreira de Castro era, para ele, continuar, embora sob um aspecto novo, o alto canto que, de há tantos anos, vem espalhando com energia e ternura, por pequenas e grandes telas e por quilômetros quadrados de paredes de edifícios públicos: um canto amassado de lágrimas e de brados, de ira e amor. Trabalhando para o livro de Castro, ele continuou a dialogar com os seus negros e os seus brancos, igualmente infelizes, e a falar por eles. Continuou com os seus camponeses que fogem à seca e à fome, que se arrastam a pé por léguas e léguas, e aí deixam parentes e companheiros na primeira cova da terra gretada, na mesma época dos transportes cômodos e rápidos e da abundância possível* [...] *Um escritor português e um pintor brasileiro estendem os braços por cima do largo oceano e misturam as suas vozes num mesmo apoio. É uma data importante para todos os que confiam no poder da beleza para construir a paz e fazer do mundo a casa dos homens..."*

* * *

Em 1º de março de 2013 21:49 Anna Castro responde:

Rio de Janeiro, 27 de fevereiro de 2013.

Caros amigos:

Jean Ziegler, além de dileto amigo, tem me distinguido fazendo-me, de certo modo, participante de suas obras. Ora redigindo prefácios de seus livros como *A Fome no Mundo Explicado a Meu Filho*, ou neste novo trabalho, fazendo o texto de aba desta edição em português. Nas oportunidades, tenho sempre posto em evidência a competência científica do autor e sua permanente indignação com as injustiças de nosso mundo contemporâneo, esta entendida como "qualidade que um lutador do povo jamais pode perder", assim nos ensina Ademar Bogo.

Estas novas reflexões de Ziegler que estão chegando para os leitores brasileiros estão enriquecidas pela capa, agora autorizada, que nos brinda com uma extraordinária obra de Candido Portinari, inigualável pintor brasileiro, este também um permanente indignado com as injustiças do mundo.

Esta junção do renovado pensamento de Josué de Castro, nas palavras de João Pedro, com a pintura de Portinari e o primoroso trabalho editorial da Cortez, será motivo de júbilo para todos que amam a ciência e a arte e lutam por um mundo melhor.

Anna Maria de Castro